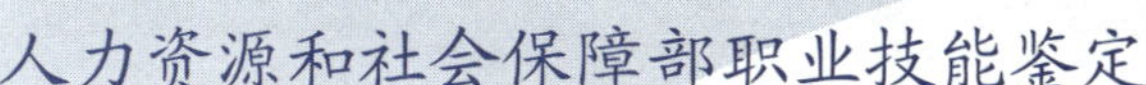

计算机操作员

(中级)

国家题库 技能实训指导手册

人力资源和社会保障部职业技能鉴定中心 编写

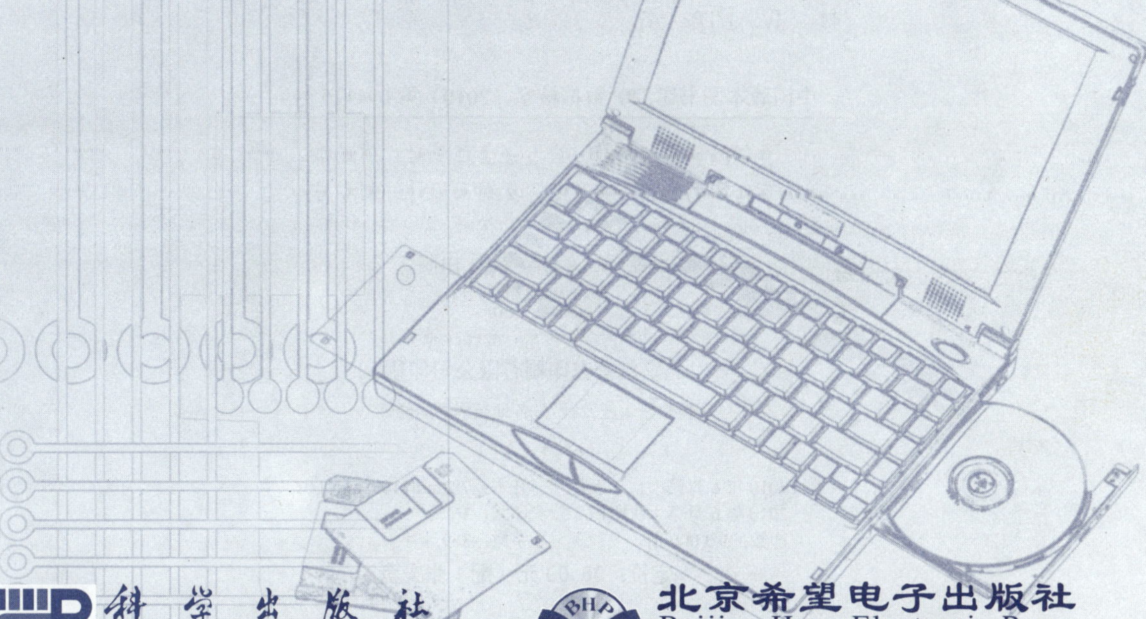

内容简介

职业技能鉴定国家题库技能实训指导丛书，是依据国家职业技能标准规定的专业能力（操作技能）要求，将职业技能鉴定国家题库实操部分试题模型，转化为实训机构组织学员实训过程中的工作任务，并把实训任务与实际工作任务有效对接，真实记录任务完成的过程，合理评价任务完成的结果，充分体现了职业技能鉴定以学员为主体，以职业活动为导向的基本原则。

《计算机操作员（中级）国家题库技能实训指导手册》依据国家职业标准，以 8 个实际的工作任务架构全书的内容结构。全书通过案例化教学，完成实际工作任务的训练，强化学习者技能操作能力，凸显技能教学的实训内涵；书中的仿真试题与国家题库真题在题型、难度和结构上保持一致。整套产品采用书、盘、网立体化教学产品包的形式，实现了多种媒介组合的教学环境；利用网络扩大教学内容的外延，为教、学者提供资源与信息交互平台。本书适用于参加计算机操作员职业资格考试的人员，也适用于高校、大专、中专和职业学校的学生，从事办公室工作的各类文员、计算机的初学者以及具备一定基础知识的中、高级水平的读者。

需要本书或技术支持的读者，请与北京清河 6 号信箱（邮编：100085）发行部联系，电话：010-62978181（总机）转发行部、010-82702675（邮购），传真：010-82702698，E-mail：tbd@bhp.com.cn。

图书在版编目（CIP）数据

计算机操作员（中级）国家题库技能实训指导手册 / 人力资源和社会保障部职业技能鉴定中心编写. —北京：科学出版社，2010.06

（国家题库技能实训指导丛书）

ISBN 978-7-03-027692-6

Ⅰ. ①计… Ⅱ. ①人… Ⅲ. ①电子计算机-技术培训-教材 Ⅳ. ①TP3

中国版本图书馆 CIP 数据核字（2010）第 094115 号

责任编辑：韩培付 / 责任校对：周鹏举
责任印刷：密 东 / 封面设计：刘孝琼

科学出版社 出版
北京东黄城根北街 16 号
邮政编码：100717
http://www.sciencep.com

北京市密东印刷有限公司印刷

科学出版社发行 各地新华书店经销

*

2010 年 6 月第 1 版 开本：787mm×1092mm 1/16
2010 年 6 月第 1 次印刷 印张：16.5
印数：1-3 000 册 字数：369 千字

定价：36.00 元（配 1 张光盘）

计算机操作员国家题库技能实训指导丛书

编审委员会

主　任：刘　康

副主任：宋　建　张亚男　原淑炜　艾一平

委　员：（按姓氏笔画排序）

王　鹏　吕　莉　陈　禹　陈　敏　陈　蕾　陈卫军

孟庆远　姚春生　柴　勇　蔡　兵　葛恒双

主　编：姚春生

编　者：（按姓氏笔画排序）

于汇媛　马新芳　卢　捷　朱林平　刘　阳　孙　平

孙世佳　李　明　李　强　肖慧俊　张　瑜　张　鹏

张灵芝　张忠将　陈　旭　陈　强　陈孟锋　陈瑛洁

柳　超　奚　晶　黄英宁

主　审：王　潜

审　稿：石文涛　周鹏举

序

推进职业教育改革和发展，是实行科教兴国战略、促进经济社会可持续发展和提高我国国际竞争力的重要途径；是加快人力资源开发、全面提升劳动者素质和发展先进生产力的必然要求；是增强劳动者就业能力、创业能力和促进素质就业的重要措施。而在推进职业教育改革和发展的工作中，职业教育课程体系改革具有重要作用。传统的职业教育课程受到以理论知识为中心的教育体系的严重影响，忽略了职业活动实际操作过程和技能要求，导致劳动者在就业过程中不能学以致用，也使用人单位难以在现行教育体系中直接选用合格的技能人才。针对这方面问题，人力资源和社会保障部经过多年的系统研究，并对国内外职业培训实践进行深入总结，确立了职业教育培训与企业生产和促进就业紧密联系的技能人才培养体系，划清了学科教育和职业教育的界限，提出了职业教育培训不是以学科体系为核心的教育模式，而是以生产活动的规律为指导、以岗位需求为导向、以服务就业为宗旨的技能人才培养发展路线，从而为中国的技能人才振兴发展提供了有力保障。

坚持“以职业活动为导向，以职业能力为核心”的指导原则，不仅要划清职业教育与学科性教育在技术和方法上的区别，并且要在职业教育和职业训练中把生产实践活动的规律具体化，把职业活动各个环节标准化，把职业技能鉴定的技术科学化和规范化，以实现“从工作中来，到工作中去”，坚持“在工作中学习，在学习中工作”，形成以学校与用人单位携手联合，理论课程与实训项目紧密结合为基础的工学一体化的教学体系和评价体系。

2007年，原劳动和社会保障部在总结上海、青岛、大连、深圳等市职业培训公共实训基地建设经验的基础上，提出了在“十一五”期间，开展高技能人才公共实训基地建设试点工作，以及“统筹规划，合理布局，技术先进，资源共享”的公共实训基地建设原则，着力打造面向社会提供实训和技能鉴定服务的公共实训基地和以职业活动为导向的技能实训鉴定服务网络平台。随着全国高技能人才公共实训基地建设试点工作不断推进，一批以省市中心城市为依托，服务功能趋于多元化发展的公共实训基地相继挂牌成立并投入使用，体现了各级政府充分重视高技能人才培养和服务于劳动者的积极态度。人力资源和社会保障部中国就业培训技术指导中心（职业技能鉴定中心）作为全国公共实训基地建设的技术支持机构，在实训基地的标准规划、实训装备技术指导和实训课程建设等方面发挥了重要作用。

职业技能鉴定国家题库技能实训指导丛书，就是服务全国公共实训基地建设试点工作，依据国家职业技能标准规定的专业能力（操作技能）要求，将职业技能鉴定国家题库实操部分试题模型转化为实训机构组织学员实训过程中的工作任务，并把实训任务与实际工作任务有效对接，真实记录任务完成的过程，合理评价任务完成的结果。充分体现职业技能鉴定以学员为主体，突出以职业活动为导向的基本原则。

我们期待这套指导丛书的出版，能够推进职业教育课程改革，能够更好地服务于技能人才培养、服务于就业工作大局，为中国的技能振兴和发展做出贡献。

张小建

人力资源和社会保障部 副部长

二〇一〇 年 四 月

关于《计算机操作员（中级）国家题库技能实训指导手册》

国家题库技能实训指导丛书由人力资源和社会保障部职业技能鉴定中心组织编写，是满足技能人才培养需要，体现国家题库内容引领、实操指导、规范培训鉴定实训机构课程内容的重要举措之一。本丛书突出职业活动导向原则，立足于国家题库试题内容，将国家题库操作技能试题改造成为可用于实训的项目，并对操作技能重点难点进行深入解析。

计算机操作员国家职业技能鉴定分为理论知识考试和技能操作考核。理论知识考试采用闭卷笔试方式，技能操作考核采用计算机模拟现场操作方式。《计算机操作员（中级）国家题库技能实训指导手册》依据国家职业标准，将国家题库中的操作技能试题改造为可用于实训的项目，并对技能重点难点进行深入解析。主要对象是大专、中专和职业学校的学生，从事办公室工作的各类文员及计算机的初学者，也适用于具备一定计算机基础知识的中、高级水平的读者。

一、课程结构

本书严格遵照人力资源和社会保障部制定的《计算机操作员国家职业标准（2008年修订）》（以下简称《标准》）中所规定的技能要求进行组织和编写，全书以“任务展示、任务分解、操作思路、操作步骤、技能拓展、技能训练”为内容结构，共分八个实训模块，它们与《标准》中规定的八大职业功能一一对应。每个实训模块的内容都分为三个部分，共八步，步步相扣，循序渐进。

第一部分为本模块实训案例的展示。它是一个能够涵盖该模块所有技能考核点的综合性实训案例，共两步（第一步至第二步）。

- 第一步，“案例背景和效果展示”：通过介绍该实训案例的工作背景和最终效果，使读者了解通过本模块的学习能够掌握哪种工作技能，完成何种工作任务。
- 第二步，“案例技能点示意图”：以示意图的方式将该实训案例所包涵的工作技能点（相关考点）进行展示，使读者对整个模块所需掌握的内容一目了然。

第二部分为本模块实训案例的拆分讲解。它将实训案例按照实际工作过程拆分为若干个实训技能，在每个实训技能里又根据具体的技能考核点组织成若干个实例任务。共六步（第三步至第八步）。

- 第三步，“任务展示”：通过展示任务的具体操作要求，使读者明确工作任务。
- 第四步，“任务分解”：将本项实例任务所包含的技能考核点进一步细分，使读者在开始操作前做到心中有数。
- 第五步，“操作思路”：通过分析实例任务的重点和难点，使读者在操作过程中遇到问题时从容处理。
- 第六步，“操作步骤”：以图文对照的方式，手把手地为读者详细讲解本项任务，中间会穿插“小提示”、“行业小知识”和“卡通人对话”等内容，使读者在学习过程中获取更多的知识技能。
- 第七步，“技能拓展”：将为读者补充在本项任务中技能考核点的扩充知识，读者可以通过配套光盘和网络服务来学习本步内容，掌握更多知识技能。
- 第八步，“技能训练”：通过1～2道与本任务难度相同或更高难度的练习题来检查读者的学习效果。读者可以把解题步骤填写在对应的表格中，请老师来打分评判，以便及时发现问题。

第三部分为“本模块仿真试题”，其技能要求和难易程度与国家题库相同。

二、教材构成

为了丰富教学内容，本书利用了多媒体技术和网络技术，采用“书、盘、网”立体化的教学手段，力争为读者提供更多的学习资源。

- 书：《计算机操作员（中级）国家题库技能实训指导手册》；
- 盘：配套的多媒体光盘，盘中提供了本书技能导航、考试指南、视频教程、学习教案、习题解答和案例素材等内容；
- 网：本手册配套的网络服务内容（参见 http://osta.bhp.com.cn）。网站在光盘的基础上为读者提供更加丰富的视频讲解、习题讲解、素材下载等内容。另外，还将提供 Windows 和 Office 使用技巧、知识评测、优例展示等拓展内容，供读者交流学习。

三、本书提示

- 本书以 Windows XP+Office 2003+Internet Explorer 7 为操作环境。
- 书中出现的菜单、命令、选项卡和按钮，将全部用“【】”括起来。选择命令时，用“|”进行路径分隔，例如“选择菜单栏中【文件】|【保存】命令”。
- 其他的名词（如选项、文本框、复选框、超链接等）将使用双引号括起来。
- 关键图示：

栏目名称	图示	栏目名称	图示	栏目名称	图示
小提示		行业小知识		光盘位置	
卡通人物（女）		卡通人物(男)		网络服务	

重要提示：随书赠送模拟测评充值卡

本书为读者赠送一张面值为 10 元的模拟测评充值卡。读者可登录国家题库技能实训服务平台（http://www.zyjnpx.com/），享受模拟测评的服务，全面掌握计算机操作员（中级）的技能考核点。通过模拟测评，考生可熟悉国家职业技能鉴定考核内容，梳理知识和技能掌握情况，并为完善国家题库提供参考。

参与本书编写的人员除在编审委员会中署名的人员之外，还有文菁、钟世礼、甘桂萍、杨凡、余乐、余洪萍、谭贞军、何子夜、张兵、李敏、陈方转、计素改、张忠将、王崧、王靖凯、贾洪亮、王晶、蒋亚军、林涛、孙凌、尹立中、张仁平、张宇、钟伟成等人。

目 录

实训模块 1 计算机安装、连接、调试

篇头语

今天，计算机的应用已深入到社会各领域，从前沿科技的精密运算，到办公室里的文档处理；从课堂中的计算机辅助教学，到家庭娱乐中的影音播放……处处都能看到计算机发挥着它神奇的功效。

用户在使用计算机进行各项工作时，几乎都离不开计算机外围设备的支持，例如，要打印文档，需要连接和设置打印机；要播放音乐，需要连接和设置音箱；要防止意外断电造成损失，需要连接不间断电源（UPS）。因此，学会计算机常用外围设备的连接和配置，以及系统的基本维护和优化方法，已经成为人们使用计算机的一项基本技能。

在计算机操作员（中级）的“计算机安装、连接、调试”模块中包括了“电源系统连接与检测”、“外围设备连接与应用”、“操作系统安装”、“设备综合应用”和“应用程序综合操作”五项考核内容，其分值的比重占到了技能操作考核总分的10%，是重要模块之一。

为了更好地帮助读者学习本模块，我们设计了一个名为“管理好你的计算机”的实训案例，它涵盖了本模块五项考核内容所包含的技能考核点。我们按照实际操作过程将该案例分解成六项实例任务，逐一进行讲解，希望读者通过对实训案例的学习，掌握计算机操作员（中级）技能操作考核所要求的技能考核点。

实训案例——管理好你的计算机

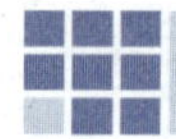

案例背景与效果展示

邹杰购置了一台新计算机，并为这台计算机配置了不间断电源（UPS）、音箱、打印机、扫描仪、数码相机、摄像头和U盘。他将计算机和这些外围设备带回家后，运用平时积累的知识，顺利将计算机与这些外围设备连接起来并正确地加以设置，如图1-1所示。为方便自己的使用和保证计算机的性能稳定，他在操作系统中设置了输入法、IE浏览器和电子邮件程序。在使用一段时间后，他还进行了磁盘清理和碎片整理等工作。

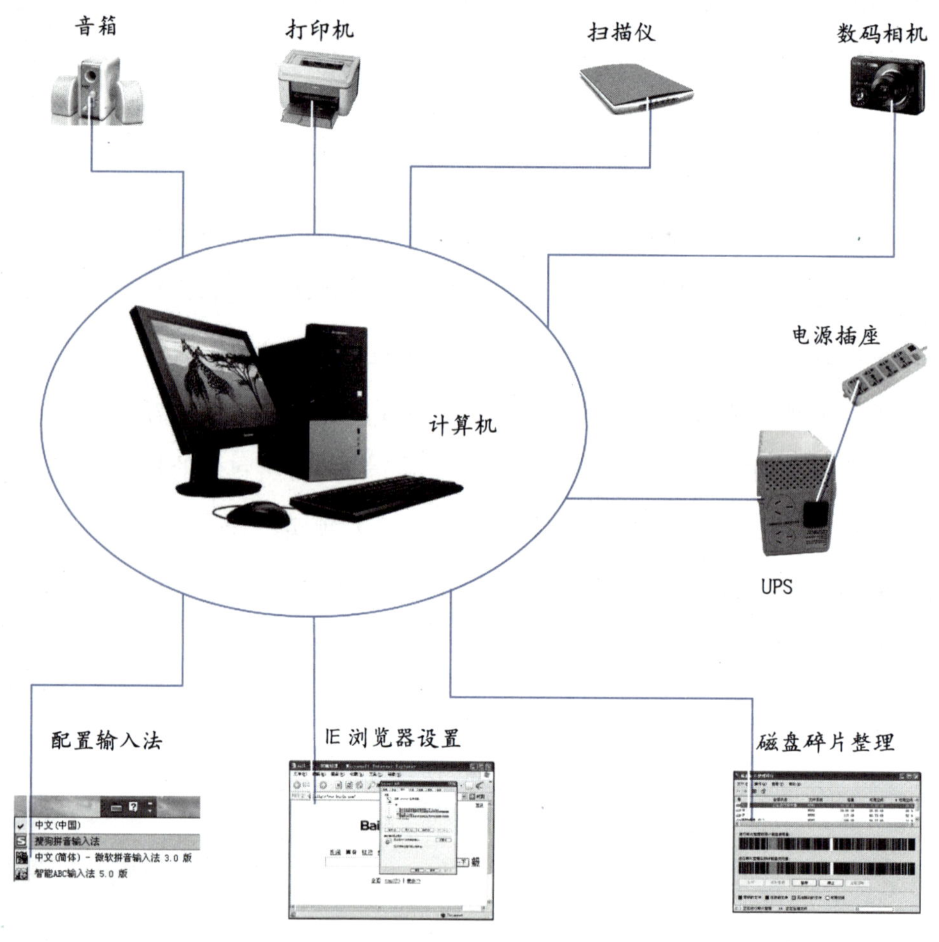

图1-1 "管理好你的计算机"示意图

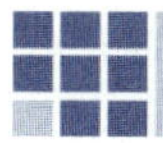

案例技能点示意图

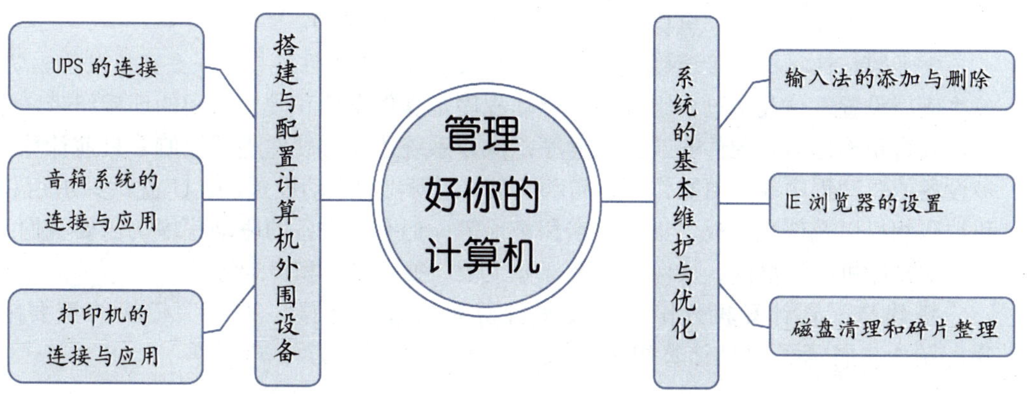

行业小知识

目前，大多数计算机外围设备，如打印机、扫描仪、摄像头、数码相机、U 盘、移动硬盘等都通过 USB 接口与计算机相连。

USB 是 Universal Serial Bus（通用串行总线）的缩写，是由 Intel、IBM、Microsoft、Compaq、Digital、NEC、Northern Telecom 七家公司共同开发的一种接口总线标准。其特点是连接简单，支持热插拔，即在不关闭计算机的情况下可以直接将外围设备连接到 USB 接口中，并且系统能快速检测到连接的设备，真正实现了“即插即用”的功能。

USB 接口主要有 USB 1.0 和 USB 2.0 两种标准。USB 1.0 的传输速率为 12Mbit/s，USB 2.0 的传输速率为 480Mbit/s。目前大多数设备都使用 USB 2.0 接口。

实训技能 1 搭建与配置计算机外围设备

邹杰在使用计算机时，会经常用到计算机的一些外围设备，如打印机、扫描仪、音箱和数码相机以及能让计算机稳定工作的不间断电源（UPS）。

大多数与计算机直接连接的外围设备的安装都由“硬件连接”→“安装设备驱动程序”→“应用设置”这几个过程组成的。驱动程序是操作系统和硬件之间的连接纽带，也就是说，只有正确地为各硬件安装驱动程序，操作系统才能对硬件进行控制。目前计算机中许多设备的驱动程序都是由操作系统自动安装，无需我们手动设置，如 U 盘、移动硬盘、MP3 和数码相机以及部分主板、集成显卡和声卡等；但有些设备的驱动程序仍需要我们手动安装，如打印机、扫描仪、摄像头以及部分主板、独立显卡和声卡等。

搭建与配置计算机外围设备是“计算机安装、连接、调试”模块的重要组成部分，图 1-2 展示了常见计算机外围设备的搭建和配置方法。

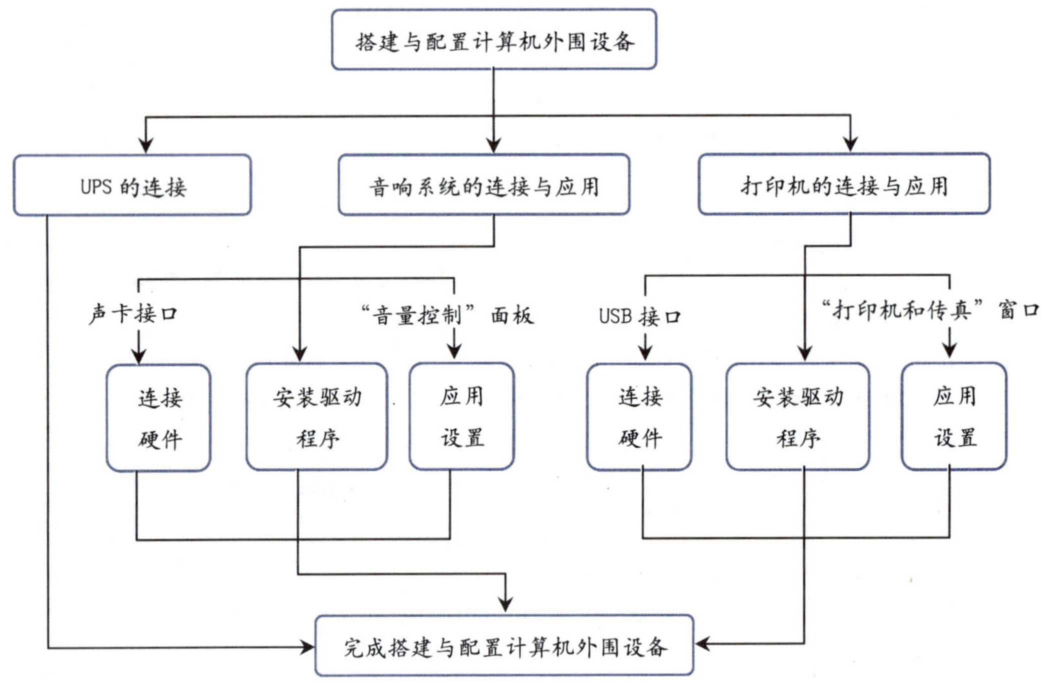

图 1-2 搭建和配置计算机外围设备的基本操作思路

实例任务 1 不间断电源的连接

UPS 是英文“Uninterruptible Power Supply”的缩写，翻译成中文即“不间断电源”，它在计算机系统中主要起到两个作用：一是应急使用，可以保障计算机系统在停电之后继续工作一段时间，从而使用户能够紧急存盘，以免因停电而影响工作或丢失数据；二是消除市电上的电涌、瞬间高电压、瞬间低电压、电线噪声和频率偏移等“电源污染”，改善电源质量，保证计算机系统的正常工作。

邹杰在朋友的推荐下购买了一台 UPS，本任务中我们便同邹杰一起来学习 UPS 的连接与使用方法。

任务展示

通过本任务的操作，邹杰将把计算机主机和显示器连接到 UPS，效果如图 1-3 所示。

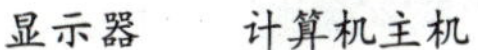

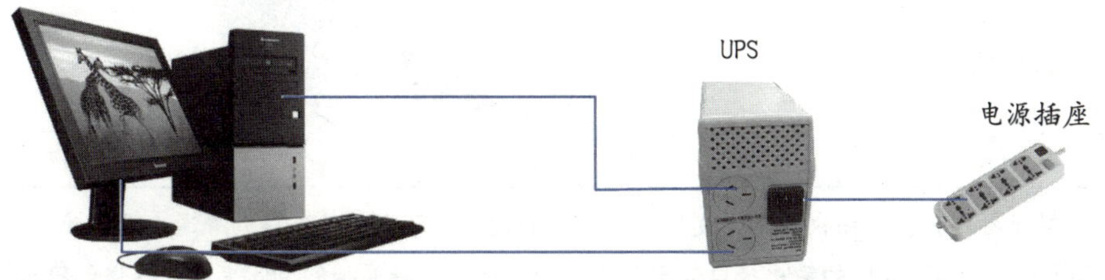

图 1-3　连接 UPS 电源

任务分解

序号	技能点分解	技能要求	技能提示	实训案例效果图
1	连接电源插座	能够正确将市电连接到 UPS 的输入接口	★	
2	连接计算机主机	能够正确将主机的电源输入接口连接到 UPS 的输出接口	★	
3	连接显示器	能够正确将显示器的电源输入接口连接到 UPS 的电源接口	★	

注：★代表考试大纲所规定的技能考核点。

操作思路

本任务的重点在于理解 UPS 的特点及其各输入、输出接口的功能，难点是使用电源线将 UPS 连接到计算机主机、显示器等需要持续供电的设备。

操作步骤

1 将 UPS 自带的电源线一端插入市电电源插座。

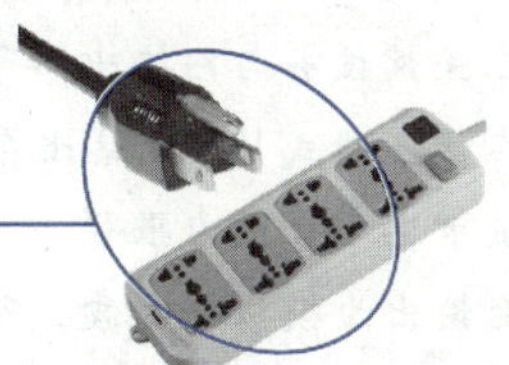

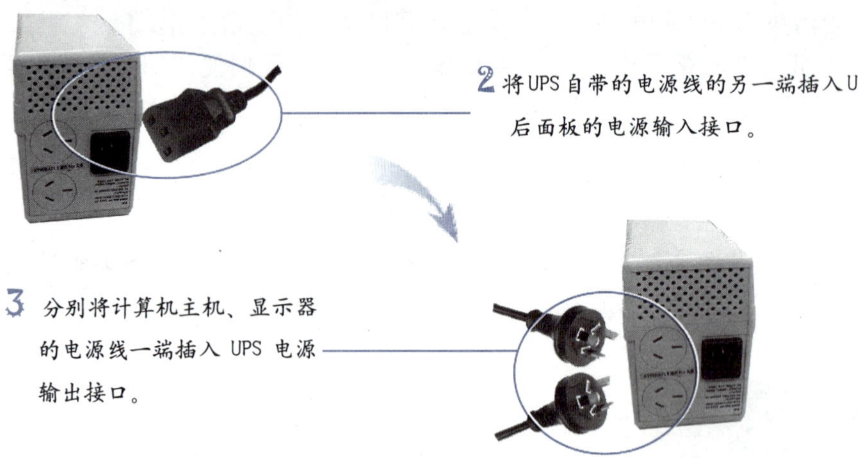

2 将UPS自带的电源线的另一端插入UPS后面板的电源输入接口。

3 分别将计算机主机、显示器的电源线一端插入 UPS 电源输出接口。

小提示：对于打印机、扫描仪等不怕发生意外断电的设备，可以将其连接到普通电源插座上。另外，不同类型的 UPS 提供的输出接口数量是不同的。通常，越高档的 UPS 电源，提供的输出接口越多，可同时连接的设备也越多。

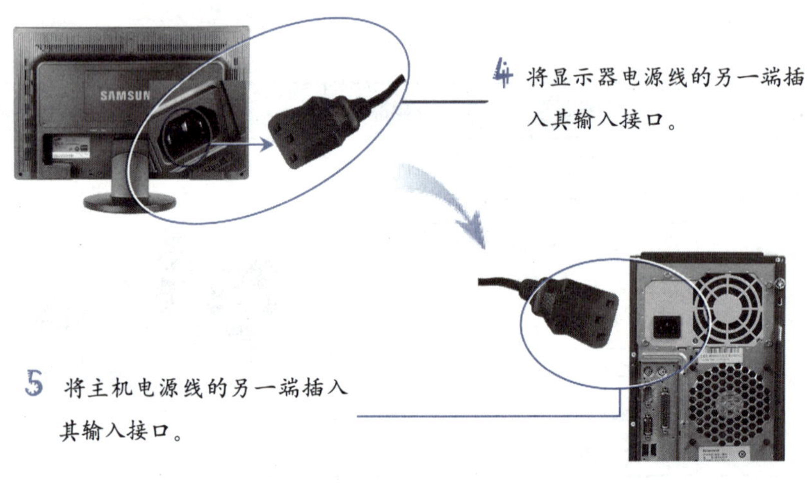

4 将显示器电源线的另一端插入其输入接口。

5 将主机电源线的另一端插入其输入接口。

行业小知识

UPS 按其工作原理分成后备式、在线式与在线互动式三大类。

- 个人计算机最常用的是后备式 UPS，它具备自动稳压、断电保护等 UPS 最基础的功能，而且结构简单、价格便宜、可靠性高。
- 在线式 UPS 结构复杂、价格昂贵、性能完善，但能解决所有电源问题，通常应用在关键设备与网络中心等对电力要求苛刻的环境中。
- 在线互动式 UPS 价格比在线式 UPS 低，但与后备式 UPS 相比较，它具有滤波功能，抗市电干扰能力很强，转换时间（指市电和电池之间的相互转换）小于 4ms，逆变输出为模拟正弦波，所以能配备在服务器、路由器等网络设备上。

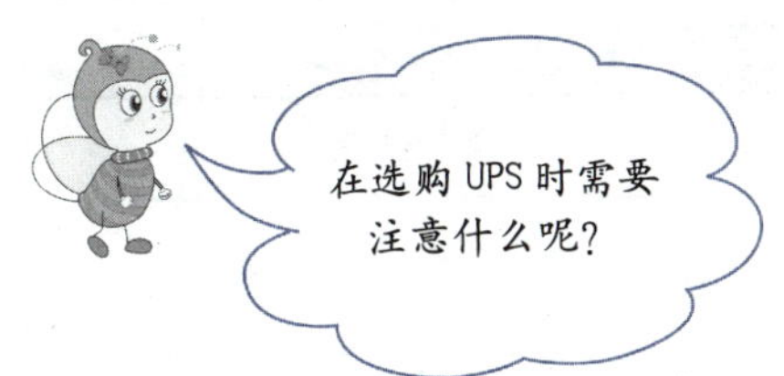

要注意额定功率、转换时间、电池备用时间等参数。对于普通计算机，选用额定功率在300～600W，转换时间小于10ms，电池备用时间大于15分钟的后备式UPS即可。

通过简单的几步操作，邹杰就完成了UPS的连接。接下来我们来多学一手，掌握一些拓展知识，然后通过“技能训练”来练习和巩固学习成果。

技能拓展

通过检测UPS的工作状态以及了解它的使用特点，可以让我们更好地使用UPS。

◆ **检测UPS工作状态：**一般情况下，可通过UPS的指示灯与报警声来检测其工作状态。不同品牌和种类的UPS指示灯与报警声意义不尽相同，下表以山特K500 UPS为例进行说明。

UPS报警声与指示灯含义

指示灯	报警声	输出*	充电	说明	状态
●绿	无	无	无	无市电，且UPS没开机	停机
○绿	无	有	有	输入市电正常，UPS运行正常	正常
★绿	10秒一叫	有	有	市电异常，正由电池供电	市电异常
★绿	1秒一叫	有	无	市电异常，正由电池供电，其电池将尽，输出即将停止	
●绿	长鸣	无		UPS发生输出短路或其他故障	故障
★绿	2秒一叫	有	有	电池电压不足/电池老化	

注：指示灯○亮、●灭、★闪烁；*输出是指稳压+电池输出。

◆ **了解UPS使用特点：**启动计算机前，需要先开启UPS，而关闭计算机后，才能关闭UPS。此外，虽然每次开启UPS后，都会自动对电池充电，但UPS的电池有一定的使用寿命，当发现电池供电时间大大缩短时，应及时更换电池。

技能训练

将UPS正确地连接到计算机上，并检查电池供电时间。

网络服务：您可以通过访问http://www.bhp.com.cn网站的“职业资格”栏目，查看本训练的讲解，同时，您还能看到更多的拓展内容。

根据实际操作，简略填写下表				
序号	操作内容		操作流程	
步骤一	将 UPS 电源正确地连接到计算机主机和显示器上			
步骤二	检查 UPS 电池供电时间			
	实训指导教师评分			
	基本概念	技能掌握	语言描述	综合得分
	□5 □4 □3 □2 □1	□5 □4 □3 □2 □1	□5 □4 □3 □2 □1	
	实训指导教师签字：　　　　年　　月　　日			

实例任务 2 音响系统的连接和应用

为了在计算机上可以看电影、听音乐以及进行其他多媒体娱乐，邹杰为计算机配置了音响系统并进行了相应的设置。本任务的主要内容是音响系统的连接和应用。

任务展示

通过本任务的操作，邹杰为计算机连接上音箱和话筒，安装了主板集成声卡的驱动程序，并对音量、音频等属性进行了调整，任务效果如图 1-4 所示。

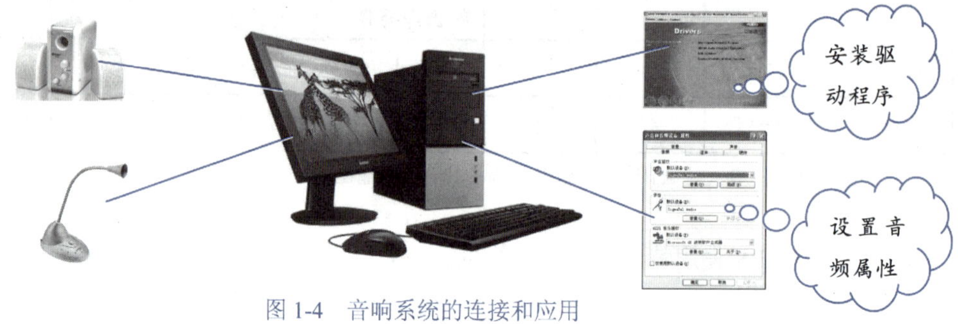

图 1-4　音响系统的连接和应用

任务分解

序号	技能点分解	技能要求	技能提示	实训案例效果图
1	连接音箱和话筒	能够正确地将音箱和话筒连接在计算机上	★	

续表

序号	技能点分解	技能要求	技能提示	实训案例效果图
2	安装声卡驱动程序	能够正确地为主板集成的声卡安装驱动程序	★	
3	设置音频和音量属性	能够根据需要设置音频和音量属性	★	

注：★代表考试大纲所规定的技能考核点。

操作思路

本任务的重点在于理解计算机各音频接口的含义和驱动程序的概念，难点在于在理解的基础上根据需要连接音箱和话筒，以及安装声卡驱动程序。

操作步骤

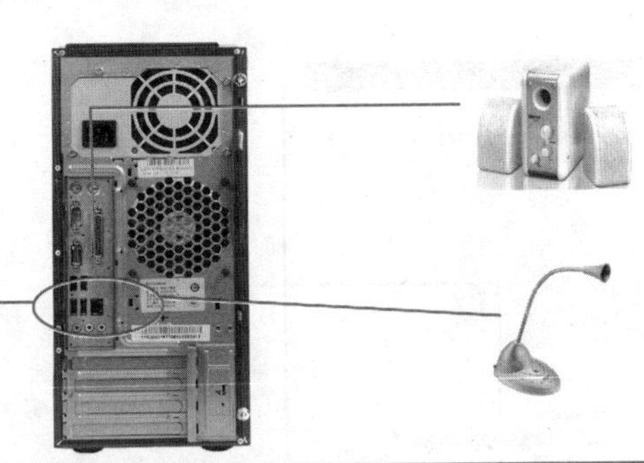

1 将音箱连接线插入主机背后绿色的音频线接口；将话筒连接线插入主机背后红色的音频线接口。

小提示：通常，主机背后不同颜色的音频接口作用为：绿色为音频输出口（Line Out），用来连接音箱或耳机；红色为音频输入口（Mic），用来连接话筒；蓝色为线路输入口（Line in），用来将外部声音（如MP3播放器或者CD机）输入计算机。某些声卡还有一个黄色的扁平接口，用来连接MIDI设备，如接游戏手柄。

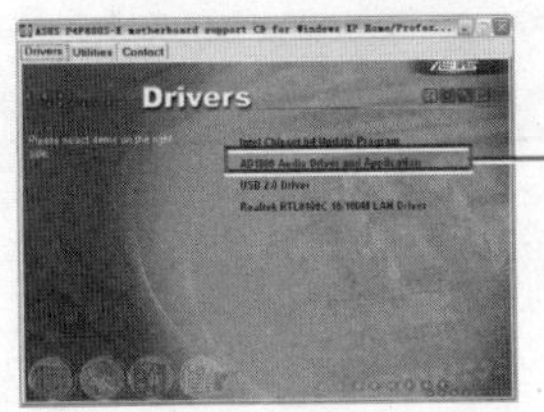

2 如果计算机中无法听到声音，可能是没有为声卡安装驱动程序。将主板驱动程序安装光盘放入光驱，光盘自动运行，从弹出的对话框中选择声卡驱动程序，然后根据提示操作进行安装（只需一路单击【下一步】或【完成】按钮即可）。

小提示：如果没有驱动程序安装光盘，可从网上下载与本机声卡匹配的驱动程序（如驱动之家——http://www.mydrivers.com），然后双击其中的“Setup.exe”安装程序图标进行安装。如果在安装过程中弹出提示框“没有通过Windows徽标测试”，可单击【仍然继续】按钮继续安装。

3 声卡驱动程序安装好后，任务栏右侧将出现喇叭图标。要设置音量，可双击该图标。若任务栏中不显示喇叭图标，可在“声音和音频设备”对话框中进行设置。

4 拖动各滑块设置相应的音量，然后关闭对话框（通常设置“音量控制”或“波形”项即可）。

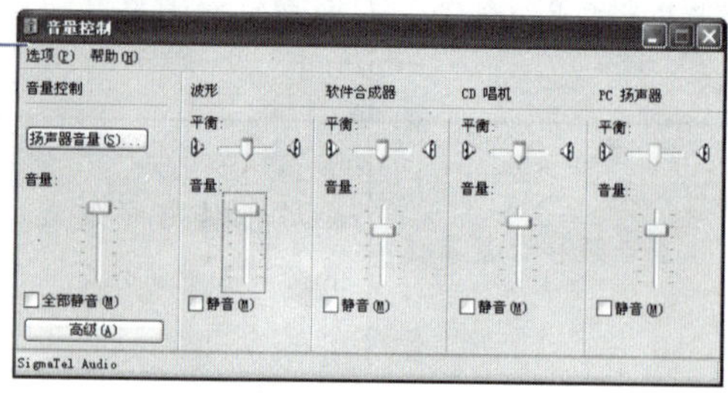

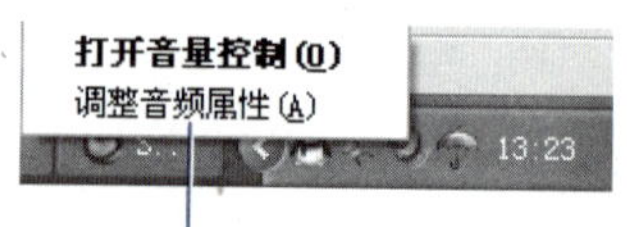

5 右击任务栏中的喇叭图标，从弹出的列表中选择“调整音频属性”。

6 单击【高级】按钮，可设置使用的扬声器类型。

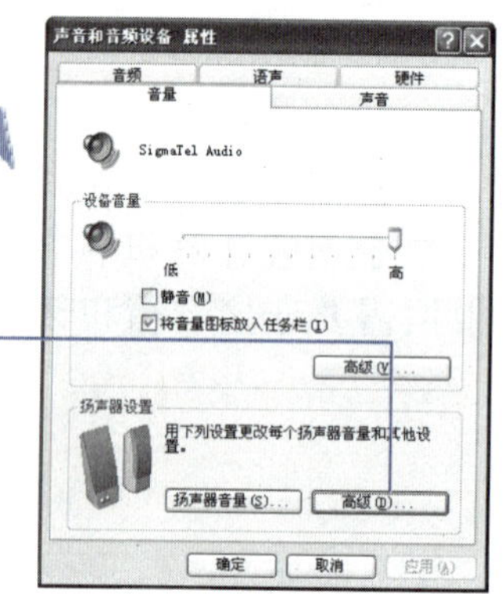

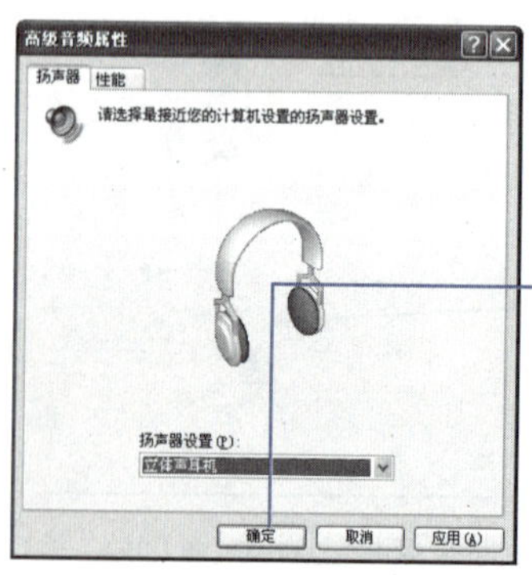

7 选择要使用的扬声器类型，单击【确定】按钮。

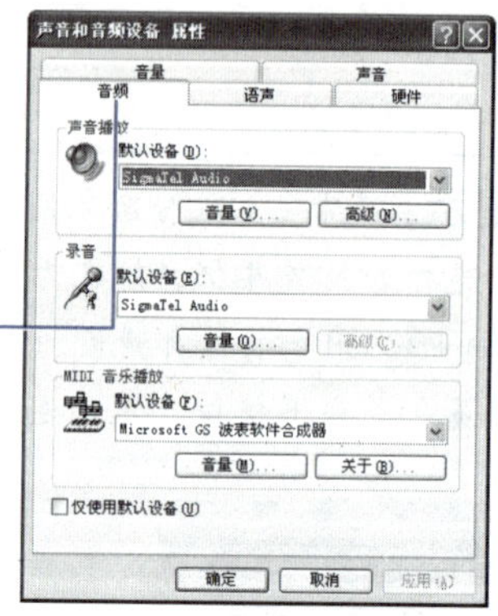

8 当计算机有多个声卡时，可切换到【音频】选项卡来设置默认使用的声卡。

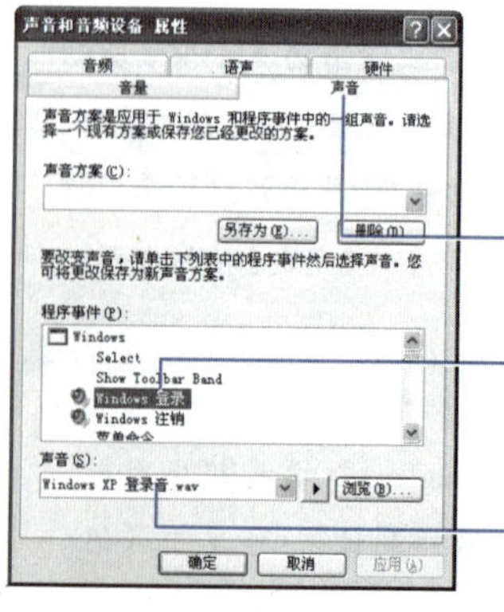

9 要设置系统声音事件，可切换到【声音】选项卡。

10 选择要设置的事件。

11 选择发生所选事件时需要播放的声音文件，最后单击【确定】按钮，完成设置。

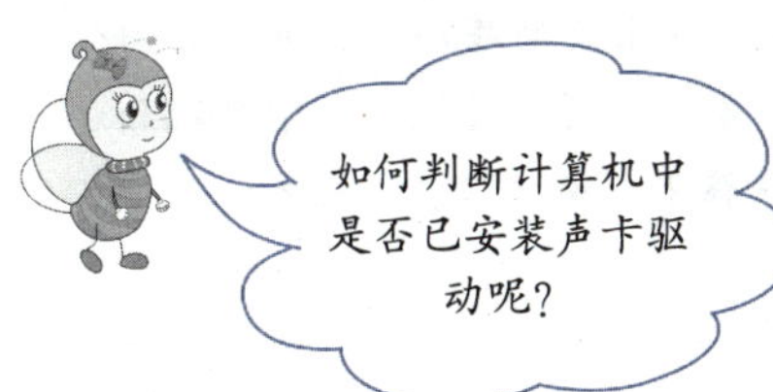

当“声音和音频设备属性”对话框中的大多数选项都处于灰色不可设置状态时，说明没有正确安装声卡驱动程序，需要重新安装。

通过简单的几步操作，邹杰就完成了音响系统的连接和应用。接下来我们来多学一手，掌握一些拓展知识，然后通过“技能训练”来练习和巩固学习成果。

技能拓展

除了连接和应用音响系统外，还可以将扫描仪、数码相机、摄像头等输入设备与计算机连接在一起，并进行相应的操作。

- **连接扫描仪**：将扫描仪自带的数据线扁平口一端插入计算机 USB 接口，方形口一端插入扫描仪数据线接口，然后为扫描仪插上外接电源，并参考“实例任务 3”介绍的安装打印机驱动程序方法为扫描仪安装驱动程序即可，如图 1-5 所示。

图 1-5　连接扫描仪

- **连接数码相机**：将数码相机自带的数据线扁平口一端插入计算机 USB 接口，方形口一端插入数码相机数据线接口。打开数码相机电源后，稍微等一会，计算机会自动检测到数码相机储存卡并自动为其安装驱动程序，此时便可以在数码相机和计算机之间传输相片了，如图 1-6 所示。

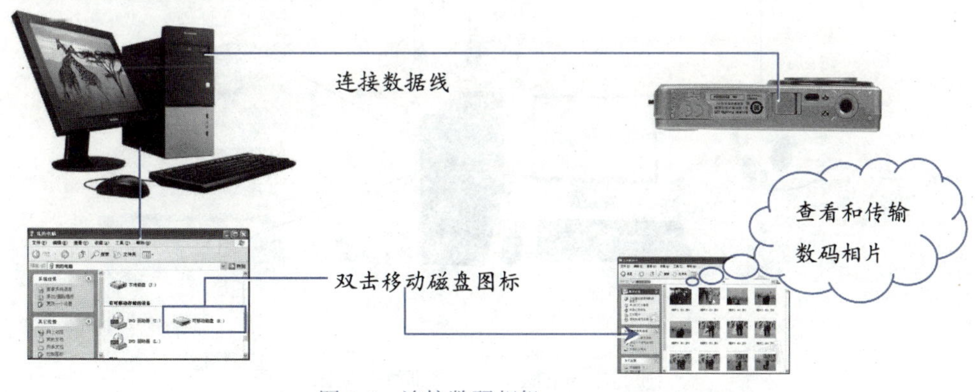

图 1-6　连接数码相机

小提示：计算机自动检测到数码相机储存卡后为其安装上驱动程序，任务栏右侧会出现一个“安全删除硬件”图标。为保证数据的安全，在从计算机上拔下数码相机数据线之前，需要先单击该图标，从弹出的列表中选择要删除的设备，在系统给出可以安全删除的提示信息后，才能将数据线拔出。

- **连接摄像头**：将摄像头数据线接头插入计算机 USB 接口，然后为摄像头安装驱动程序，便可以使用它进行视频聊天了，如图 1-7 所示。需要注意的是，目前某些摄像头无需安装驱动程序即可正常运行。

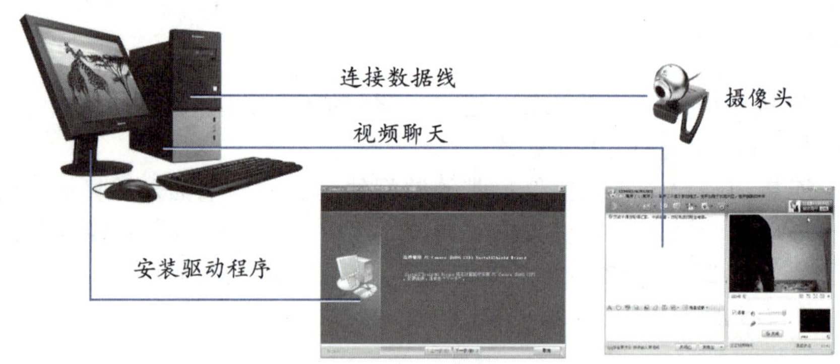

图 1-7　连接摄像头

技能训练

将耳麦的耳机接头和麦克风接头分别插入计算机主机的前置音频接口，然后将系统默认扬声器设置为“立体声耳机”，并将 Windows 关机声音设置为“Windows XP 注销音”，如图 1-8 所示。

网络服务：您可以通过访问 http://www.bhp.com.cn 网站的“职业资格”栏目，查看本训练的讲解，同时，您还能看到更多的拓展内容。

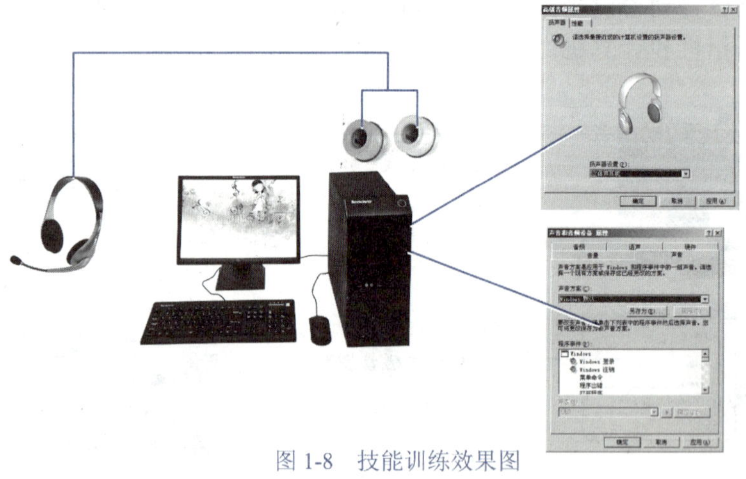

图 1-8　技能训练效果图

<table>
<tr><th colspan="5">根据实际操作，简略填写下表</th></tr>
<tr><th>序号</th><th colspan="2">操作内容</th><th colspan="2">操作流程</th></tr>
<tr><td>步骤一</td><td colspan="2">正确地将耳麦的耳机接头和麦克风接头插入计算机主机的前置音频接口</td><td colspan="2"></td></tr>
<tr><td>步骤二</td><td colspan="2">利用“声音和音频设备属性”对话框设置默认扬声器和 Windows 系统事件音效</td><td colspan="2"></td></tr>
<tr><td rowspan="4"></td><th colspan="4">实训指导教师评分</th></tr>
<tr><th>基本概念</th><th>技能掌握</th><th>语言描述</th><th>综合得分</th></tr>
<tr><td>□5 □4 □3 □2 □1</td><td>□5 □4 □3 □2 □1</td><td>□5 □4 □3 □2 □1</td><td></td></tr>
<tr><td colspan="4">实训指导教师签字：　　　　　　　　年　　月　　日</td></tr>
</table>

实例任务 3 打印机的连接与应用

为了打印计算机制作的文档，邹杰需要将购买来的打印机与计算机连接在一起，并为打印机安装驱动程序和做一些必要的设置。本任务我们便来学习打印机的连接与应用。

任务展示

通过本任务的操作，邹杰将把一台 HP 系列打印机连接到计算机，并正确地为该打印机安装驱动程序和设置打印机首选项，效果如图 1-9 所示。

图 1-9　打印机的连接与应用

任务分解

序号	技能点分解	技能要求	技能提示	实训案例效果图
1	连接打印机	能够正确地将不同接口打印机连接到计算机	★	

续表

序号	技能点分解	技能要求	技能提示	实训案例效果图
2	安装打印机驱动程序	能够正确地为打印机安装驱动程序	★	
3	设置打印机打印选项	能够正确地设置默认打印纸张大小、打印颜色等选项	★	

注：★代表考试大纲所规定的技能考核点。

操作思路

本任务的重点在于理解不同类型的打印机数据线接口的含义，难点在于打印机驱动程序的安装和首选项的设置。

操作步骤

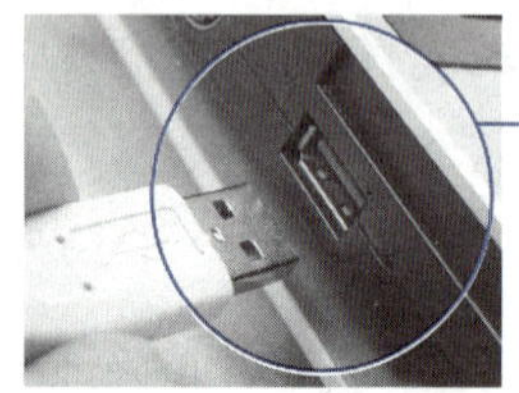

1 将打印机数据线的扁平接头插入计算机 USB 接口。

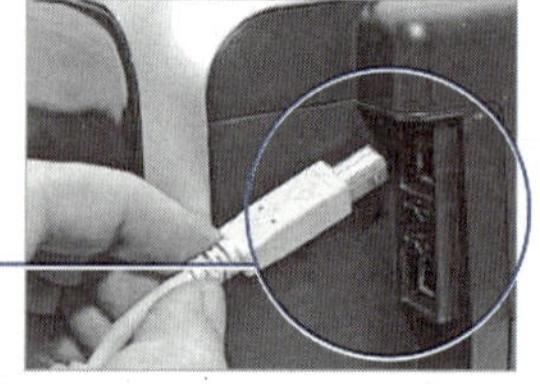

2 将数据线的方形接头插入打印机数据线接口，然后为打印机连接上外接电源。

小提示： 目前打印机的数据线接口主要有 USB 和并口两种类型。上面介绍的是 USB 接口打印机连接方法，对于并口打印机，需要用并行打印电缆将打印机连接到计算机的并行接口上。注意连接并口打印机时需关闭计算机电源。

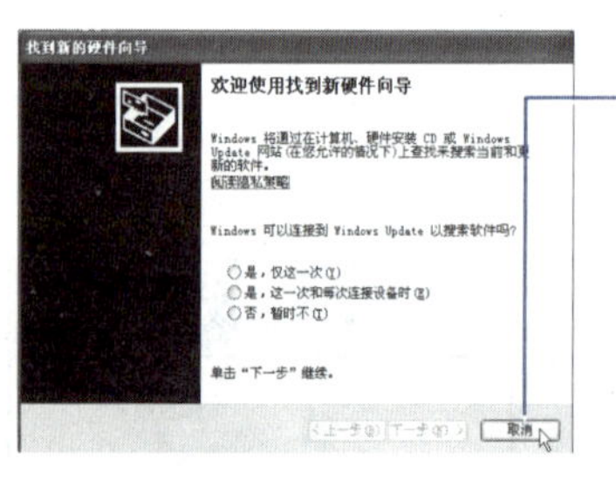

3 开启打印机后，系统会自动检测到打印机，并弹出“找到新的硬件向导”对话框。这里我们需要单击【取消】按钮，关闭对话框。

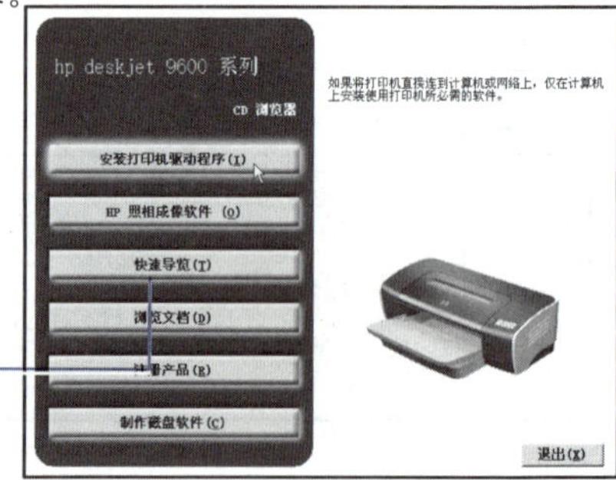

4 将打印机厂商提供的安装光盘放入光盘驱动器中，光盘自动运行，显示右图所示对话框，单击【安装打印机驱动程序】按钮。

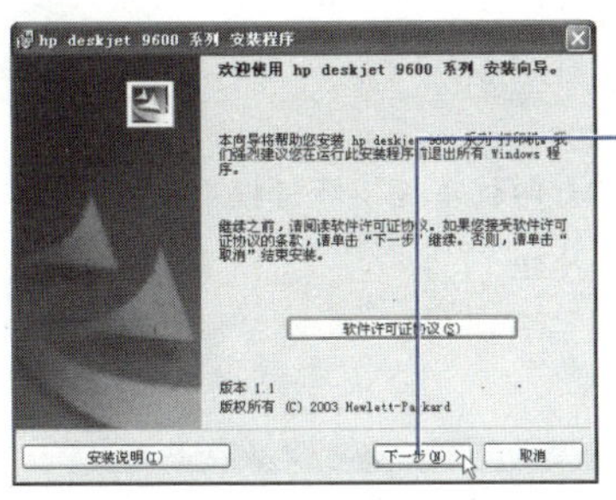

5 打开“欢迎使用 hp deskjet 9600 系列安装程序”对话框，单击【下一步】按钮。

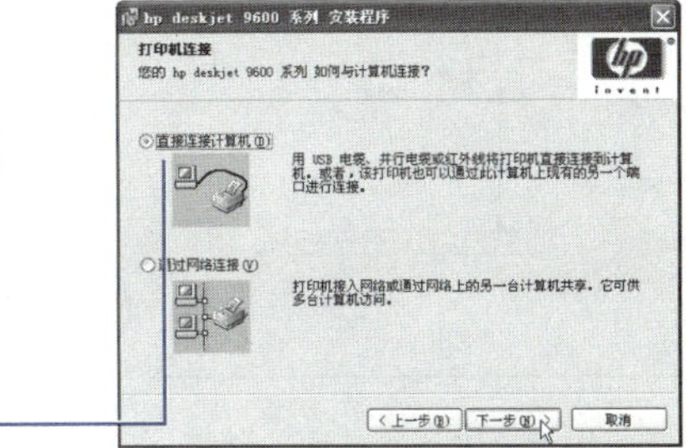

6 点选【直接连接计算机】单选按钮，然后单击【下一步】按钮。

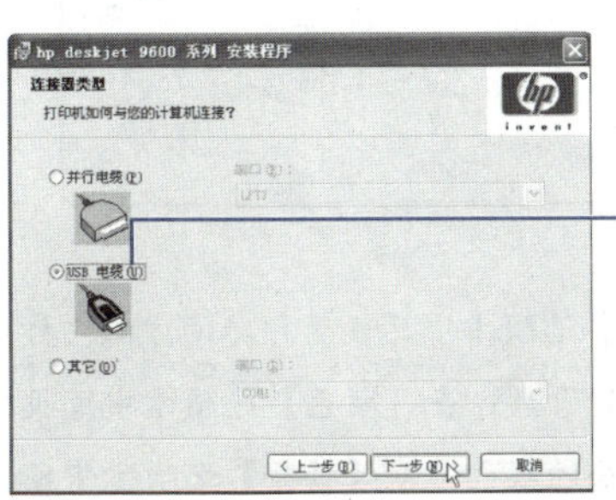

7 点选【USB 电缆】单选按钮，然后单击【下一步】按钮。

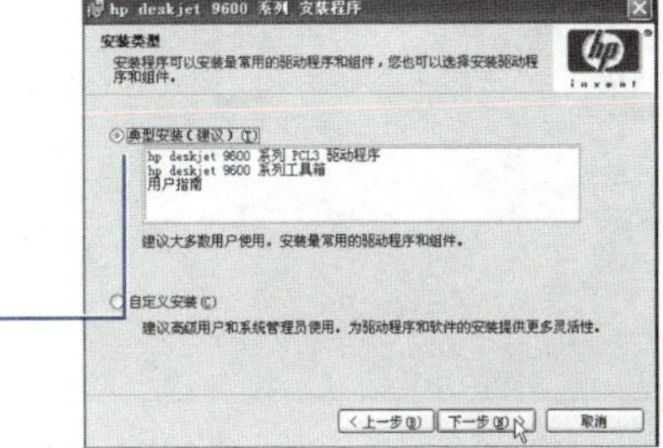

8 点选【典型安装】单按选钮，然后单击【下一步】按钮。

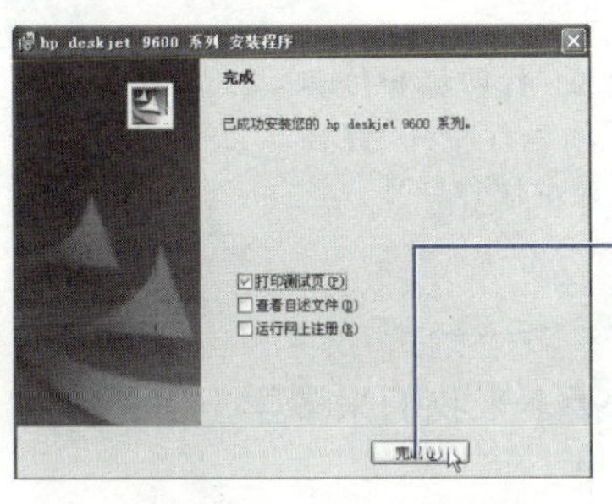

9 单击【完成】按钮，完成打印机驱动程序的安装。

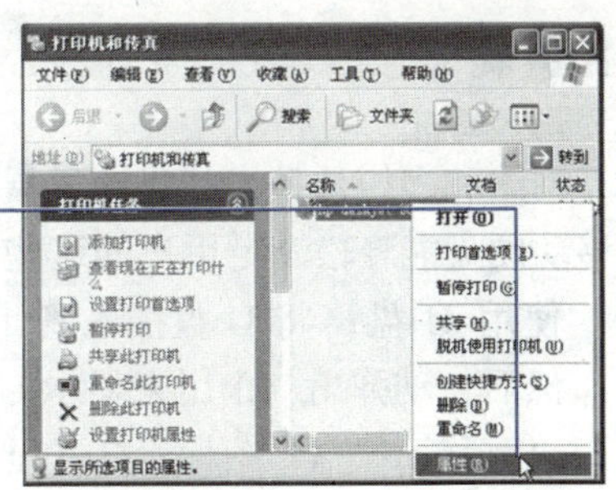

10 选择【开始】|【打印机和传真】命令，打开“打印机和传真”窗口，可看到安装的打印机图标。要设置打印机属性，可右击打印机图标，从弹出的快捷菜单中选择【属性】命令。

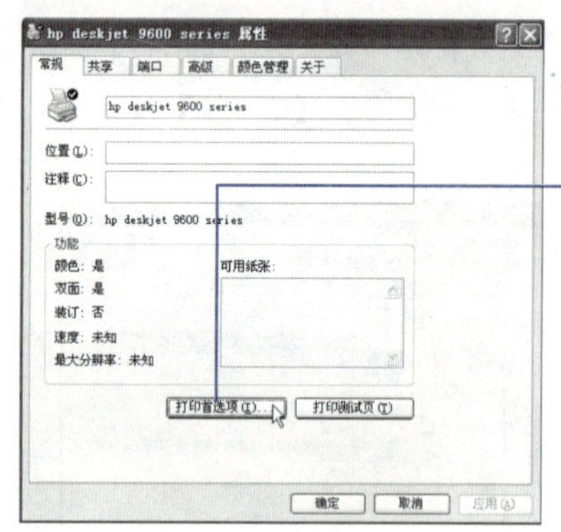

11 在打开的“打印机属性”对话框中点击“打印首选项”按钮。

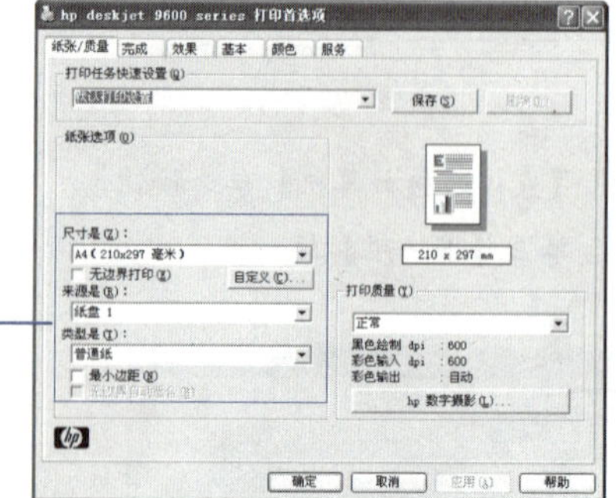

12 在“打印首选项”对话框中的“纸张/质量”选项卡中可以设置纸张的尺寸、来源和类型。

13 在【基本】选项卡中可设置打印的方向、打印的页序和页数；在【颜色】选项卡中可设置打印文档的颜色；在【服务】选项卡中可校准和清洁打印墨盒、校正颜色，最后单击【确定】按钮，完成打印机属性的设置。

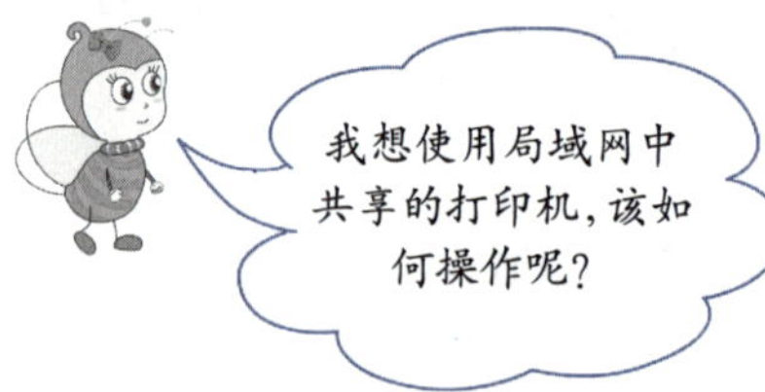

经过简单的几步操作，邹杰便将打印机设置好了。接下来我们来多学一手，掌握一些拓展知识，然后通过“技能训练”来练习和巩固学习成果。

技能拓展

随着网络和多媒体技术的迅速发展，人们经常会遇到大容量数据的移动和交换，使用U盘和移动硬盘能轻松满足用户的这些需求。

- **使用U盘：**将U盘插入到计算机的任意一个USB接口，系统将检测到U盘，然后自动弹出一个用来显示U盘内容的窗口，也可以在“我的电脑”窗口中双击“可移动磁盘”图标，打开显示U盘内容的窗口，此时便可像操作本地磁盘一样对U盘中的文件进行操作，如图1-10所示。

图 1-10 U盘的连接与应用

- **使用移动硬盘**：移动硬盘分为 3.5 英寸和 2.5 英寸两种类型。对于 3.5 英寸的移动硬盘，除需要利用 USB 数据线将其连接到计算机 USB 接口外，还需要连接上外接电源供电，如图 1-11 左图所示；对于大多数 2.5 英寸的移动硬盘，则只需使用一根 USB 数据线将其连接到计算机的 USB 接口即可，如图 1-11 右图所示。连接好移动硬盘后，计算机会自动检测到设备并将其盘符显示在“我的电脑”窗口中，我们可以像使用本地硬盘一样使用移动硬盘。

图 1-11 移动硬盘的接口

技能训练

利用打印机属性设置对话框，将打印机设置为共享打印机；利用“打印首选项”对话框，将打印机默认打印纸张设置为 A4，打印颜色为黑白。

网络服务：您可以通过访问 http://www.bhp.com.cn 网站的“职业资格”栏目，查看本训练的讲解，同时，您还能看到更多的拓展内容。

根据实际操作，简略填写下表			
序号	操作内容		操作流程
步骤一	设置共享打印机		
步骤二	设置打印机首选项		
	实训指导教师评分		
	基本概念	技能掌握	语言描述	综合得分
	□5 □4 □3 □2 □1	□5 □4 □3 □2 □1	□5 □4 □3 □2 □1	
	实训指导教师签字： 年 月 日			

实训技能 2　系统的基本维护和优化

为了能够安全、稳定和高效地使用计算机，我们需要对系统进行一些基本的维护和优化，包括输入法的添加和删除，IE 浏览器的设置和磁盘整理等。

系统的基本维护和优化是“计算机安装、连接、调试”模块的重要组成部分，图 1-12 展示了常见的基本维护和优化方法。

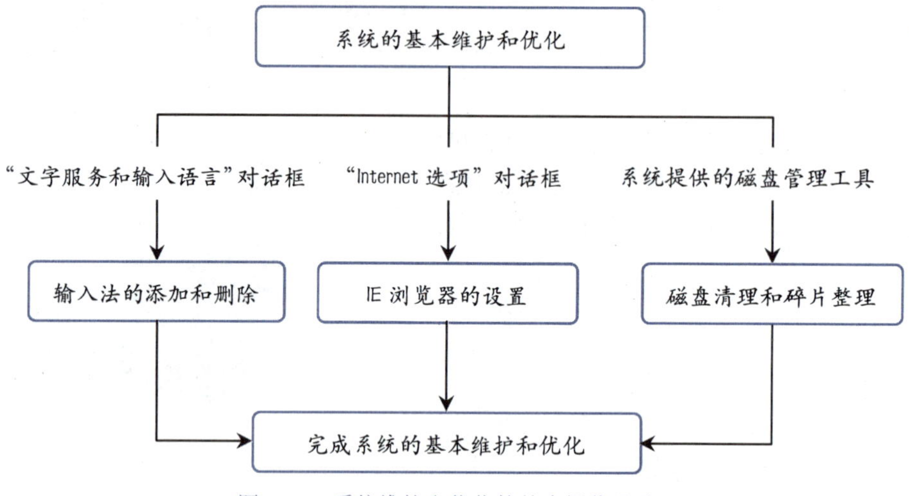

图 1-12　系统维护和优化的基本操作思路

实例任务 4　输入法的添加与删除

要在计算机中输入汉字，一般都要使用输入法。Windows XP 系统提供了微软拼音、全拼、智能 ABC 和郑码等多种汉字输入法，但这些输入法有时并没有全部显示在语言栏中。为此，邹杰需要对输入法进行设置，添加自己常用的输入法，并将一些不用的输入法删除。

任务展示

由于邹杰的计算机系统中没有显示微软拼音输入法，因此邹杰通过本任务的操作，将微软拼音输入法添加到语言栏中，并进行了一些设置，使微软拼音输入法成为系统的默认输入法；另外，邹杰还将语言栏中一些不常使用的输入法进行了删除，使语言栏显得更简洁，最终效果如图 1-13 所示。

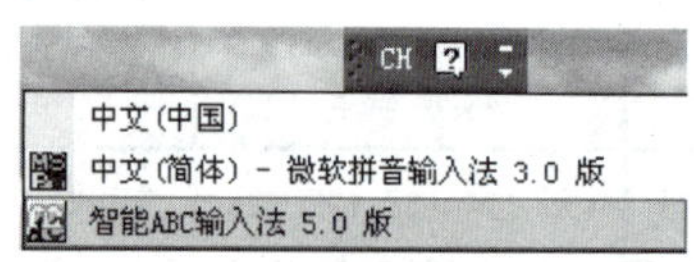

图 1-13　输入法的添加与删除

任务分解

序号	技能点分解	技能要求	技能提示	实训案例效果图
1	添加输入法	能够添加常用的输入法	★	
2	删除输入法	能够将不用的输入法删除	★	
3	设置默认输入法	能够设置每次开机时自动启动的输入法	▲	

注：★代表考试大纲所规定的技能考核点，▲代表在实际工作中需要掌握的技能考核点。

操作思路

本任务的重点在于根据需要添加和删除相关的输入法，难点在于理解“文字服务和输入语言”对话框的作用。

操作步骤

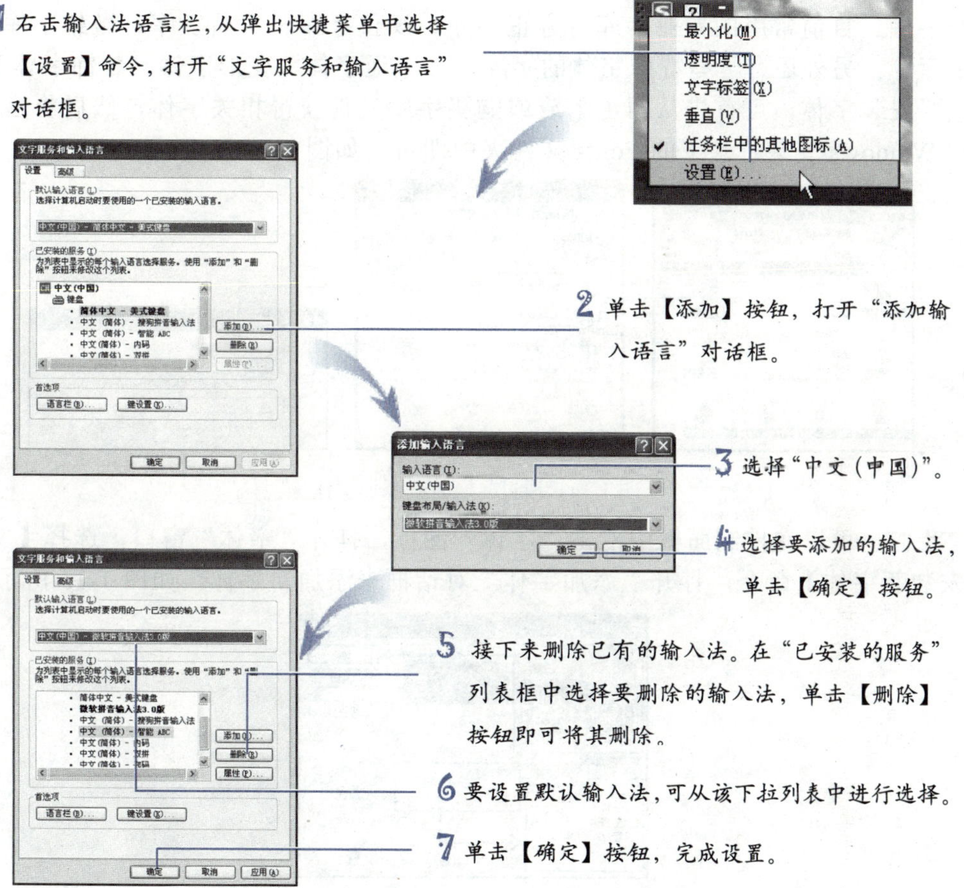

小提示：以上介绍的是 Windows 自带的输入法的添加与删除方法，除此之外，我们还可以从网上下载其他输入法，如紫光拼音输入法、搜狗拼音输入法等。下载并安装后，相应的输入法将会出现在语言栏中，可以使用前面介绍的方法对其进行添加、删除或设置默认输入法等操作。

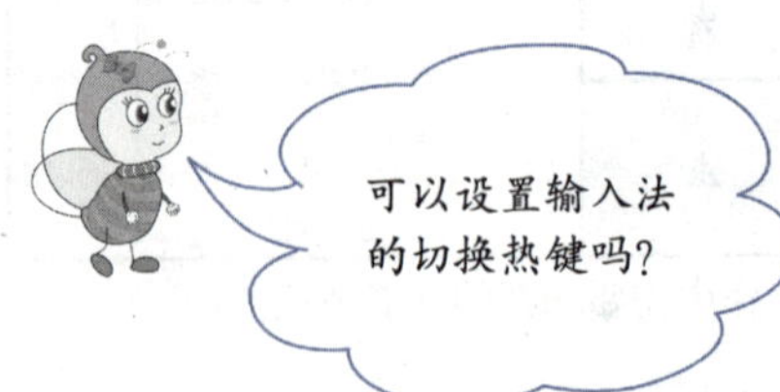

当然可以。在“文字服务和输入语言”对话框中单击【键设置】按钮，即可从弹出的对话框中设置输入法切换热键。

邹杰添加了自己需要的输入法，开心地在网上与朋友聊天。接下来我们来多学一手，掌握一些拓展知识，然后通过“技能训练”来练习和巩固学习成果。

技能拓展

虽然 Windows 提供了一些常用的字体，但要编排出漂亮文档，往往还需要添加专业字库。目前常用的专业字库有方正字库、汉仪字库、文鼎字库、微软字库、汉鼎字库等。另外还有一些特殊字体的字库，如卡通字体、变形字体、装饰字体等。

要安装字体，可首先从网上下载或购买字库光盘获得相关字体，然后将字体拷贝到 Windows 安装目录下的 Fonts 文件夹中即可，如图 1-14 所示。

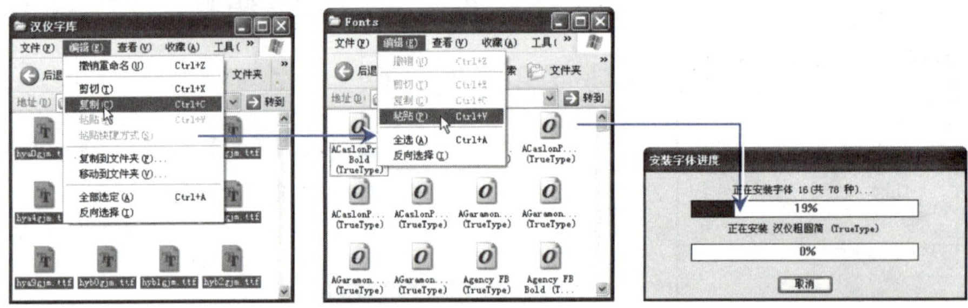

图 1-14　通过复制方式添加字体

我们也可以在控制面板中双击“字体”图标，打开“字体”窗口，选择【文件】|【安装新字体】命令，打开“添加字体”对话框来添加新字体，如图 1-15 所示。

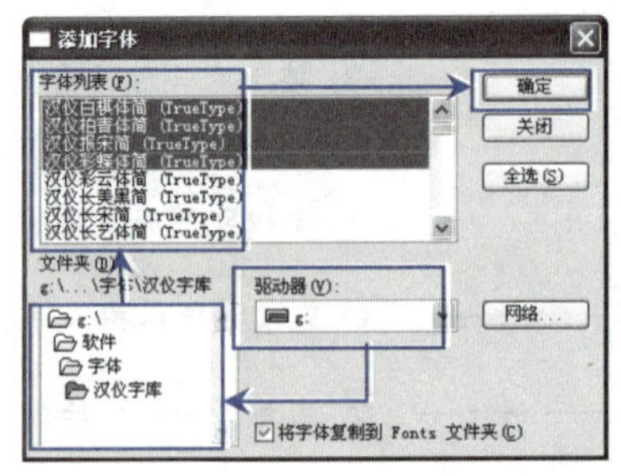

图 1-15　利用“添加字体”对话框添加字体

技能训练

从网上下载搜狗拼音输入法安装程序，将其安装在系统中，并设置为默认输入法，效果如图 1-16 所示。

网络服务：您可以通过访问 http://www.bhp.com.cn 网站的“职业资格”栏目，查看本训练的讲解，同时，您还能看到更多的拓展内容。

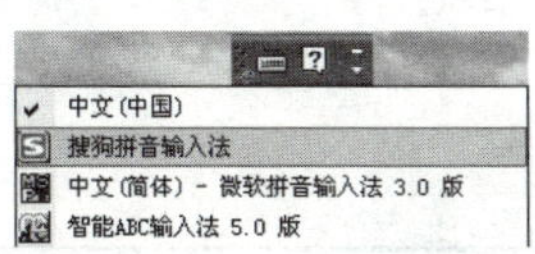

图 1-16　技能训练效果图

<table>
<tr><th colspan="5">根据实际操作，简略填写下表</th></tr>
<tr><th>序号</th><th colspan="2">操作内容</th><th colspan="2">操作流程</th></tr>
<tr><td>步骤一</td><td colspan="2">从搜狐网站下载搜狗拼音输入法程序，并将其安装在系统中</td><td colspan="2"></td></tr>
<tr><td>步骤二</td><td colspan="2">将搜狗拼音输入法设置为默认输入法</td><td colspan="2"></td></tr>
<tr><td rowspan="4"></td><th colspan="4">实训指导教师评分</th></tr>
<tr><td>基本概念</td><td>技能掌握</td><td>语言描述</td><td>综合得分</td></tr>
<tr><td>□5 □4 □3 □2 □1</td><td>□5 □4 □3 □2 □1</td><td>□5 □4 □3 □2 □1</td><td></td></tr>
<tr><td colspan="4">实训指导教师签字：　　　　年　　月　　日</td></tr>
</table>

实例任务 5　Internet Explorer 浏览器的设置

为了更安全地浏览网页以及保护自己的隐私，邹杰对 IE 浏览器进行了一些设置，包括设置 IE 7.0 浏览器的选项卡功能，清除网页访问历史记录，设置弹出窗口阻止程序等。本任务中我们便来学习 IE 浏览器的设置。

任务展示

通过本任务的操作，邹杰将禁用 IE 7.0 浏览器的选项卡功能，清除网页访问历史记录和自动输入的用户名、密码和表单，最后还将设置除搜狐网站外，阻止大多数网页的自动弹出窗口，命令设置如图 1-17 所示。

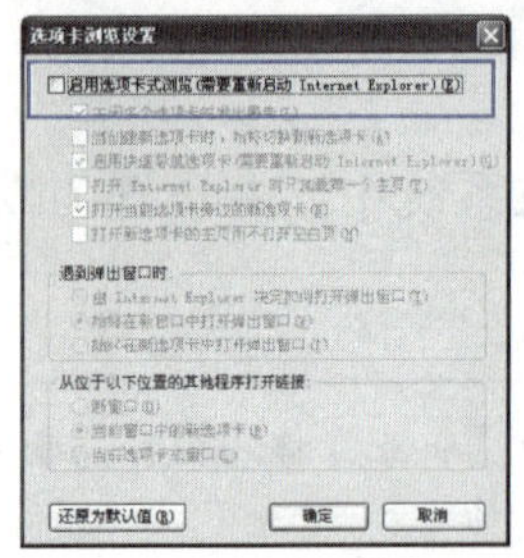
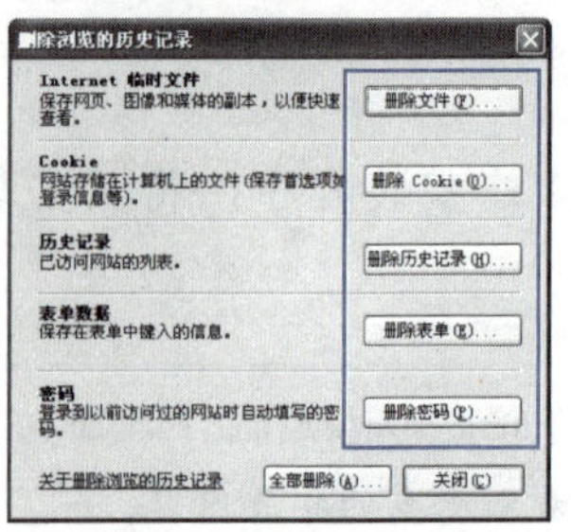
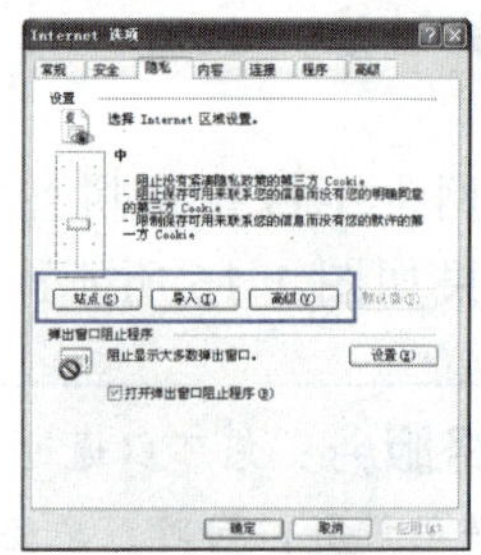

图 1-17 IE 浏览器的设置

任务分解

序号	技能点分解	技能要求	技能提示	实训案例效果图
1	设置 IE 7.0 的选项卡功能	能够禁用或启用 IE 浏览器的选项卡功能	▲	
2	删除浏览的历史记录	能够删除网页访问历史记录和自动输入的用户名、密码和表单等	▲	
3	设置弹出窗口阻止程序	设置阻止大多数网站自动弹出窗口	★	

注：★代表考试大纲所规定的技能考核点，▲代表在实际工作中需要掌握的技能考核点。

操作思路

本任务的重点在于根据需要设置阻止大多数网站自动弹出窗口，难点在于理解“Internet 选项”对话框的作用。

操作步骤

1 在 IE 浏览器窗口中选择【工具】|【Internet 选项】命令，打开“Internet 选项”对话框。

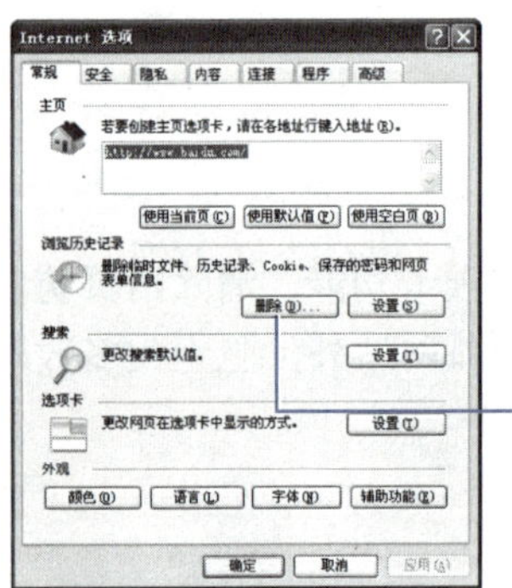

2 单击【删除】按钮，打开“删除浏览的历史记录”对话框。

3 单击【删除文件】按钮，可删除浏览网页时留下的临时文件，释放磁盘空间。

4 单击【删除 Cookie】按钮，可删除访问网站时输入的用户名、密码等信息，避免自动登录这些网站。

5 单击【删除历史记录】按钮，可删除网页访问历史记录，包括 IE 地址栏中的网址。

6 单击该按钮，可删除在网页中保存的表单，如曾经在搜索引擎中输入的关键字。

7 最后单击【关闭】按钮，关闭对话框。

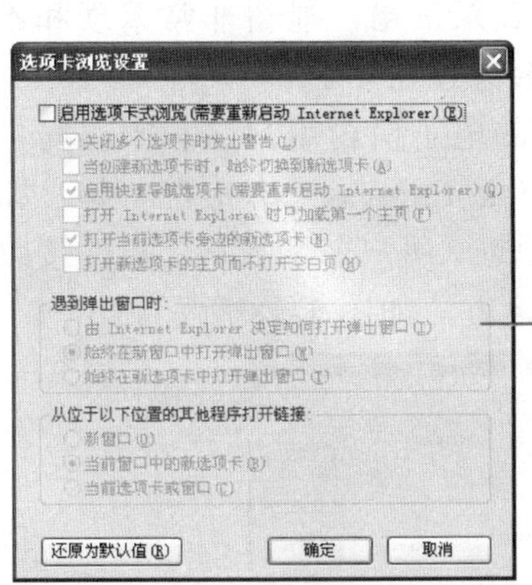

8 在“Internet 选项”对话框的“常规”选项卡中单击“选项卡”后的【设置】按钮，将打开此对话框，从中可以设置与选项卡浏览有关的选项，如启用/禁用 IE 的选项卡功能。

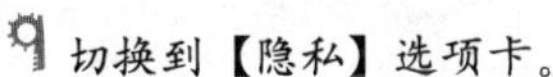

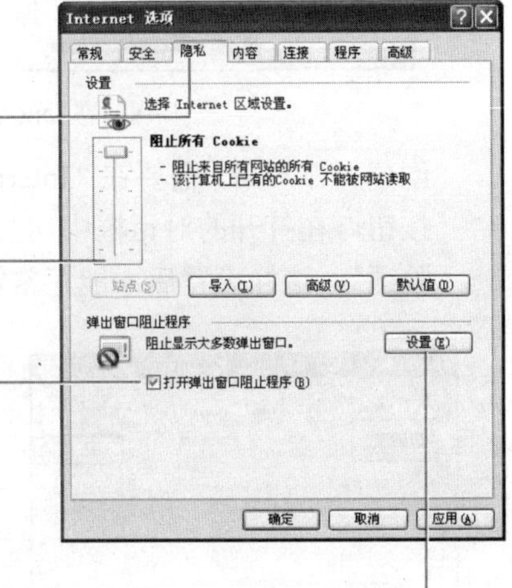

9 切换到【隐私】选项卡。

10 拖动该滑块可设置访问网页时的隐私级别，如设置为最高，则将阻止来至所有网站的 Cookie，避免自动登录网站。

11 勾选该复选框可禁止某些网页自动弹出窗口。

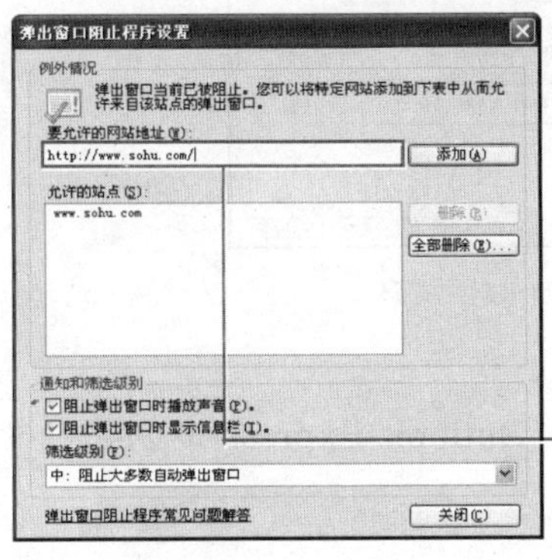

12 单击【设置】按钮，可设置允许某些网站自动弹出窗口。

13 输入允许自动弹出窗口的网站网址，单击【添加】按钮即可。

Cookie 是你访问过的网站保存在硬盘上的一段文本，记录着访问网站的一些信息，如用户名、密码等。

经过简单的几步操作，邹杰便使浏览网页变得更加方便和安全，并保护了自己的隐私。怎么样，你也能行吗？接下来我们来多学一手，掌握一些拓展知识，然后通过“技能训练”来练习和巩固学习成果。

技能拓展

利用 Web 方式收发电子邮件时，每次都要手动登录信箱，显得非常繁琐和不方便。如果利用电子邮件客户端程序收发电子邮件就会方便得多。

1. 利用此种方式收发电子邮件前，需要将自己的电子信箱用户名和密码与电子邮件客户端程序（如 Windows 自带的 Outlook Express）绑定在一起，即在电子邮件客户端程序中创建一个电子邮件地址、用户名和密码、邮件接收和发送服务器都与 Web 信箱相同的账户，创建方法如图 1-18 所示。

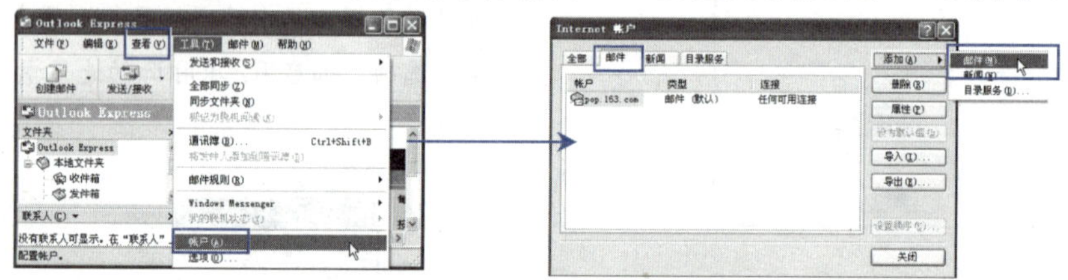

图 1-18　在 Outlook Express 中创建电子邮件账户

2. 创建好账户后，需要在“Internet 帐户”对话框中选中新创建的账户，单击【属性】按钮，在打开的对话框中切换到“服务器”选项卡，点选“我的服务器要求身份验证”，这样设置后才能正常收发电子邮件，如图 1-19 所示。

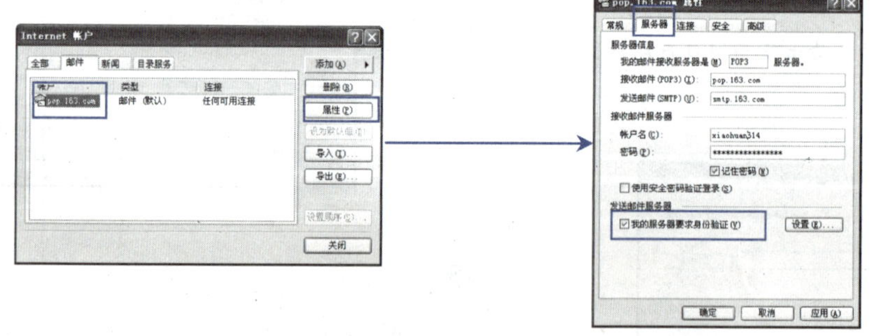

图 1-19　在 Outlook Express 中设置电子邮件账户

技能训练

在搜狐网站上申请一个免费信箱，利用该信箱在 Outlook Express 中创建一个电子邮件账户，并使用它来收发电子邮件。

网络服务：您可以通过访问 http://www.bhp.com.cn 网站的“职业资格”栏目，查看本训练的讲解，同时，您还能看到更多的拓展内容。

根据实际操作，简略填写下表				
序号	操作内容		操作流程	
步骤一	从搜狐网站申请免费信箱			
步骤二	设置 Outlook Express			
步骤三	收发电子邮件			
	实训指导教师评分			
	基本概念	技能掌握	语言描述	综合得分
	□5 □4 □3 □2 □1	□5 □4 □3 □2 □1	□5 □4 □3 □2 □1	
	实训指导教师签字：　　　年　　月　　日			

实例任务6 磁盘清理和碎片整理

当用户创建和删除文件与文件夹，或者安装新软件时，磁盘常会形成碎片，大量的磁盘碎片会严重影响系统运行速度。另外，许多操作（如浏览网页、预览图片等）都会产生临时文件（垃圾文件），大量的临时文件也会影响系统运行速度。邹杰发现最近计算机运行速度变慢许多，于是便利用 Windows XP 的“磁盘清理”程序对临时文件进行了清理，然后使用“磁盘碎片整理”程序对磁盘进行了整理，从而提高了系统的运行速度。

任务展示

在本任务的操作中，邹杰首先利用“磁盘清理”程序对 C 盘上的回收站、Internet 临时文件等进行了清理，然后利用“磁盘碎片整理”程序对 C 盘进行了分析和整理，整理过程如图 1-20 所示。

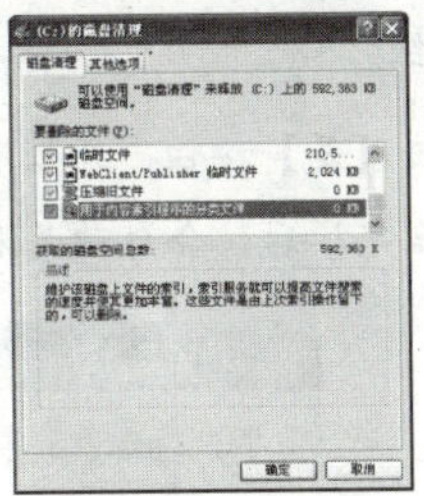
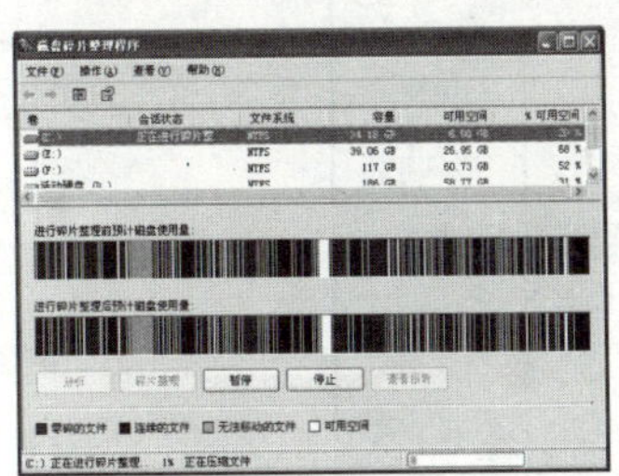

图 1-20　磁盘清理和碎片整理

任务分解

序号	技能点分解	技能要求	技能提示	实训案例效果图
1	磁盘清理	能够清理系统临时文件	★	
2	磁盘碎片整理	能够分析并对磁盘碎片进行整理	★	

注：★代表考试大纲所规定的技能考核点。

操作思路

本任务的重点在于利用“磁盘碎片整理”程序对磁盘进行分析和整理，难点在于理解磁盘碎片的概念。

操作步骤

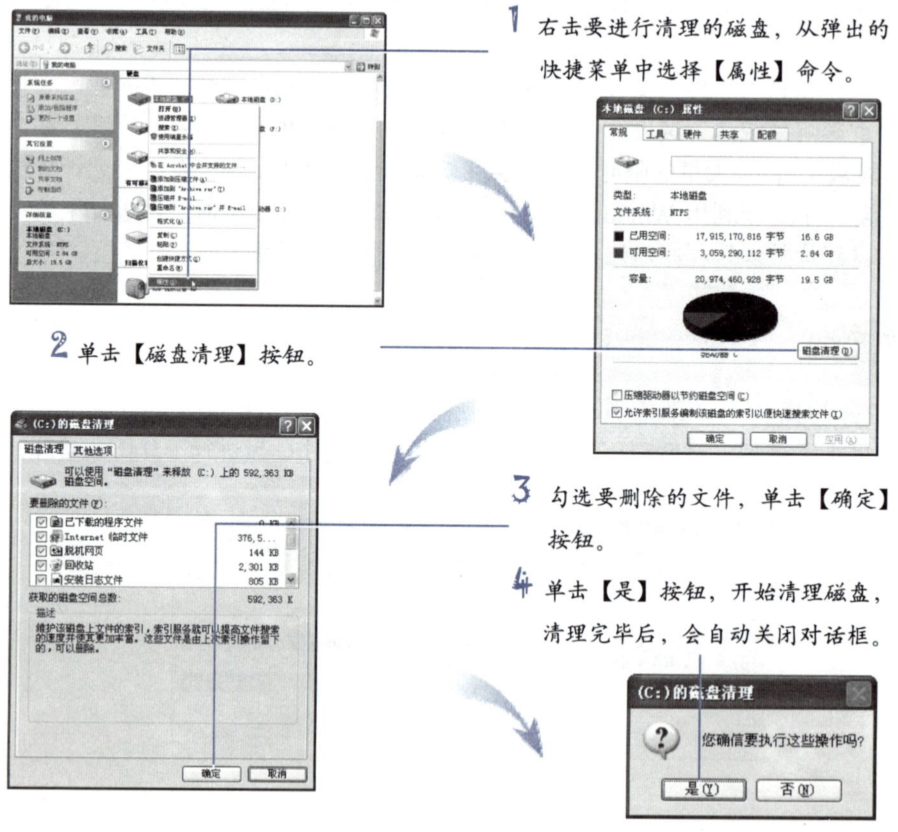

1 右击要进行清理的磁盘，从弹出的快捷菜单中选择【属性】命令。

2 单击【磁盘清理】按钮。

3 勾选要删除的文件，单击【确定】按钮。

4 单击【是】按钮，开始清理磁盘，清理完毕后，会自动关闭对话框。

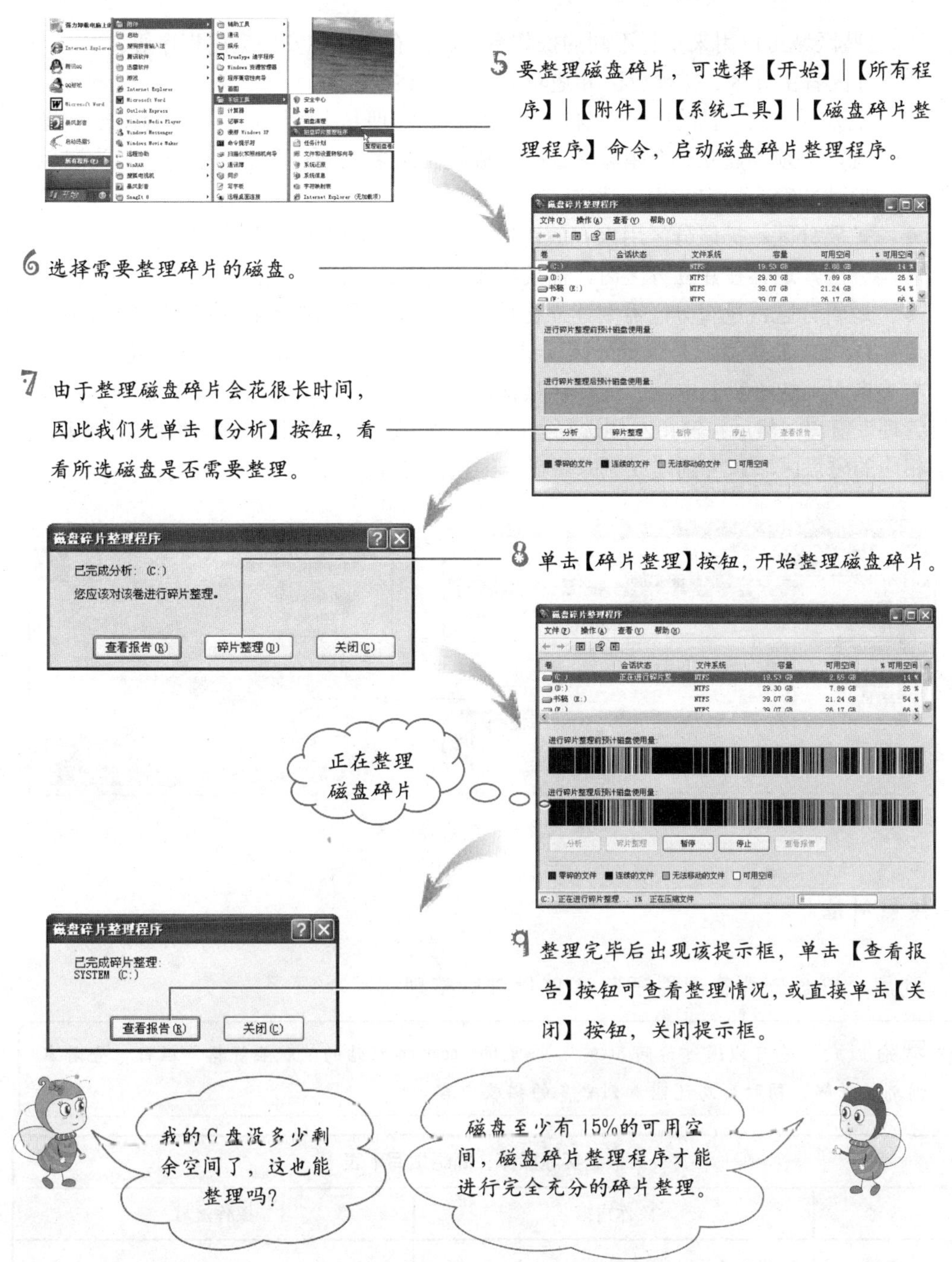

经过简单的几步操作，邹杰便使系统运行速度变快了许多。接下来我们来多学一手，掌握一些拓展知识，然后通过“技能训练”来练习和巩固学习成果。

技能拓展

在使用新硬盘前，需要先对它进行分区，否则无法使用它安装操作系统和储存数据。创建硬盘分区是指将硬盘的整体存储空间划分成相互独立的多个区域（如 C 盘、D 盘、E

盘等)。这些区域可以用来安装不同的操作系统、储存文件和安装应用程序等。

硬盘分区有主分区、扩展分区和逻辑分区三种类型。

- **主分区**:在“我的电脑”窗口中看到的C盘便是主分区,要在硬盘上安装操作系统,必须要建立一个主分区。一块硬盘上最多能创建四个主分区,但为避免发生启动冲突,通常我们只建立一个主分区。
- **扩展分区**:扩展分区用来存放逻辑分区,在“我的电脑”窗口中并不能看到扩展分区,通常在建立分区时,需要将主分区之外的硬盘空间都划分为扩展分区。
- **逻辑分区**:逻辑分区需要建立在扩展分区上,我们在“我的电脑”窗口中看到的D、E、F等盘便是逻辑分区。最多允许建立23个逻辑分区,即盘符从D到Z。

右击桌面上的“我的电脑”图标,从弹出的快捷菜单中选择【管理】命令,打开“计算机管理”窗口,然后在窗口左侧选择“磁盘管理”选项,即可查看本地磁盘的分区情况,右击相应的磁盘区域,可创建或删除磁盘分区,如图1-21所示。

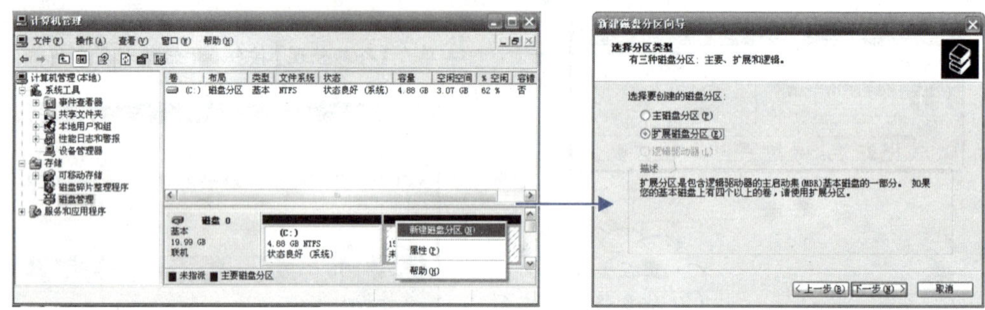

图1-21 创建磁盘分区

技能训练

利用“磁盘碎片整理程序”对D盘进行整理。

网络服务:您可以通过访问 http://www.bhp.com.cn 网站的“职业资格”栏目,查看本训练的讲解,同时,您还能看到更多的拓展内容。

根据实际操作,简略填写下表				
序号	操作内容		操作流程	
步骤	对D盘进行分析并整理			
	实训指导教师评分			
	基本概念	技能掌握	语言描述	综合得分
	□5 □4 □3 □2 □1	□5 □4 □3 □2 □1	□5 □4 □3 □2 □1	
	实训指导教师签字: 年 月 日			

本模块仿真试题

我们通过上面的实训案例把本模块的技能考核点都实际演练了一遍，下面就让我们用一道本模块的仿真试题来测试一下，这道题可是能帮助你顺利地通过考试哦！

1. 本题分值：10 分。
2. 考核时间：10 分钟。
3. 考核形式：实操。
4. 具体考核要求。

（1） 按照操作步骤，正确地连接 UPS 不间断电源。

（2） 更改系统扬声器为立体声耳机。将设置“音频属性”的对话框以图片的形式保存至桌面上，文件命名为“仿真题 1-A.jpg”。在图片保存后，恢复原设置。

（3） 删除“中文（简体）-全拼”输入法，将删除前、后的“文字服务和输入语言”对话框进行截图，分别以“仿真题 1-B.jpg”和“仿真题 1-C.jpg”为文件名，保存至桌面上。

（4） 在磁盘属性中使用“磁盘清理”程序对 D 驱动器进行磁盘清理，选择所有可删除的文件，将包含“磁盘属性”对话框和“磁盘清理”对话框的桌面以图片形式保存到桌面上，文件命名为“仿真题 1-D.jpg”，图片保存后，不必执行该操作，单击【取消】按钮。

（5） 启动“Internet Explorer 浏览器”，设置隐私级别为“阻止所有 Cookie”级，将设置“Internet 选项”的对话框以图片形式保存到桌面上，文件命名为“仿真题 1-E.jpg”，图片保存后，恢复原设置。

网络服务： 您可以通过访问 http://www.bhp.com.cn 网站的“职业资格”栏目，查看本模块仿真试题的讲解，同时，您还能看到更多的拓展内容。

实训模块2 文件管理

篇头语

在使用计算机的过程中，不可避免地要涉及到文件的管理，它是计算机的基本操作之一。要想使计算机中的资源井然有序，就必须对文件管理有足够的了解。

文件管理的目的在于方便快捷地保存和提取所需文件。计算机中所有的文件都是按照一定的规则保存在各个文件夹中的。根据个人的使用频率和习惯，可以将其放置在不同名称或不同位置的文件夹中，以便于查找调用。在文件归档的过程中，为了更好地进行检索与分类，建议读者按照个人的需要对磁盘进行分区，并为每一个分区设定一种用途，如存储软件或工作文件等，然后再根据实际情况将该分区划分为多个层级的文件夹，并建立合理的文件保存架构。

在计算机操作员（中级）的“文件管理”模块中包括了“文件操作”和“文件高级管理”两项考核内容，虽然该模块只占到技能操作考核总分的5%，分值比重不是很大，但作为计算机操作的基本内容，所涉及的知识无疑需要我们理解和掌握。

为了更好地帮助读者学习这个模块，我们设计了一个名为“管理好你的个人文件”的实训案例，它包含了“文件和文件夹的属性设置”、“文件和文件夹的查找与备份”、“文件和文件夹的归档”、“回收站的管理”、“设置用户权限”和“文件和文件的加密”六个实例任务，涵盖了本模块两项考核内容所包含的所有技能考核点，并按照人们日常管理文件的顺序对这些技能点进行逐一详解，以使读者通过对实训案例的学习来掌握计算机操作员（中级）技能操作考核所要求的技能考核点。

实训案例——管理好你的个人文件

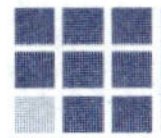

案例背景与效果展示

余筱筱的小孩已经快 3 岁了，为了能将孩子成长过程中的点点滴滴都珍藏起来，她在孩子刚出生的时候就特意去买了一台计算机，把每天为孩子写的成长日记和拍摄的照片都保存了起来。今晚，余筱筱又在写新的日记廉价，写完之后还要对这些日子以来保存的文件进行一些必要的整理，整理后的文件夹效果如图 2-1 所示。下面，我们就来看看她是如何整理资料的。

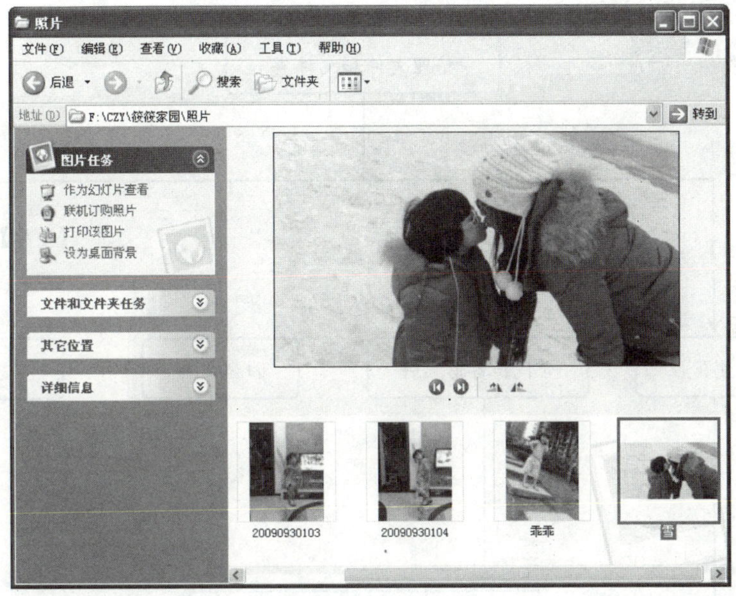

图 2-1 整理后的个人文件夹效果图

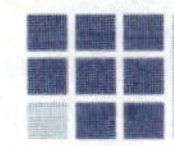

案例技能点示意图

实训技能 1 整理文件和文件夹

计算机中的数据以文件的形式存储在计算机中，如果任由这些文件杂乱地放置，不仅会影响计算机操作界面的整洁与美观，而且还不方便用户查找和调用文件。这时就可以使用文件夹来对这些文件进行分门别类地存放和管理。计算机中的文件夹就相当于一个个独立的盒子，这些盒子主要用于放置不同内容或不同类型的文件。因此，熟练地掌握文件和文件夹的管理是计算机操作员所必备的专业技能之一。

在本案例中，将“整理文件和文件夹”这一技能划分为“文件和文件夹的属性设置”、“文件和文件夹的查找与备份”、“文件和文件夹的归档”、“回收站的管理”四项任务，图 2-2 展示了文件和文件夹的管理的基本操作思路。

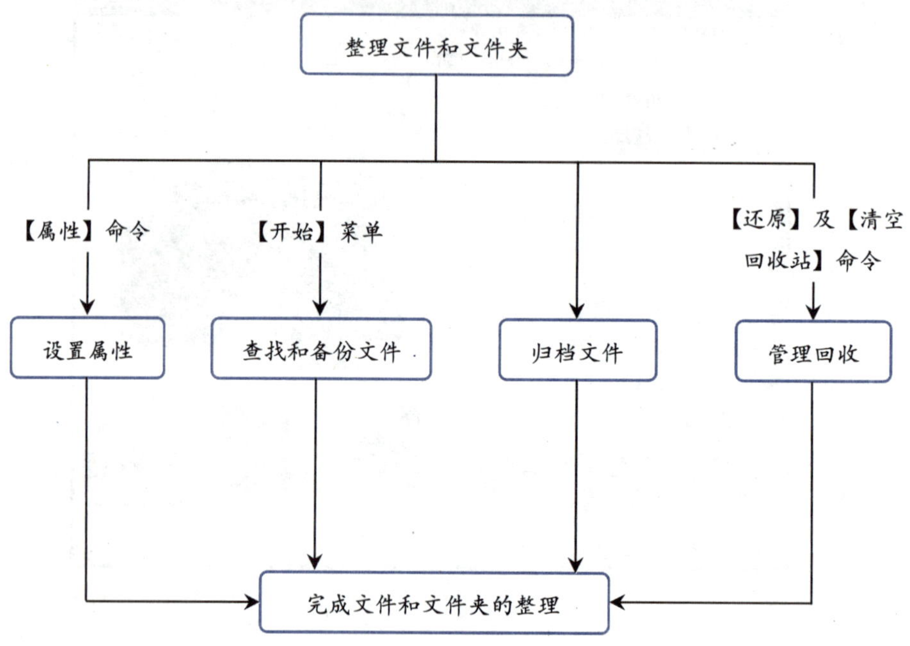

图 2-2 整理文件和文件夹的基本操作思路

实例任务 1 文件和文件夹的属性设置

日记是一种对个人而言比较重要并且私密的文件，当余筱筱完成了日记的编写后，为了妥善地保管它，余筱筱决定通过设置文件和文件夹属性的方法，将日记文件隐藏起来；然后再将所在文件夹的属性设置为只读和存档；最后，她将文件的查看方式设置为“显示所有文件和文件夹”，以方便自己查找和查看文件。

任务展示

打开随书光盘中“光盘:\案例素材\Unit2\成长日记”文件夹，按以下要求对该文件夹及文件夹中的文件进行属性设置，效果如图 2-3 所示。

1. 通过【属性】命令，将文件夹中的文件隐藏；
2. 设置文件夹的属性为“只读”和“存档”；
3. 通过【文件夹选项】设置文件的显示方式。

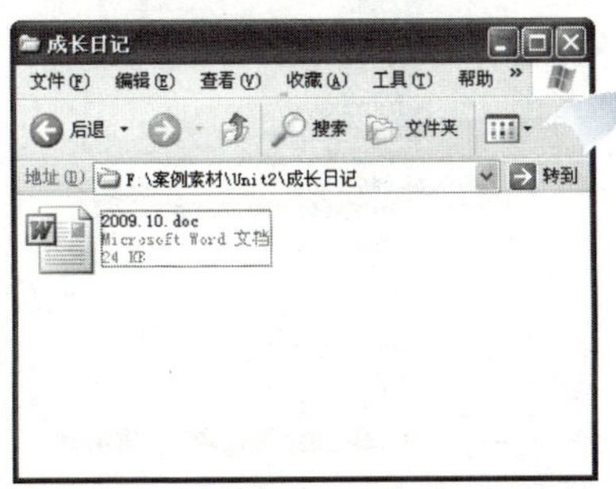

打开文件夹的效果

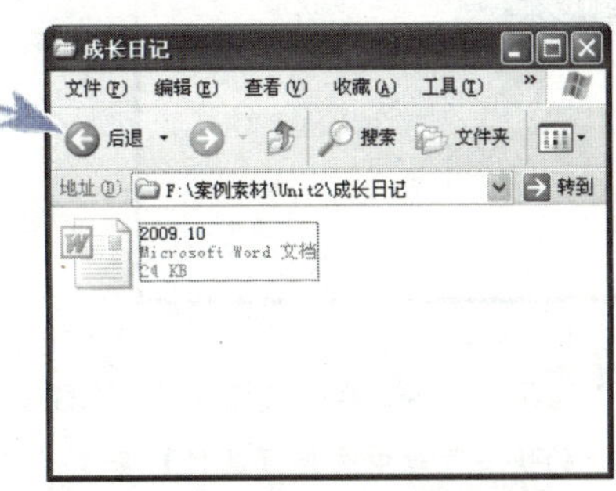

设置属性后的效果

图 2-3 设置文件和文件夹的属性

任务分解

序号	技能点分解	技能要求	技能提示	实训案例效果图
1	设置隐藏、只读和存档属性	能够正确设置指定的文件属性	★	
2	显示隐藏文件	能够正确设置文件的查看方式	★	

注：★代表考试大纲所规定的技能考核点。

操作思路

本任务的重点在于掌握文件和文件夹的三个属性（只读、隐藏和存档）的特点，并在实际应用中根据需要为指定的文件和文件夹设置某种属性，对于日记这种比较私密的文件，一般情况下对其作隐藏设置。

操作步骤

打开素材文件夹“成长日记”，让我们按照下面的步骤来设置文件和文件夹的属性。

光盘素材："光盘:\案例素材\Unit2\成长日记\"。

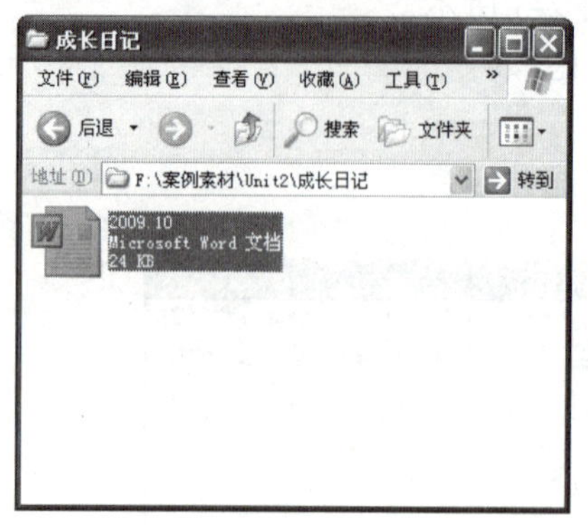

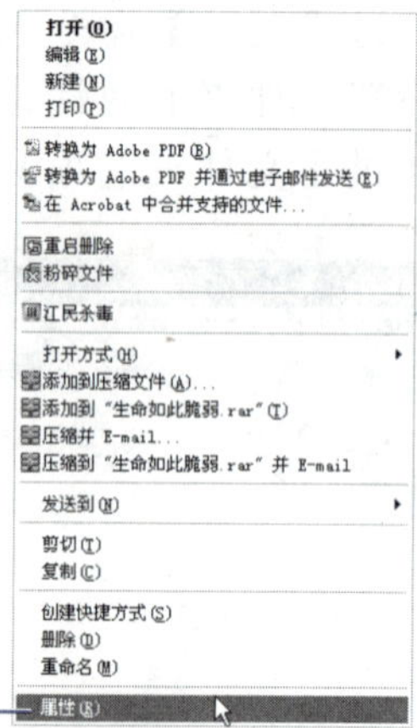

1 选择文件后，单击鼠标右键，在弹出的快捷菜单中选择【属性】命令。

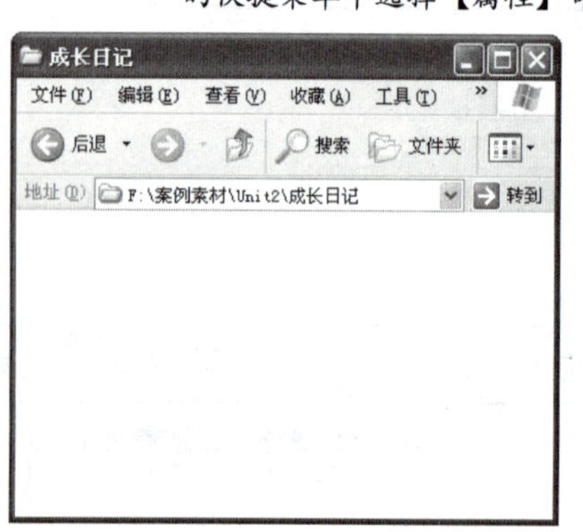

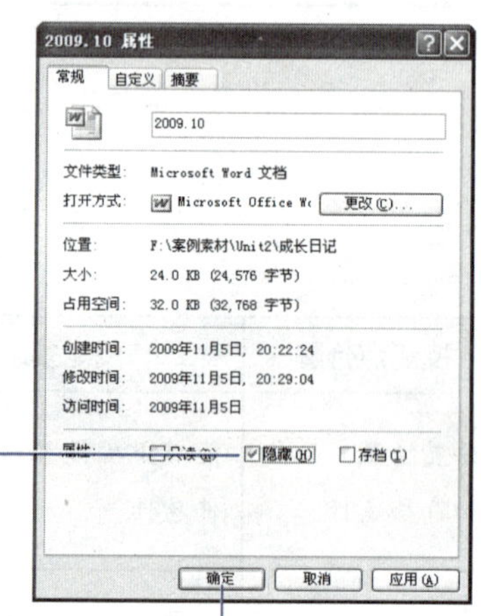

2 在弹出的对话框中勾选"隐藏"复选框。

3 单击【确定】按钮，前面所选择的文件就被隐藏了。

好了，余筱筱已经把日记文件隐藏好了，下面来设置文件夹的属性吧！

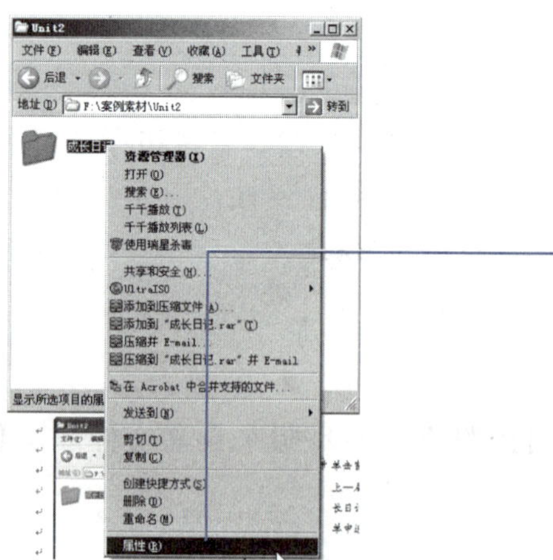

4 单击窗口中的【后退】按钮，返回到上一层操作。用鼠标右键单击"成长日记"文件夹，在弹出的快捷菜单中选择【属性】命令。

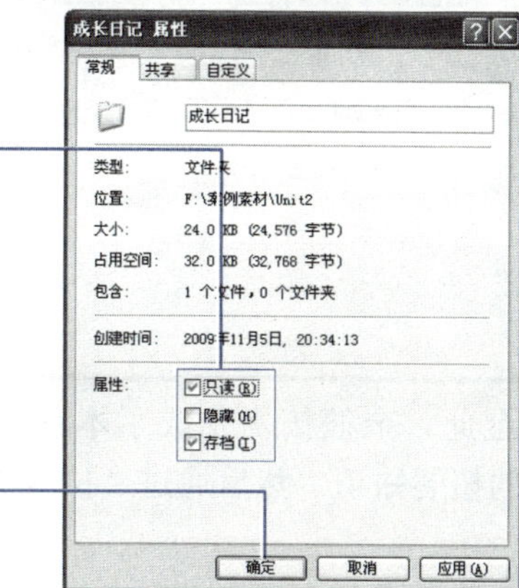

5 在弹出的对话框中依次勾选“只读”和“存档”复选框。

6 单击【确定】按钮，完成文件夹的属性设置。

小提示：在文件和文件夹的“属性”对话框中，用户不仅可以设置其属性，而且还可以修改其显示名称，查看其大小、占用空间和包含属性。

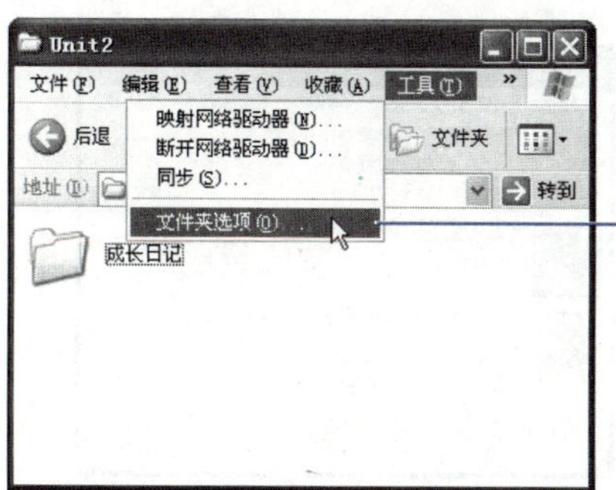

7 选择【工具】|【文件夹选项】命令。

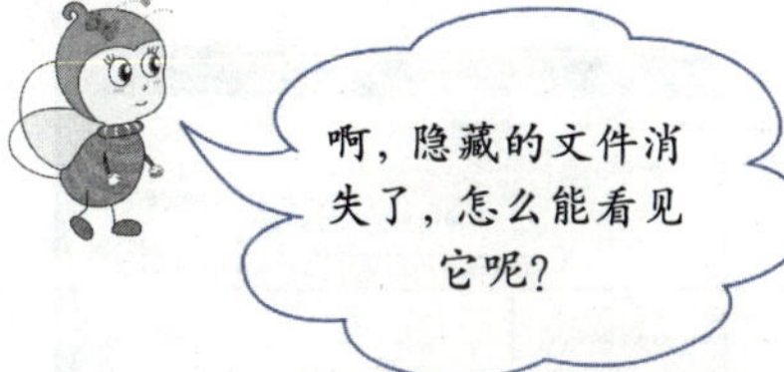

将文件的查看属性设置为显示所有文件后，隐藏文件就会以半透明的形式显示出来哦！

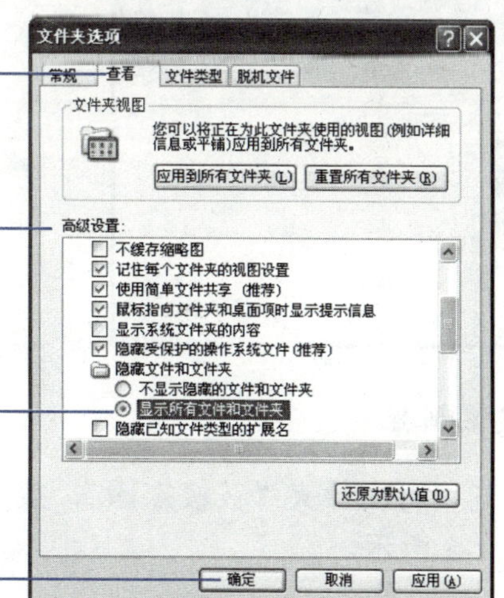

8 单击【查看】选项卡，出现其选项设置区。

9 通过拖动调节滑块，显示“高级设置”列表框下方隐藏的选项。

10 点选【显示所有文件和文件夹】单选按钮。

11 单击【确定】按钮完成设置。

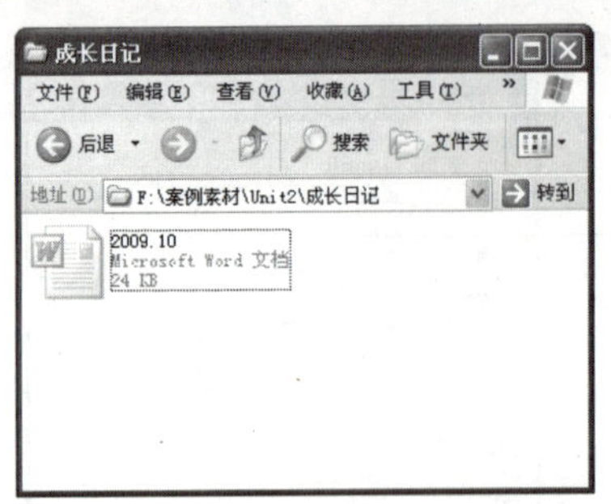

如果用户希望设置隐藏的文件不可见，可在“高级设置”列表框中选中【不显示隐藏的文件和文件夹】按钮就行了。

至此，余筱筱就完成了本任务的相关操作。接下来我们来多学一手，掌握一些这项技能的拓展知识，然后通过“技能训练”来练习和巩固学习成果。

技能拓展

每个类型的文件都有自己特定的文件扩展名（即文件后缀），但在默认情况下，文件扩展名是隐藏的，通过修改文件的显示属性，可将隐藏的扩展名显示出来，完成过程如图 2-4 所示。

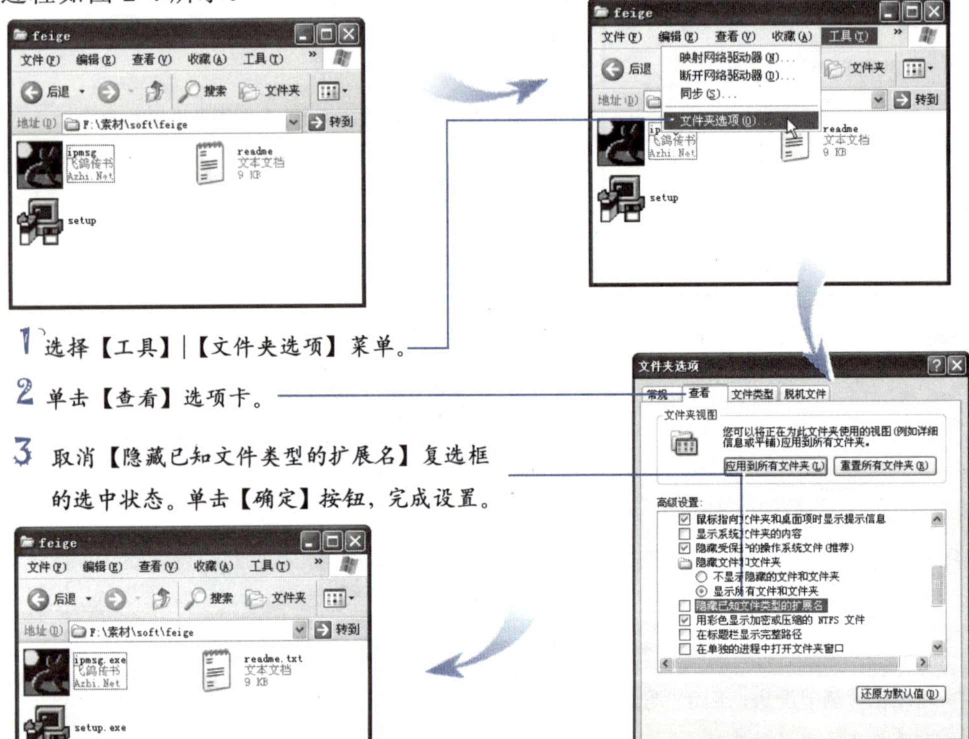

图 2-4　显示文件的扩展名

技能训练

打开素材文件夹“筱筱家园”，按照下面的要求设置该文件夹中文件的属性，效果如图 2-5 所示。

光盘素材："光盘:\案例素材\Unit2\筱筱家园\"。

1. 将该文件夹中所有压缩文件设置为"隐藏"；
2. 显示已知文件的扩展名。

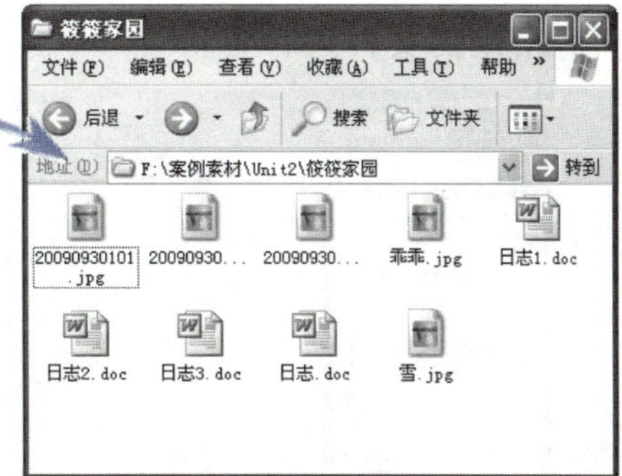

图 2-5 技能训练效果图

网络服务：您可以通过访问 http://www.bhp.com.cn 网站的"职业资格"栏目，查看本训练的讲解，同时，您还能看到更多的拓展内容。

根据实际操作，简略填写下表				
序号	操作内容		操作流程	
步骤一	隐藏文件夹中的指定文件			
步骤二	设置文件的显示属性			
	实训指导教师评分			
	基本概念	技能掌握	语言描述	综合得分
	□5 □4 □3 □2 □1	□5 □4 □3 □2 □1	□5 □4 □3 □2 □1	
	实训指导教师签字： 年 月 日			

实例任务2 文件和文件夹的查找与备份

通常情况下，计算机中存放了很多文件，而且这些文件可能被放置在计算机中任意位置，那么当用户需要查找某个指定文件时该怎么办呢？

余筱筱完成了日志文件的整理，突然想到在很久以前她曾经收集的一首老歌的歌词，歌词保存在一个 Word 文档中，但文件名已经记不住了，只知道有"歌词"两个字，这时她想到使用计算机中的搜索功能找到那个文件并把它用 WinRAR 软件压缩备份起来。

任务展示

查找文件名中包含“歌词”的文件，并对查找到的文件进行备份处理，效果如图 2-6 所示。

1. 单击【开始】|【搜索】命令，打开“搜索管理”窗口，在计算机中查找指定文件；
2. 对指定的文件进行备份处理。

查找文件　　　　备份文件

图 2-6　文件的查找与备份

任务分解

序号	技能点分解	技能要求	技能提示	实训案例效果图
1	查找文件	能够在计算机中查找需要的文件	★	
2	备份文件	能够对计算机中的文件进行备份处理	▲	

注：★代表考试大纲所规定的技能考核点，▲代表在实际工作中需要掌握的技能考核点。

操作思路

本任务的重点在于掌握如何设定文件的搜索条件，即通过搜索文件的部分或全部名称来查找。当查找到文件后，即可通过鼠标右键快捷菜单中的命令对文件进行备份。

操作步骤

通过【开始】菜单来搜索指定的文件，搜索到文件后即对其进行备份处理。下面详细讲解其操作方法。

 光盘素材："光盘:\案例素材\Unit2\歌词汇总.doc"。

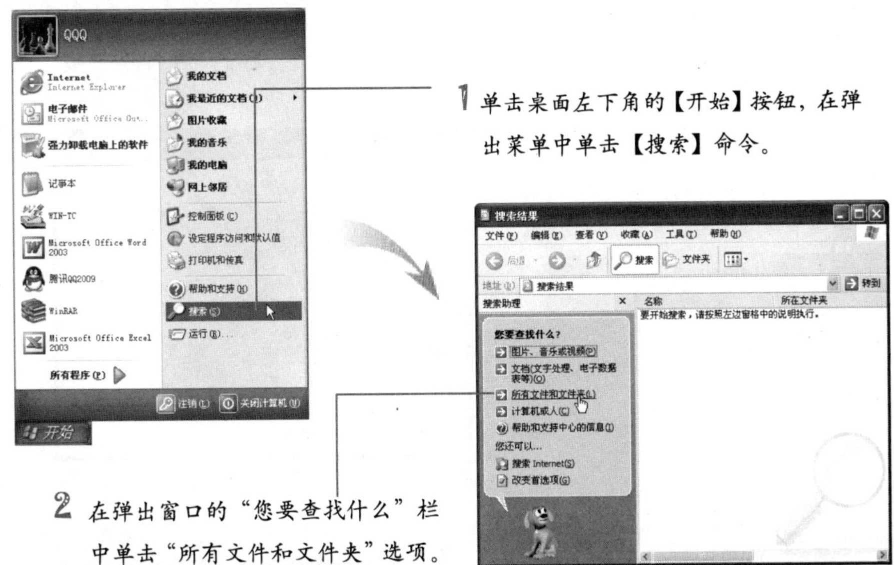

1 单击桌面左下角的【开始】按钮，在弹出菜单中单击【搜索】命令。

2 在弹出窗口的"您要查找什么"栏中单击"所有文件和文件夹"选项。

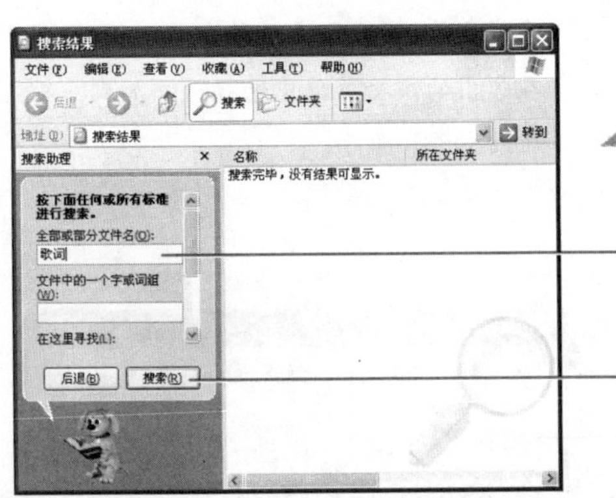

3 在弹出功能区的"全部或部分文件名"文本框中输入查找条件"歌词"。

4 单击【搜索】按钮，开始查找文件。

 小提示：在设置查找条件时，可以在"在这里寻找"下拉列表框中指定查找的范围。

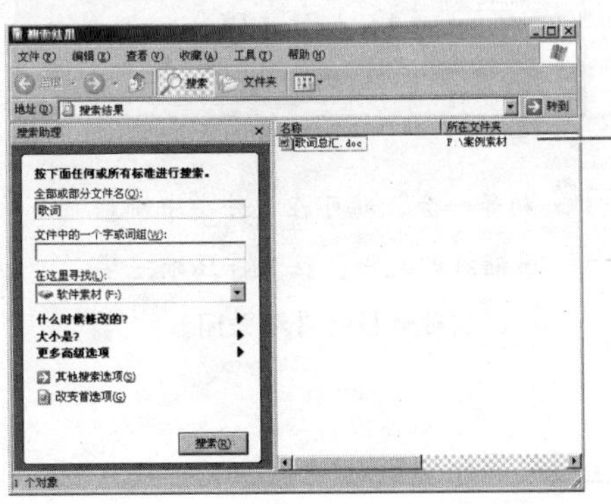

5 稍等一会，在窗口的右侧将显示出搜索到的文件和它所在的文件夹。

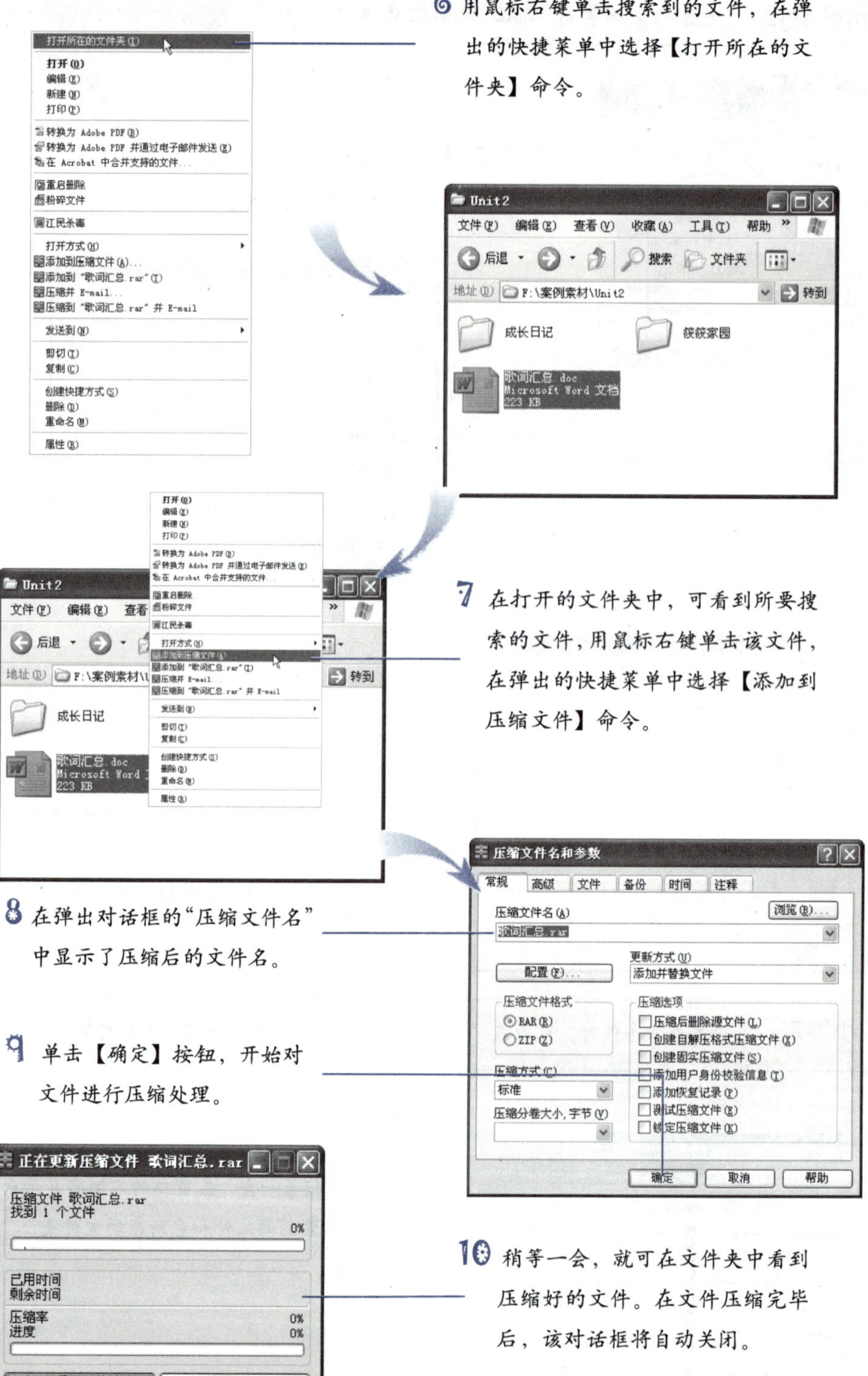

6 用鼠标右键单击搜索到的文件，在弹出的快捷菜单中选择【打开所在的文件夹】命令。

7 在打开的文件夹中，可看到所要搜索的文件，用鼠标右键单击该文件，在弹出的快捷菜单中选择【添加到压缩文件】命令。

8 在弹出对话框的"压缩文件名"中显示了压缩后的文件名。

9 单击【确定】按钮，开始对文件进行压缩处理。

10 稍等一会，就可在文件夹中看到压缩好的文件。在文件压缩完毕后，该对话框将自动关闭。

小提示：在压缩文件对话框中单击【浏览】按钮，可在弹出对话框中指定压缩文件的存放位置。

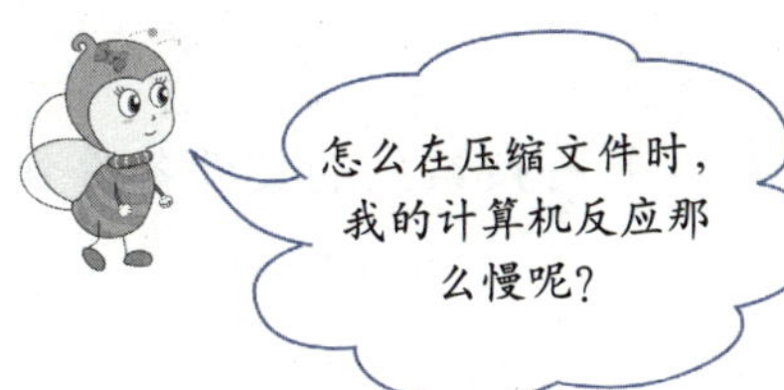

那是因为在压缩文件时，将会占用较多计算机资源。如果在压缩过程中你必须要进行其他操作的话，可以先暂停压缩处理。

至此，余筱筱找到了她要找的歌词并做了个备份。接下来我们来多学一手，掌握一些查找备份这项技能的拓展知识，然后通过“技能训练”来练习和巩固学习成果。

技能拓展

当用户在查找文件时，为了更加快捷地找到需要的文件，还可以在查找文件时，指定需要查找的文件类型，这样在查找文件时，系统只需在某个文件类型中进行查找，可以大大加快查找的速度，完成过程如图 2-7 所示。

1 单击【开始】按钮，在弹出菜单中选择【搜索】命令。

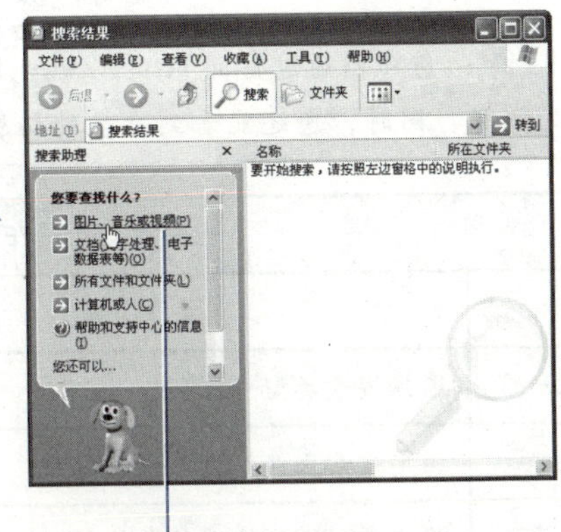

2 在弹出窗口中单击“图片、音乐或视频”选项。

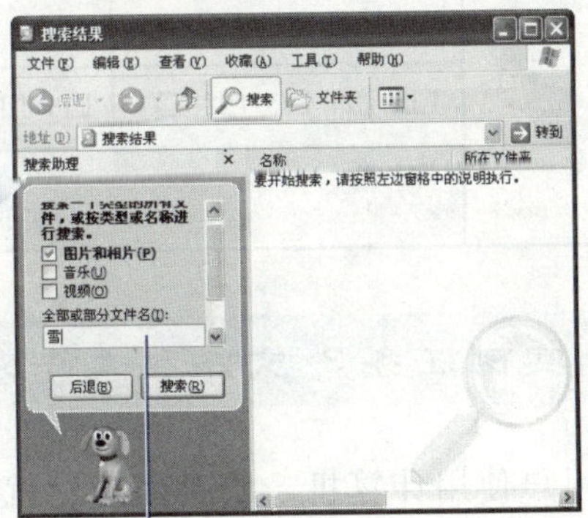

3 在弹出的功能列表项中勾选“图片和相片”复选框，并在“全部或部分文件名”中输入“雪”。

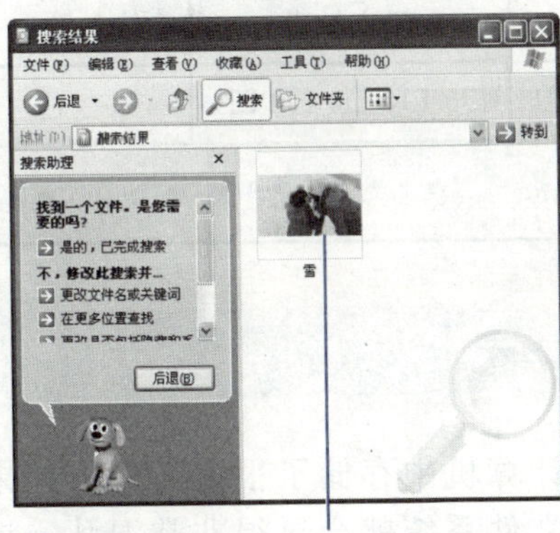

4 单击【搜索】按钮后，稍等一会即可查找到符合要求的图片。

图 2-7 搜索图片

技能训练

利用“搜索”功能，按照如下条件搜索指定文件，并将搜索到的文件备份到移动硬盘中，效果如图 2-8 所示。

1. 搜索计算机中所有的视频文件；
2. 将搜索到的视频文件备份到移动硬盘中。

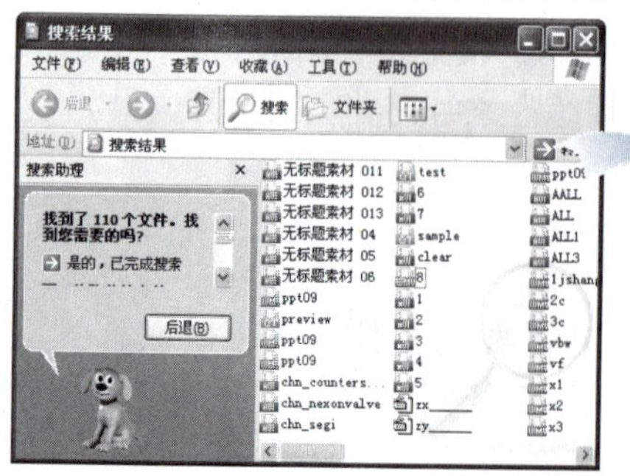

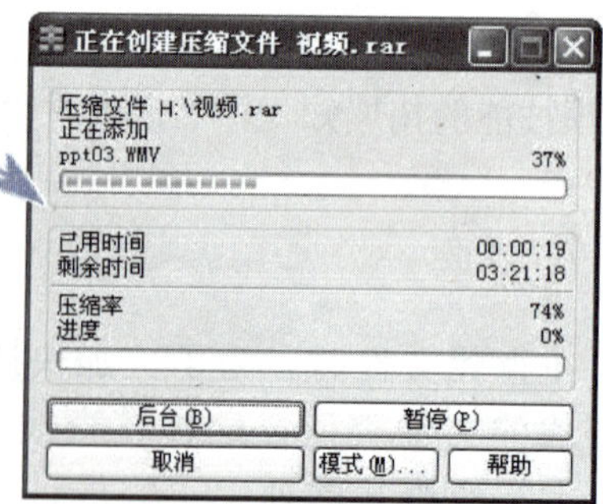

图 2-8 技能训练效果图

网络服务：您可以通过访问 http://www.bhp.com.cn 网站的“职业资格”栏目，查看本训练的讲解，同时，您还能看到更多的拓展内容。

根据实际操作，简略填写下表		
序号	操作内容	操作流程
步骤一	选择搜索类型	
步骤二	指定搜索条件及搜索范围	
步骤三	将搜索到的文件进行备份	

实训指导教师评分			
基本概念	技能掌握	语言描述	综合得分
□5 □4 □3 □2 □1	□5 □4 □3 □2 □1	□5 □4 □3 □2 □1	
实训指导教师签字： 年 月 日			

实例任务 3 文件和文件夹的归档

当用户使用计算机一段时间后，就会发现在计算机中存储了很多文件，如果不对这些文件进行必要的归档处理，整个计算机的文件系统就会显得非常混乱，这不仅影响计算机操作系统的整洁与美观，而且还会极大地影响到用户查找和调用相关文件的速度。

为了更加方便地查看所需的文件，余筱筱决定对计算机中的文件进行必要的归档整理。

任务展示

打开随书光盘中“光盘:\案例素材\Unit2\筱筱家园”文件夹，对该文件夹中的各类文件进行归档处理，效果如图 2-9 所示。

1. 新建用于放置各类文件的文件夹；
2. 根据放置文件的不同，为文件夹重新进行命名；
3. 将文件夹中的各类文件进行归档处理。

归档前

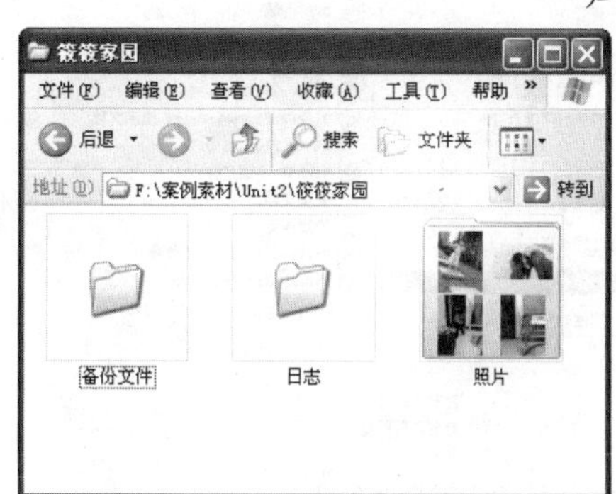

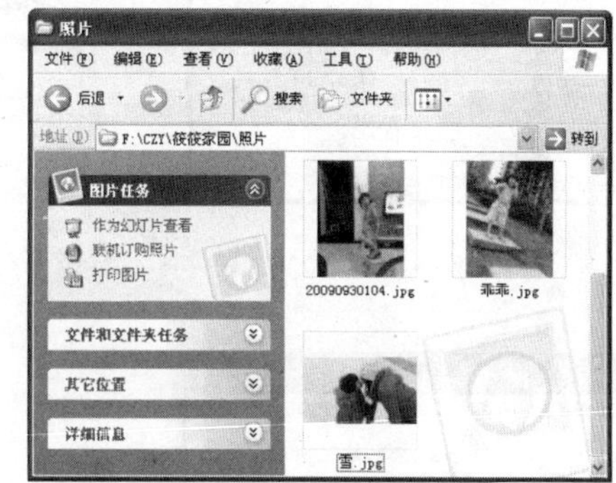

归档后

图 2-9 文件归档

任务分解

序号	技能点分解	技能要求	技能提示	实训案例效果图
1	创建需要的文件或文件夹	灵活地掌握文件和文件夹的基本操作	▲	
2	归档文件	能熟练地对各类文件进行归档	★	

注：★代表考试大纲所规定的技能考核点，▲代表在实际工作中需要掌握的技能考核点。

操作思路

本任务的重点在于以什么方式归档文件。常见的方式有按文件类型、文件的编辑时间或是文件常用性来进行归档，这里我们采用的是按照文件的类型进行归档。

操作步骤

打开素材文件夹“筱筱家园”，对该文件夹中的文件进行归档处理。

光盘素材：“光盘:\案例素材\Unit2\筱筱家园\”。

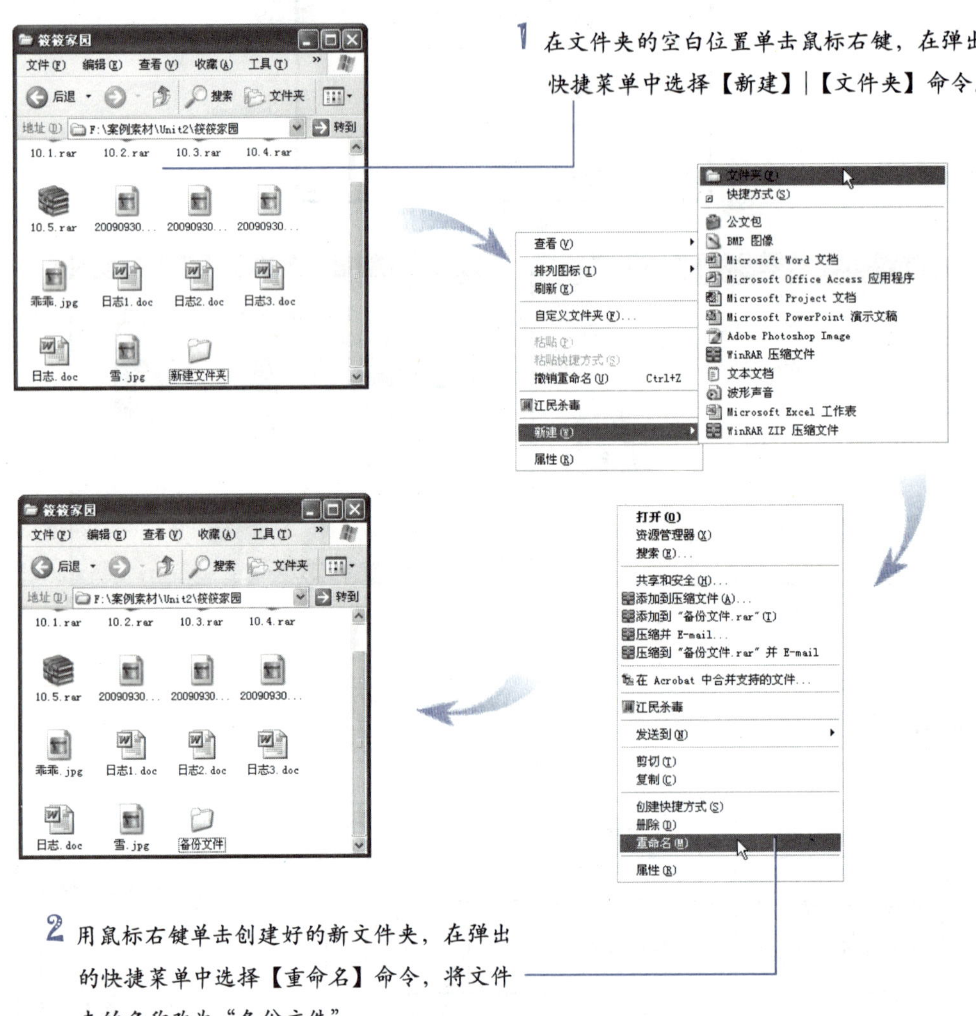

小提示：在归档文件的过程中，还可以根据文件的创建日期、文件的使用频率等来进行分类归档。

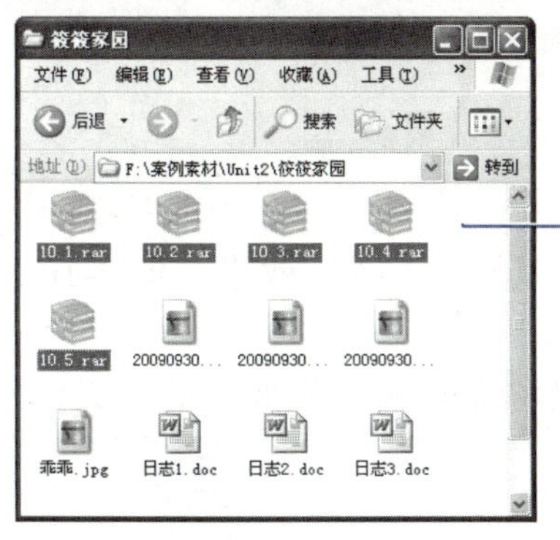

3 选择文件夹中的备份文件，按 Ctrl+X 组合键将其剪切。

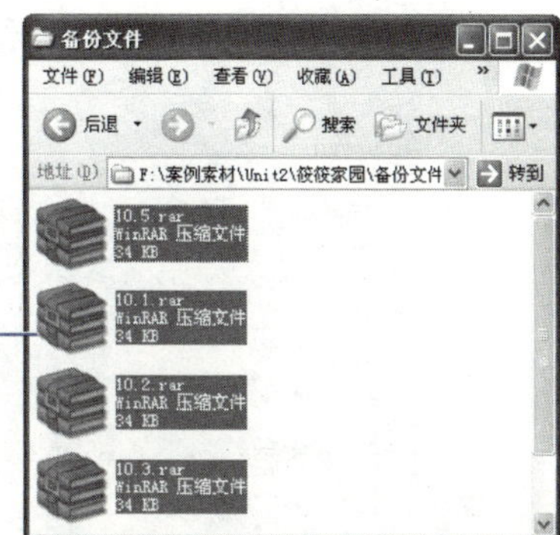

4 使用鼠标双击进入到“备份文件”文件夹中，按 Ctrl+V 组合键粘贴被剪切的文件。

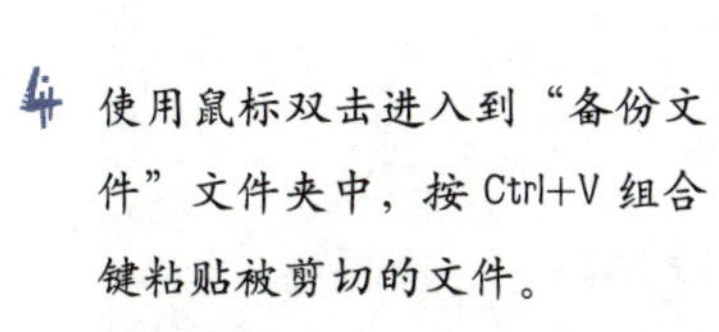

小提示：在计算机中移动文件的方法有许多种，用户在使用的过程中可根据自己的使用习惯进行操作。

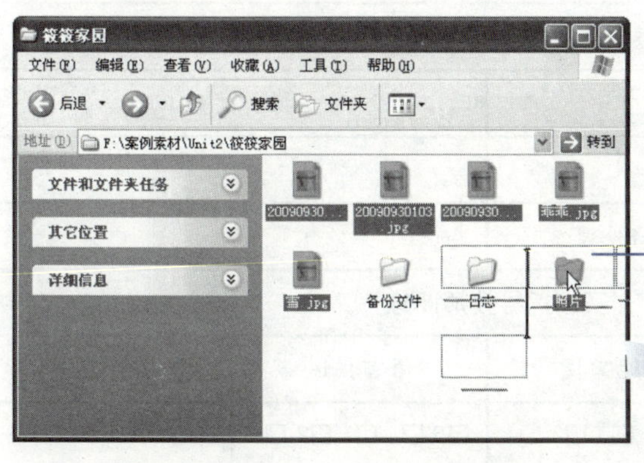

5 使用相同的方法将文件夹中的 Word 文件移动到“日志”文件夹中，并使用选择拖曳的方法将文件夹中的照片文件拖入到“照片”文件夹中。

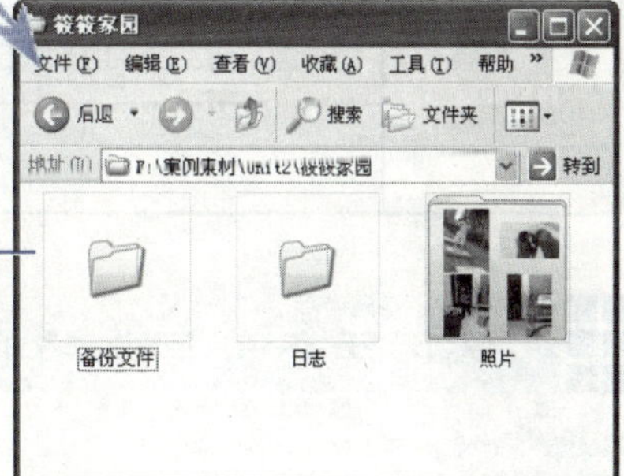

6 完成文件的归档操作，这时可看到文件夹中的文件已按其文件类型进行了归档。

哦，但是如果电脑中文件太多的话，查找文件也不方便啊！

你可以在划分的大类里面，再进行归档处理啊，如在以“月份”归档的文件夹中，再按日期进行归档。

余筱筱把日记文件和孩子的照片文件都整理好了，以后找起来就方便了。接下来我们通过“技能训练”来练习和巩固学习成果。

技能训练

下面对计算机桌面上的文件进行归档处理，使其更加美观。效果如图 2-10 所示。

1. 新建多个文件夹用于放置文件；
2. 分别以“杀毒”、“工作”和“游戏”为名称命名各文件夹并进行文件归档。

图 2-10　技能训练效果图

网络服务： 您可以通过访问 http://www.bhp.com.cn 网站的“职业资格”栏目，查看本训练的讲解，同时，您还能看到更多的拓展内容。

根据实际操作，简略填写下表				
序号	操作内容		操作流程	
步骤一	创建用于归档的文件夹			
步骤二	按一定的规则对文件进行归档处理			
	实训指导教师评分			
	基本概念	技能掌握	语言描述	综合得分
	□5 □4 □3 □2 □1	□5 □4 □3 □2 □1	□5 □4 □3 □2 □1	
	实训指导教师签字：　　年　　月　　日			

实例任务 4　回收站的管理

当用户在操作计算机的过程中，当执行删除命令删除了某个文件后，该文件其实并没有被彻底删除，只是暂时存放到了回收站中。在回收站中，我们既可以彻底地删除该文件，也可以将删除的文件恢复到原来的位置。

余筱筱在管理文件的过程中，就误将照片“雪”删除了，现在她要通过回收站把这张照片恢复到原文件夹中，并将回收站中的其他文件彻底删除。

任务展示

打开回收站，按以下要求对回收站中的文件进行管理，效果如图 2-11 所示。

1. 恢复被误删除的文件到原来的位置；
2. 彻底删除回收站中的文件。

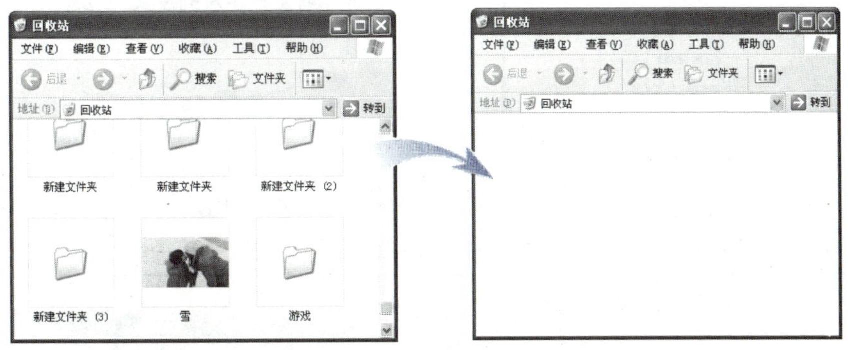

打开回收站　　　　整理后的效果

图 2-11　管理回收站

任务分解

序号	技能点分解	技能要求	技能提示	实训案例效果图
1	恢复文件	能够将误删的文件恢复到原来的位置	★	
2	彻底删除文件	能够彻底地删除计算机中的文件	★	

注：★代表考试大纲所规定的技能考核点。

操作思路

本任务的重点在于还原误删除的文件并将回收站中的其余文件彻底清除。

在桌面上双击“回收站”图标，在打开的“回收站”窗口中选中需要处理的文件或文件夹，单击鼠标右键，在弹出的窗口中选择相应命令即可。

操作步骤

下面详细介绍管理回收站的方法。

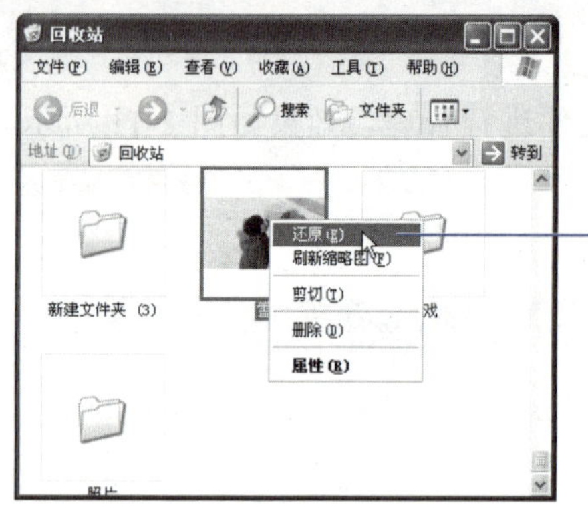

1 用鼠标右键单击需要恢复的文件，在弹出的快捷菜单中选择【还原】命令，即可将文件还原到原来的位置。

小提示：在计算机中执行删除文件操作时，如果删除文件过大，将会弹出一个提示对话框，提示用户是否将文件彻底删除（不放入回收站）。

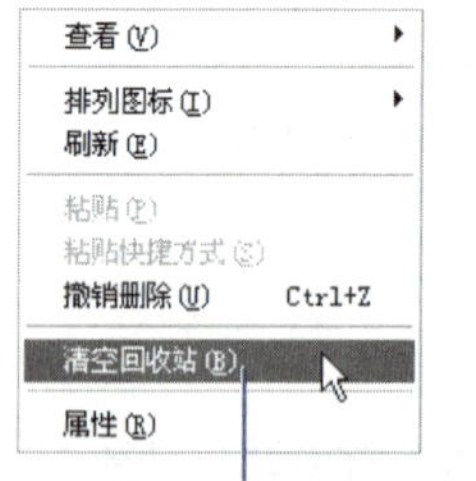

2 在回收站的空白位置单击鼠标右键，在弹出的快捷菜单中选择【清空回收站】命令，可将所有的文件彻底删除。

照片终于找回来了，余筱筱很高兴。幸好还有这项功能，不然丢失了珍贵的照片，可就无法弥补了。接下来我们来多学一手，掌握一些这项技能的拓展知识，然后通过“技能训练”来练习和巩固学习成果。

技能拓展

回收站的空间大小并不是一成不变的，用户在操作的过程中，可根据系统盘的大小（系统盘一般为 C 盘），为其设置合适的容量，如图 2-12 所示。

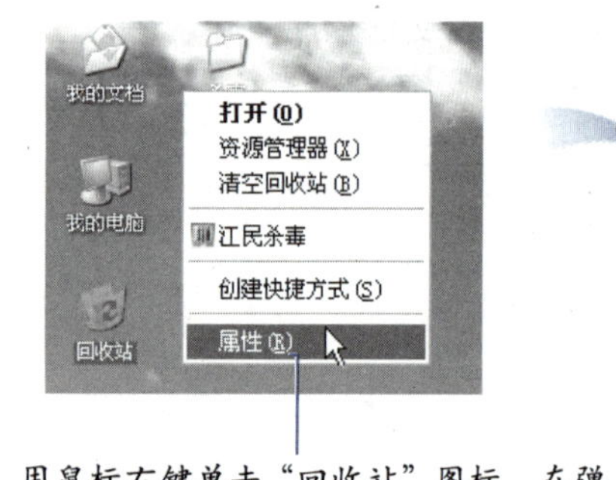

1 用鼠标右键单击“回收站”图标，在弹出的快捷菜单中选择【属性】命令。

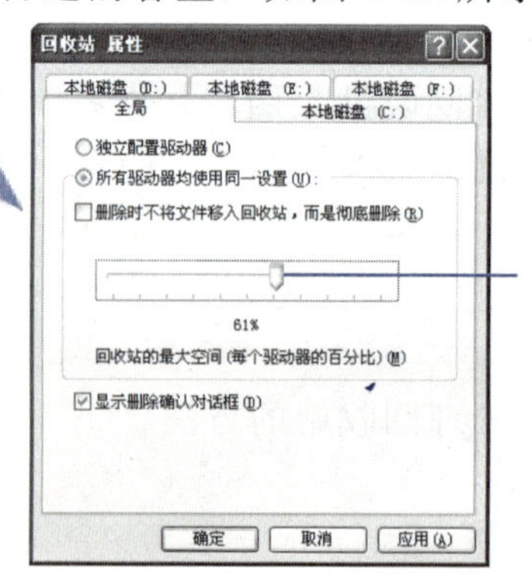

2 拖动滑块，即可调节回收站的空间大小。

图 2-12　调节回收站大小

技能训练

按以下要求对计算机中的回收站进行管理，效果如图 2-13 所示。

1. 设置回收站的空间大小；
2. 清空回收站。

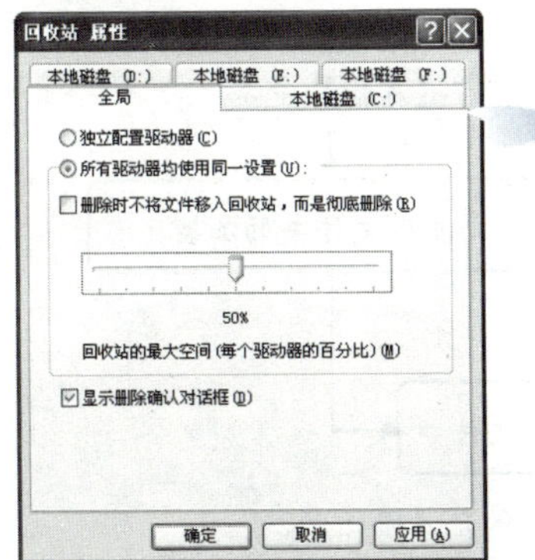

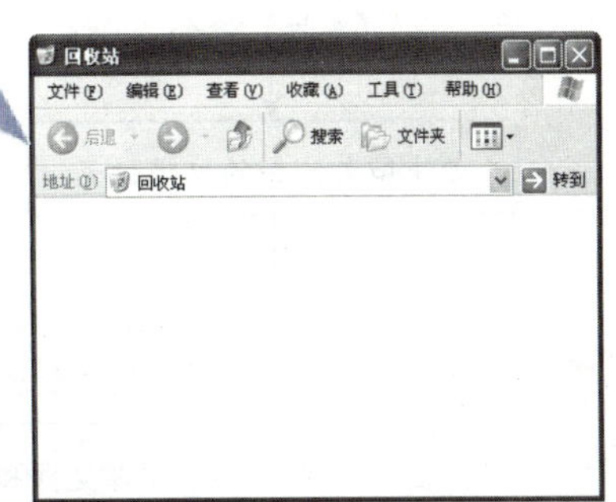

图 2-13　技能训练效果图

网络服务：您可以通过访问 http://www.bhp.com.cn 网站的“职业资格”栏目，查看本训练的讲解，同时，您还能看到更多的拓展内容。

根据实际操作，简略填写下表				
序号	操作内容		操作流程	
步骤一	设置回收站的空间大小			
步骤二	清空回收站			
	实训指导教师评分			
	基本概念	技能掌握	语言描述	综合得分
	□5 □4 □3 □2 □1	□5 □4 □3 □2 □1	□5 □4 □3 □2 □1	
	实训指导教师签字：　　年　　月　　日			

实训技能 2 管理与保护文件

当计算机中保存了许多资源时，为了使得这些资源能够被局域网中更多用户使用，就需要对这些资源进行共享。所谓共享，简单来说就是共同享有，即如果用户对计算机中的某个资源设置共享属性后，局域网中的其他用户就可以查看并使用这个资源了。但是为了保证用户的个人资源的安全，需要对共享资源设置保护措施（如禁止修改等）。

在共享文件夹中，如果用户希望将某一文件或文件夹共享给局域网中的指定用户，那么可以通过加密方式来保护该文件或文件夹，加密后的文件或文件夹将不能被局域网中的其他用户所查看。

在本案例中，我们将“管理与保护文件”这一技能划分为“设置用户权限”和“加密文件和文件夹”两项任务，图 2-14 展示了管理与保护文件的基本操作思路。

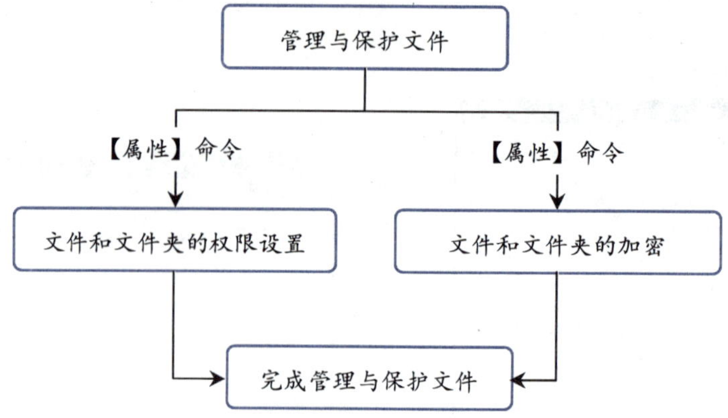

图 2-14　整理文件和文件夹的基本操作思路

实例任务 5 设置用户权限

看着女儿一天天长大，余筱筱看在眼里乐在心里，为了能让更多的人分享她的这份喜悦，她决定将女儿的照片共享在小区的局域网中，让小区中的家家户户都能通过共享文件夹中的照片来见证女儿的成长。

但是为了保证共享文件夹中女儿照片的完整性，在设置共享文件夹的时候，她使用用户权限设置，限制局域网中的用户只能查看而不能更改共享文件夹中的照片。

任务展示

打开随书光盘中“光盘:\案例素材\Unit2\”文件夹，按以下要求对“照片”文件夹进行设置，效果如图 2-15 所示。

1. 通过【属性】命令，为文件夹设置“共享”属性；
2. 通过【权限】按钮，设置用户的使用权限。

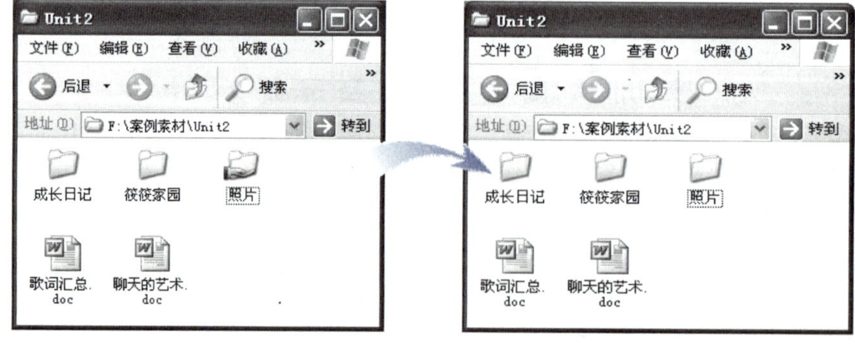

图 2-15　文件夹共享

任务分解

序号	技能点分解	技能要求	技能提示	实训案例效果图
1	设置共享	能够为文件或文件夹设置共享属性	★	
2	设置用户权限	能够根据需要，设置共享文件的使用权限	★	

注：★代表考试大纲所规定的技能考核点。

操作思路

本任务的重点在于掌握文件和文件夹的共享和用户权限的设置方法，并在实际应用中根据需要为指定的文件或文件夹设置共享以及相应的权限。

操作步骤

找到素材文件夹“照片”，按照下面的步骤来设置文件夹的共享属性和权限。

光盘素材：“光盘:\案例效果\Unit2\照片”。

打开(O)
资源管理器(X)
搜索(E)...
使用 360杀毒 扫描
共享和安全(H)...
添加到压缩文件(A)...
添加到“照片.rar”(T)
压缩并 E-mail...
压缩到“照片.rar”并 E-mail
在 Acrobat 中合并支持的文件...
发送到(N)
剪切(T)
复制(C)
创建快捷方式(S)
删除(D)
重命名(M)
属性(R)

1 选择文件夹后，单击鼠标右键，在弹出的快捷菜单中选择【属性】命令。

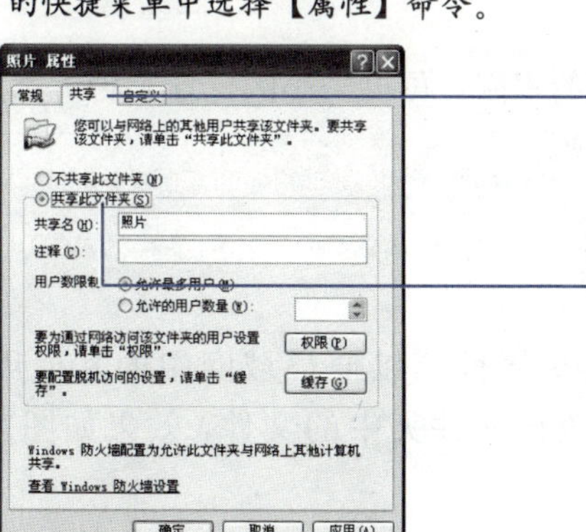

2 在弹出的“照片 属性”对话框中单击【共享】选项卡。

3 在弹出的功能选项区点选【共享此文件夹】单选按钮。

好了，余筱筱把文件的共享属性已经设置好，小区里的邻居可以看到这些照片了。不过她只想让邻居去看这些照片而不能进行其他操作，所以她准备设置一下用户的权限！

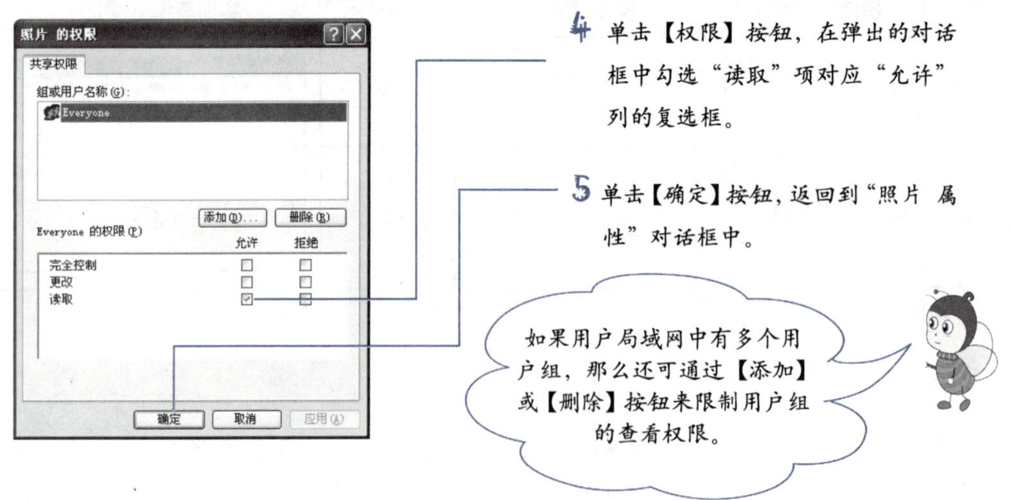

小提示：默认情况下，共享文件夹中的文件是不可修改的，在“照片 的权限”对话框中选中“更改”项对应“允许”列的复选框后，局域网中的用户即可对共享文件夹中的文件进行修改。

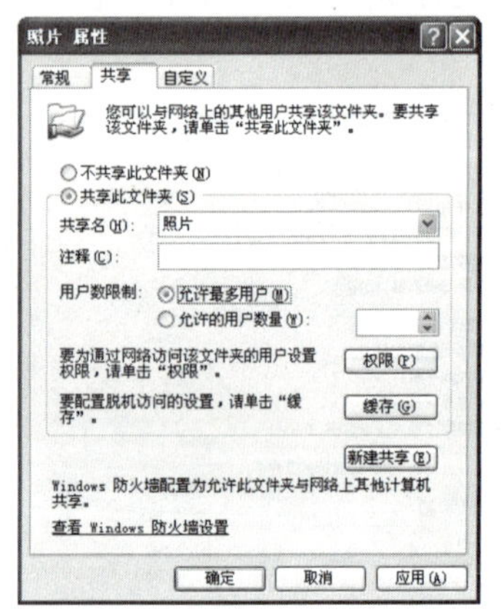

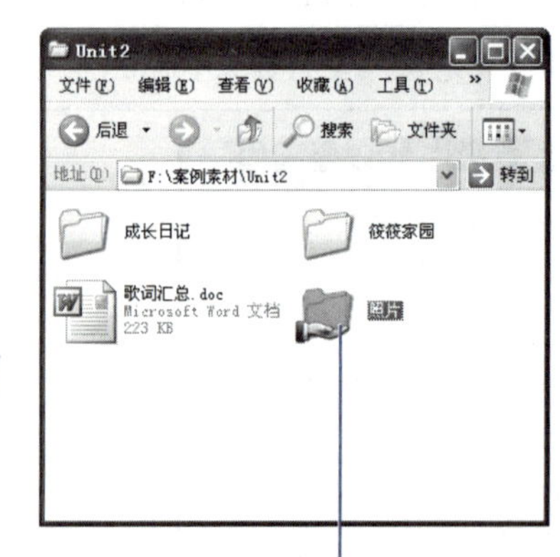

6 单击【确定】按钮确认设置以后，即可发现“照片”文件夹下方有一个手形图标(共享设置成功)。

好了，余筱筱设置好了共享文件夹和它的权限，可以去小区论坛上告诉邻居了。接下来我们通过“技能训练”来练习和巩固学习成果。

技能训练

将计算机中的“游戏”文件夹设置共享属性，以便局域网中的其他用户也可获得该文件夹中的游戏，并设置用户有权修改该文件夹中的文件，效果如图 2-16 所示。

1. 通过【属性】命令，为“游戏”文件夹设置共享；
2. 通过【权限】按钮，设置用户的使用权限。

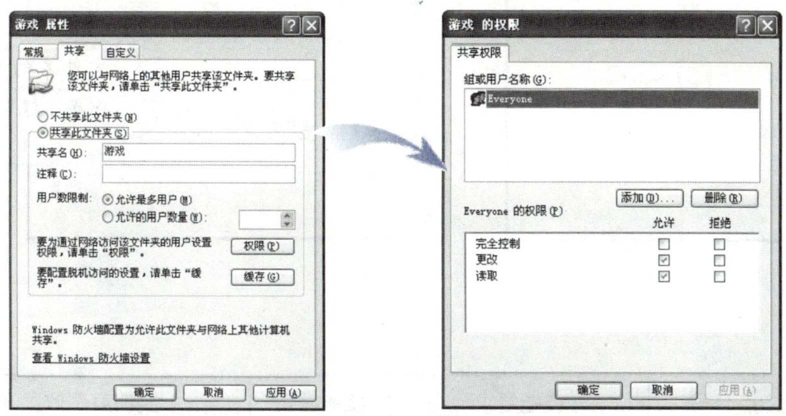

设置共享　　设置用户权限

图 2-16　技能训练效果图

网络服务：您可以通过访问 http://www.bhp.com.cn 网站的“职业资格”栏目，查看本训练的讲解，同时，您还能看到更多的拓展内容。

根据实际操作，简略填写下表				
序号	操作内容		操作流程	
步骤一	设置共享属性			
步骤二	设置用户权限			
	实训指导教师评分			
	基本概念	技能掌握	语言描述	综合得分
	□5 □4 □3 □2 □1	□5 □4 □3 □2 □1	□5 □4 □3 □2 □1	
	实训指导教师签字：　　年　月　日			

实例任务6　文件和文件夹的加密

共享文档是计算机中同一局域网内用户之间传递文件的重要方式，共享文件夹中的所有文件都处于共享状态，局域网中的任何用户都可以随意进行浏览。

余筱筱在计算机的共享文档中也放置了很多文件供其他用户浏览，但有时为了保密需要，她会暂时对某些文件进行加密，加密后该文件不可浏览。

任务展示

下面我们将打开计算机中的共享文档，为该文件夹中的“示例音乐”文件夹设置加密属性，效果如图 2-17 所示。

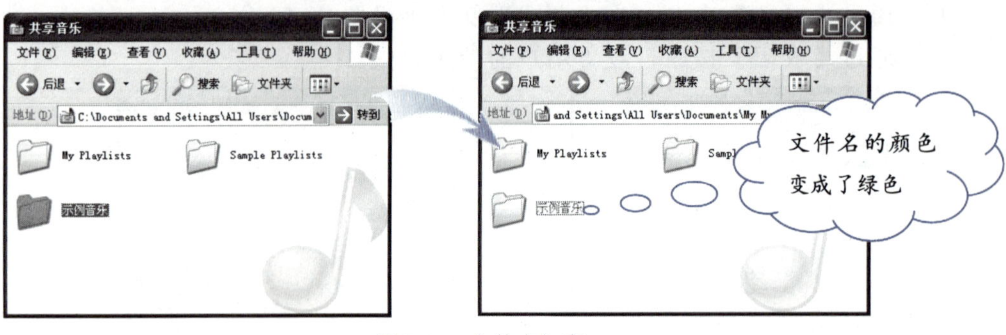

图 2-17　文件夹加密

任务分解

序号	技能点分解	技能要求	技能提示	实训案例效果图
1	加密文件	能为共享文档中的文件进行加密处理	★	

注：★代表考试大纲所规定的技能考核点。

操作思路

本任务的重点在于掌握如何为共享文件夹中的文件设置加密属性。利用这一操作就可以实现通过限制用户的浏览来保护个人隐私的目的。

操作步骤

打开计算机中的共享文档，选中“示例音乐”文件夹，让我们按照下面的步骤来设置该文件夹的加密属性。

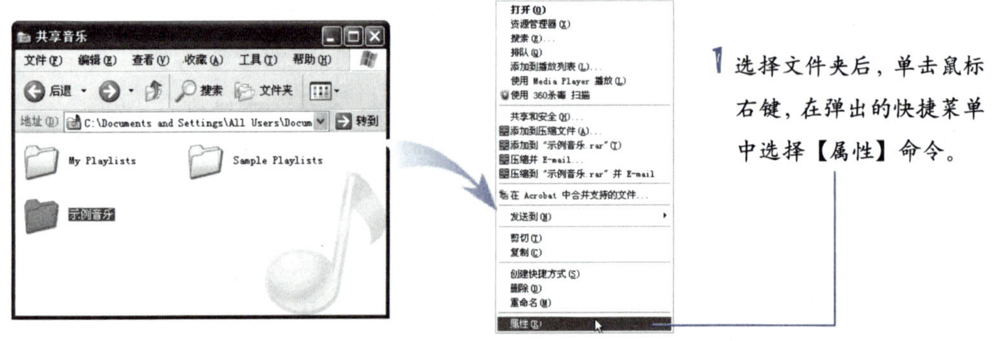

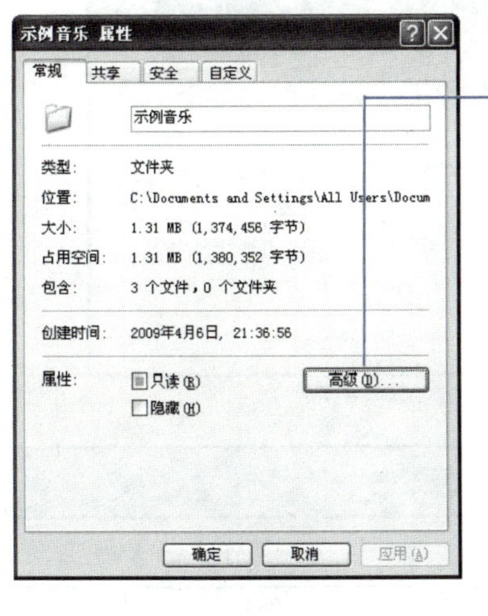

2 在弹出的对话框中单击【高级】选项卡。

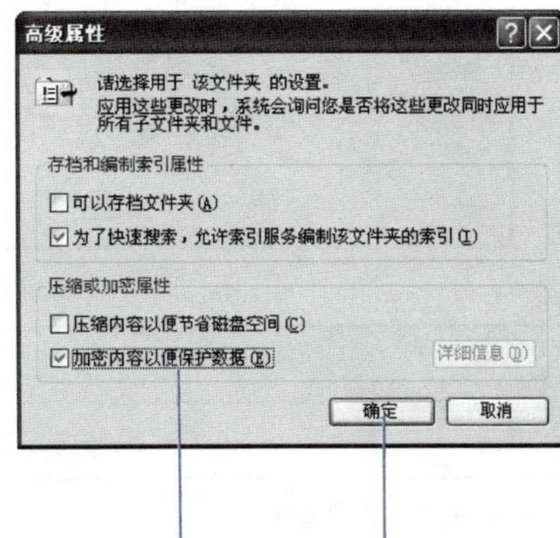

3 在弹出的对话框中勾选“加密内容以便保护数据”复选框。

4 单击【确定】按钮，确认设置。

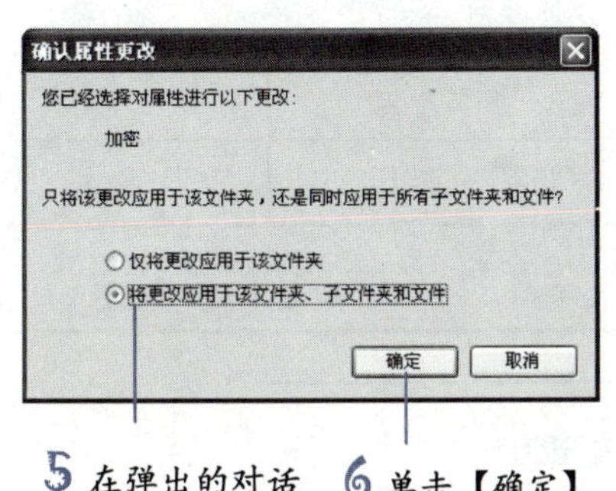

5 在弹出的对话框中勾选该复选框。

6 单击【确定】按钮。

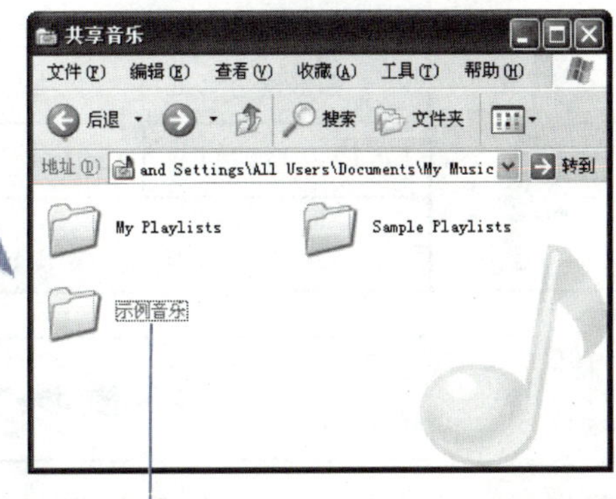

7 完成加密后，加密文件夹的文件名变为了绿色。

余筱筱把存有自己录唱的歌曲的文件夹加密了，密码会告诉几位好友，让他们听听。接下来我们通过“技能训练”来练习和巩固学习成果。

技能训练

下面我们将对素材文档中“聊天的艺术.doc”文件设置加密属性，效果如图2-18所示。

光盘素材：“光盘:\案例素材\Unit2\聊天的艺术.doc”。

1. 将素材文件拷贝到计算机中；
2. 通过【属性】命令，为文件设置高级属性；
3. 在弹出的“加密警告”对话框中，设置“只加密文件”。

网络服务：您可以通过访问 http://www.bhp.com.cn 网站的“职业资格”栏目，查看本训练的讲解，同时，您还能看到更多的拓展内容。

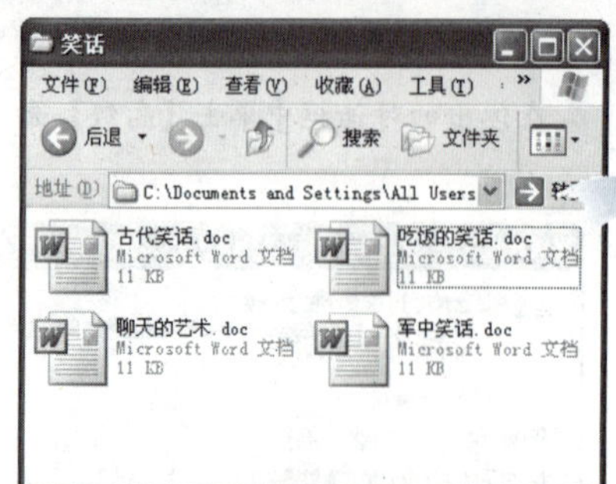

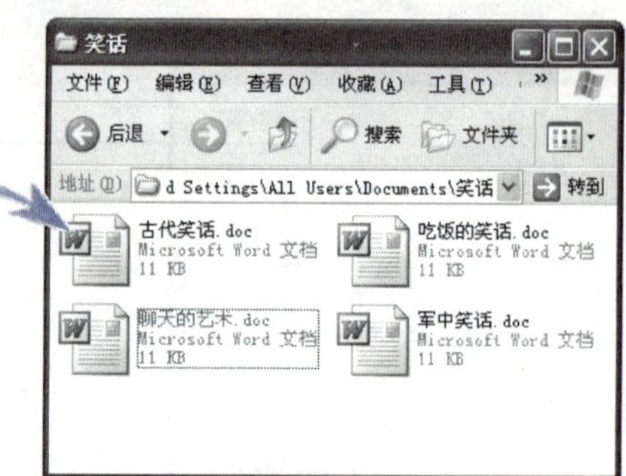

图 2-18　技能训练效果图

<table>
<tr><th colspan="5">根据实际操作，简略填写下表</th></tr>
<tr><td>序号</td><td colspan="2">操作内容</td><td colspan="2">操作流程</td></tr>
<tr><td>步骤一</td><td colspan="2">设置加密属性</td><td colspan="2"></td></tr>
<tr><td>步骤二</td><td colspan="2">设置加密范围权限</td><td colspan="2"></td></tr>
<tr><td rowspan="4"></td><td colspan="4">实训指导教师评分</td></tr>
<tr><td>基本概念</td><td>技能掌握</td><td>语言描述</td><td>综合得分</td></tr>
<tr><td>□5 □4 □3 □2 □1</td><td>□5 □4 □3 □2 □1</td><td>□5 □4 □3 □2 □1</td><td></td></tr>
<tr><td colspan="4">实训指导教师签字：　　　　　年　　月　　日</td></tr>
</table>

本模块仿真试题

我们通过上面的实训案例把本模块的技能考核点都实际演练了一遍，下面就来用一道本模块的仿真试题再练习一遍，这道题可是能帮助你顺利地通过考试哦!

1. 本题分值：5分。
2. 考核时间：5分钟。
3. 考核形式：实操。
4. 具体考核要求。

（1）查找文件：查找 C 驱动器中 2009 年 9 月 21 日至 2009 年 11 月 21 日访问过的、大小至少为 10KB、文件类型为 Word 文档的所有文件，查找完毕后，将包含查找结果的当前屏幕以图片的形式保存到桌面上，文件命名为“仿真题 2-A.jpg”。

（2）文件夹共享：将“我的文档”设置为共享，共享名为“试题”且不允许网络用户更改自己的文件，将设置完成的对话框以图片形式保存到桌面上，文件命名为“仿真题 2-B.jpg”。

网络服务：您可以通过访问 http://www.bhp.com.cn 网站的“职业资格”栏目，查看本模块仿真试题的讲解，同时，您还能看到更多的拓展内容。

实训模块3 文字录入

篇头语

使用计算机当然离不开文字的输入，默认情况下，计算机给我们提供了写字板、记事本等编辑文字的平台，但这些软件在编辑文字的过程中有很大的局限性，于是就有了 Word、WPS 等专业的文字编辑软件。

目前可以使用的输入法有许多种，如五笔、拼音等。对于大多数读者来说，使用键盘输入汉字最直接方法当然是拼音输入法。拼音输入法的优点是易学，只要懂得汉语拼音就可以使用拼音输入法，但缺点是输入速度不如五笔字型输入法或其他的字型输入法快。

在计算机操作员（中级）的“文字录入”模块中包括了“英文录入”、“中文录入”、“数字符号录入”和“中英文混合录入”四项考核内容，该模块作为计算机操作中最为基础的一部分，其分值占到了总分的 20%，是重点模块之一。

为了更好地帮助读者学习这个模块，我们设计了一个名为“录入求职技巧类文章”的实训案例，它涵盖了本模块四项考核内容包含的所有技能考核点。我们按照输入文本的一般顺序对这些技能考核点进行逐一讲解，以使读者通过实训案例的学习来掌握计算机操作员（中级）技能操作考核所要求的技能考核点。

实训案例——录入求职技巧类文章

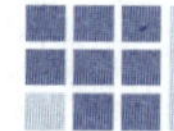

案例背景与效果展示

作为一个学校网站的维护员，陈程负责在网站上发布一些关于学校新闻、技术教程、就业信息、求职技巧等栏目的文章。这天，陈程在一本书上看见了一篇求职就业方面的文章，感觉这篇文章对于同学们会有很好的帮助，于是就准备将其先输入成一个 Word 文档存储，然后再发布到网站上，如图 3-1 所示。怎么样？比比看，你跟陈程谁的输入速度快？

对所有求职者都有益的三大入门职业

在找到你真正理想的工作之前，你很有可能会从事一份与你想做的工作完全无关的工作。虽然当时你可能意识不到，但这份工作会让你获得一些技巧，而这些技巧是在其他工作中成功的必要因素。

以下是三个既普通又能培养人技巧的工作，你从中可以学到足以让你在任何工作上成功的技巧。

(一)幼儿看护

Michael McCauslin 是一位在旧金山的教师，他声称自己在大学期间的幼儿看护经验使他学会了忍耐以及交际能力。他回忆起照顾一些控制欲很强的小孩的经验说："照顾他们需要很大的耐心，并且要有技巧性地让他们的父母知道他们的行为。"如今他每天都在教室里继续练习这些技巧。

学习到的技巧：交际能力，适应能力，耐心，在压力环境下工作的能力，责任，自信，强烈的职业道德。

Before finding your true career calling, it's likely that you held a job that seemed unrelated to what you hoped to do.
Though you probably didn't realize it at the time, the job may have helped you develop skills essential to success in any career.
Here are three common, character- and skill-building jobs that can lead you to be successful in virtually any career field.

ⅰ. Babysitter
Michael McCauslin, a San Francisco teacher, says his babysitting experiences during college helped him learn patience and diplomacy. He recalls taking care of some children who were heavy manipulators: "It took a great deal of patience to deal with them, and diplomacy to let their parents know about the behavior." He continues to practice these skills in his classroom every day.
Skills learned: Diplomacy, adaptability, patience, performance under pressure, responsibility, self-confidence, strong work ethic.

图 3-1 "录入求职技巧类文章"示意图

案例技能点示意图

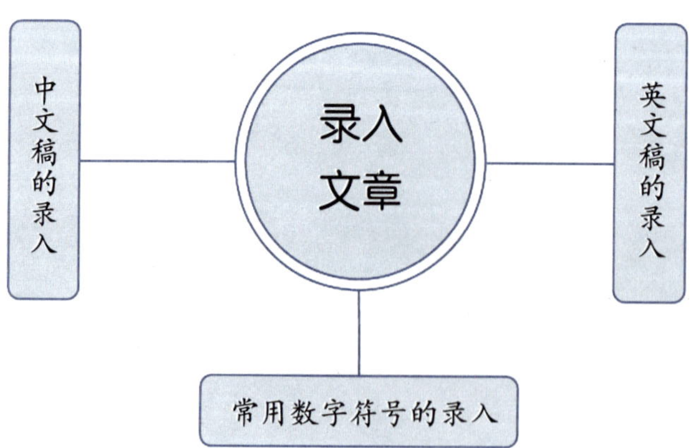

实训技能 提高文字录入速度

计算机已经“飞入”千千万万的家庭，在使用计算机的过程中，无论你是在写日记、记账，还是上网聊天都离不开文字的输入。

因此，快速有效地输入文字是计算机操作员所必备的专业技能之一，它能节省更多的时间。

在本案例中，我们将“提高文字录入速度”这一实训技能划分为“录入中文稿”、“录入英文稿”和“录入常用数字符号”三项任务，图 3-2 展示了录入文章的基本操作思路。

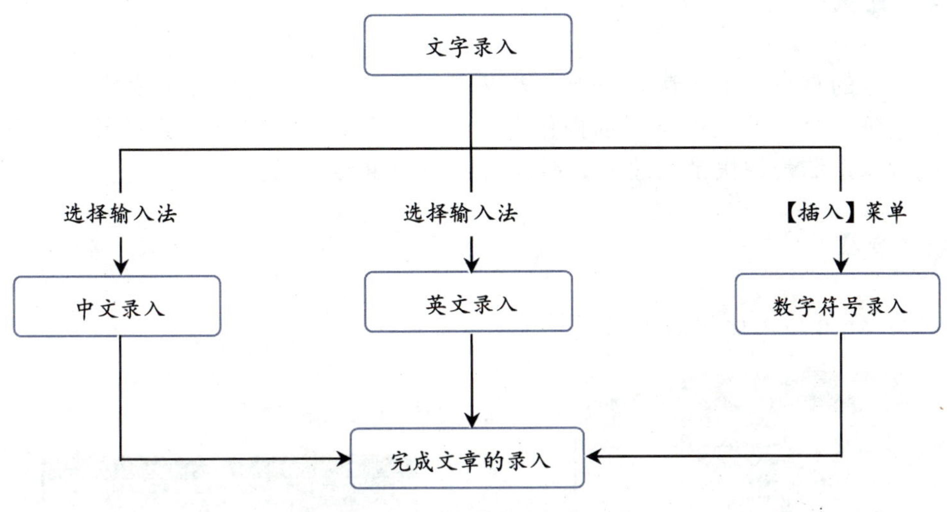

图 3-2 录入文章的基本操作思路

实例任务 1 录入中文稿

对于陈程来说，文字录入是一件最常做的工作了，现在他正准备将书中看到的那篇关于求职技巧的文章录入到 Word 文档中，以便于将其上传到网站。那篇文章是中英文对照版，他决定先录入文章的中文部分。

任务展示

打开随书光盘中“案例素材 3-1.doc”，在指定位置录入素材文件中的样文，并以“求职技巧（中文版）.doc”为文件名保存在桌面上。

光盘素材：“光盘:\案例素材\Unit3\案例素材 3-1.doc”。

任务分解

序号	技能点分解	技能要求	技能提示	实训案例效果图
1	录入汉字	能够快速有效地录入文字	★	对所有求职者都有益的三大入门职业 在找到你真正理想的工作之前，你很有可能会从事一份与你想做的工作完全无关的工作。虽然当时你可能意识不到，但这份工作会让你获得一些技巧，而这些技巧是在其他工作中成功的必要因素。 以下是三个既普通又能培养人技巧的工作，你从中可以学到足以让你在任何工作上成功的技巧。 幼儿看护 Michael McCauslin 是一位在旧金山的教师，他声称自己在大学期间的幼儿看护经验使他学会了忍耐以及交际能力。他回忆起照顾一些控制欲很强的小孩的经验说，"照顾他们需要很大的耐心，并且要有技巧性地让他们的父母知道他们的行为。"如今他每天都在教室里继续练习这些技巧。 学习到的技巧：交际能力，适应能力，耐心，在压力环境下工作的能力，责任，自信，强烈的职业道德。
2	录入常用符号	能够根据文章录入标点符号	★	

注：★代表考试大纲所规定的技能考核点。

操作思路

本任务的重点在于快速有效地录入汉字，难点在于掌握中文版式特点。

汉字录入是计算机最常用的操作之一，在录入过程中选择合适的输入法并使用正确的录入指法是加快录入速度、减少差错率的重要保证。

操作步骤

启动 Word 后，让我们按照下面的步骤来录入汉字吧。

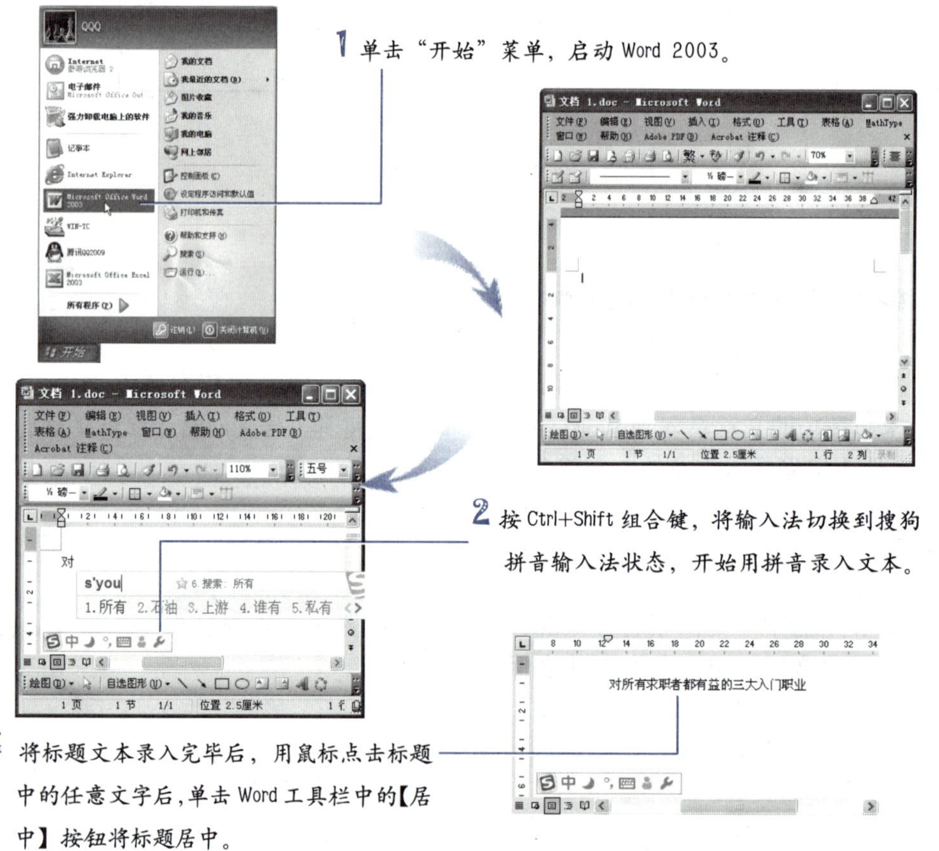

小提示：在使用输入法录入汉字的过程中，对于词组和常用语句，可以通过输入单个汉字的第一个字母来快速输入文本。如输入拼音“xw”，就可得出汉字“希望”。

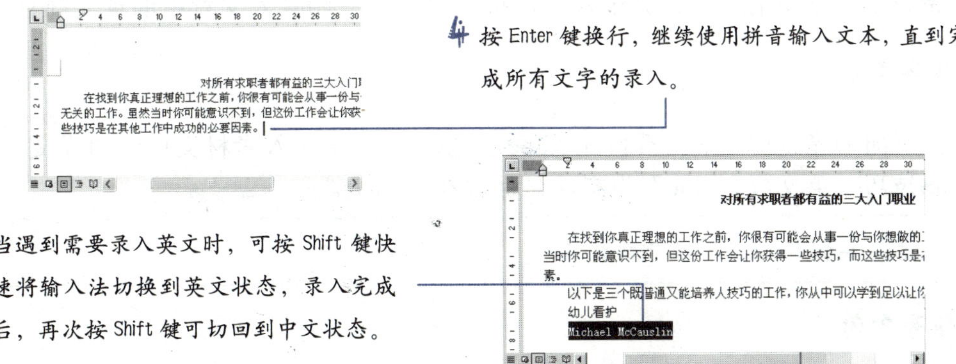

4 按Enter键换行，继续使用拼音输入文本，直到完成所有文字的录入。

5 当遇到需要录入英文时，可按Shift键快速将输入法切换到英文状态，录入完成后，再次按Shift键可切回到中文状态。

小提示：正确的打字方法是“触觉打字法”，又称“盲打法”。所谓“盲打法”是指打字时敲击字键靠手指的感觉而不是靠眼睛看，这样就能做到眼睛看稿件，手指管打字，从而大大提高打字的速度。

这篇文章约有900个汉字，陈程只用了不到10分钟就完成了输入，每分钟的输入速度超过了90个汉字。计算机操作员（中级）对于中文输入的要求是每分钟不低于80个汉字，你也能达到吗？接下来我们来多学一手，掌握一些这项技能的拓展知识，然后通过“技能训练”来练习和巩固学习成果。

技能训练

打开随书光盘中“技能训练3-1.doc”，在指定位置录入素材文件中的样文，要求在10分钟之内录入，错误率不高于5‰。

光盘素材：“光盘:\案例素材\Unit3\技能训练3-1.doc”。

根据实际操作，简略填写下表				
序号	操作内容		完成情况	
指标一	录入时间			
指标二	错误率			
	实训指导教师评分			
	基本概念	技能掌握	语言描述	综合得分
	□5 □4 □3 □2 □1	□5 □4 □3 □2 □1	□5 □4 □3 □2 □1	
	实训指导教师签字： 年 月 日			

实例任务 2 录入英文稿

完成了文章中的中文部分录入后，接下来陈程开始录入文章中的英文部分。

任务展示

打开随书光盘中“案例素材 3-2.doc”，在指定位置录入素材文件中的样文，并以“求职技巧（英文版）.doc”为文件名保存在桌面上。

光盘素材：“光盘:\案例素材\Unit3\案例素材 3—2.doc”。

任务分解

序号	技能点分解	技能要求	技能提示	实训案例效果图
1	录入英文	能够快速、准确地录入英文	★	Before finding your true career calling, it's likely that you held a job that seemed unrelated to what you hoped to do. Though you probably didn't realize it at the time, the job may have helped you develop skills essential to success in any career. Here are three common, character- and skill-building jobs that can lead you to be successful in virtually any career field.
2	切换大小写	能够根据文章内容切换英文大小写	★	

注：★代表考试大纲所规定的技能考核点。

操作思路

本任务的重点在于快速、准确地录入英文，同时还需要掌握英文版式的特点。由于英文版式与中文版式有所不同，如果了解二者的区别也能加快录入速度。

操作步骤

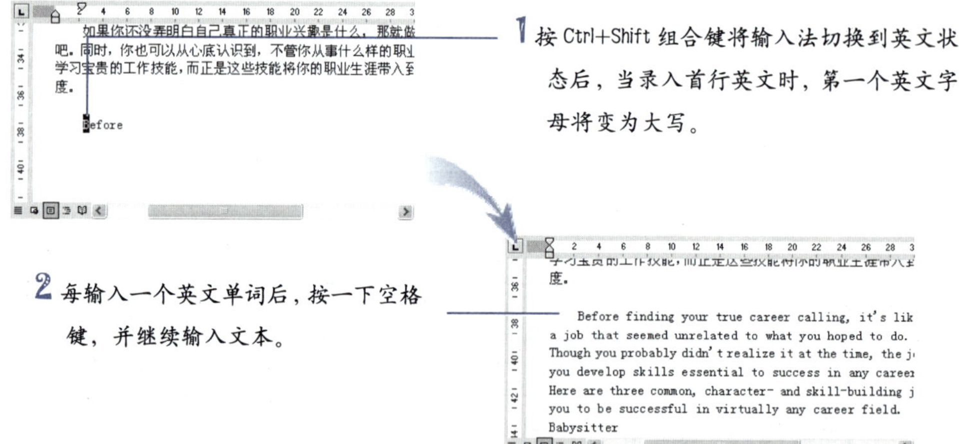

1 按 Ctrl+Shift 组合键将输入法切换到英文状态后，当录入首行英文时，第一个英文字母将变为大写。

2 每输入一个英文单词后，按一下空格键，并继续输入文本。

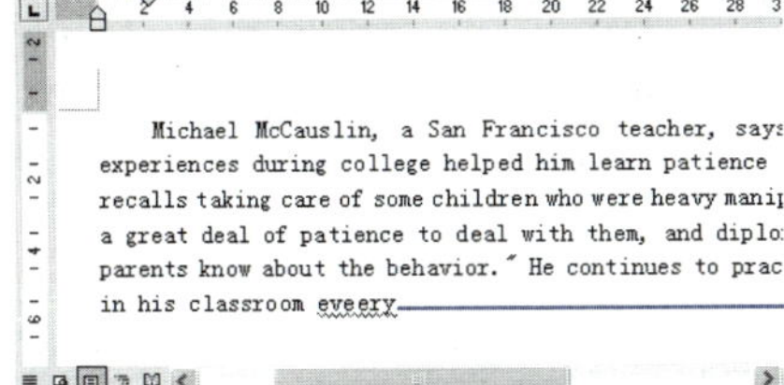

3 在输入英文的过程中，如果在输入英文的下方出现红色的波浪线，那么说明该单词拼写错误或语法不当。

小提示： 打字时击键的要领是先将手指抬起，指尖后的第一关节微成弧形，轻放在与各手指相关的基准键位上，手腕悬起不要压在键盘上，击键时是通过手指关节活动的力量叩向键位，而不是用肘和腕的力量。

这篇文章约有 2400 个英文字符，陈程只用了 17 分钟就完成了输入，每分钟的输入速度超过 140 个英文字符。计算机操作员（中级）对于英文输入的要求是每分钟不低于 140 个英文字符的速度，你也能达到吗？接下来我们通过“技能训练”来练习和巩固学习成果。

技能训练

打开随书光盘中“技能训练 3-2.doc”，在指定位置录入素材文件中的样文，要求在十分钟之内录入，错误率不高于 5‰。

光盘素材：“光盘:\案例素材\Unit3\技能训练 3-2.doc”。

根据实际操作，简略填写下表				
序号	操作内容		完成情况	
指标一	输入时间			
指标二	错误率			
	实训指导教师评分			
	基本概念	技能掌握	语言描述	综合得分
	□5 □4 □3 □2 □1	□5 □4 □3 □2 □1	□5 □4 □3 □2 □1	
	实训指导教师签字： 年 月 日			

实例任务 3 录入常用数字符号

当用户在 Word 文档中录入文字的过程中，不可避免地会遇到一些特殊字符的录入，例如圆周率“π”，温度单位“℃”等。怎样才能快速、准确地录入这些符号，您是否正在为此愁眉不展呢？

陈程将文章的正文部分录入完毕以后，为了使得文章中的小标题更加醒目，他准备在这些标题前面添加数字字符（特殊字符）。通过学习该操作，你会发现原来在 Word 中录入特殊字符是那么简单。

任务展示

打开在实例任务 1 中完成录入并保存的“求职技巧（中文版）.doc”文件和在实例任务 2 中完成录入并保存的“求职技巧（英文版）.doc”文件，按下面的要求对录入文本进行调整，效果如图 3-3 所示。

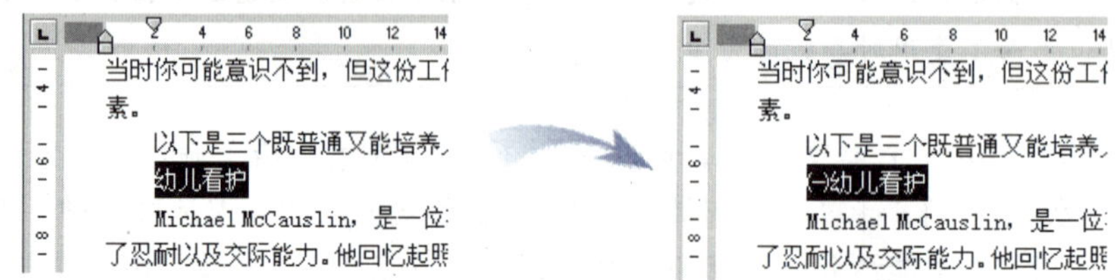

图 3-3　插入数字字符

任务分解

序号	技能点分解	技能要求	技能提示	实训案例效果图
1	为中文稿添加数字字符	能根据文章的风格添加合适的字符	★	
2	为英文稿添加数字字符	懂得为英文文本添加合适的数字字符	★	

注：★代表考试大纲所规定的技能考核点。

操作思路

本任务的重点在于为文本插入合适的符号，在编辑 Word 文档的过程中，可以使用键盘和菜单命令为文本添加各种符号，这里将使用菜单分别为中文标题和英文标题插入不同的数字符号。

操作步骤

完成文章正文部分的录入以后，为了使得文章更有条理、结构更清晰，这里将在正文前插入数字字符，并修改标题部分的文本大小。

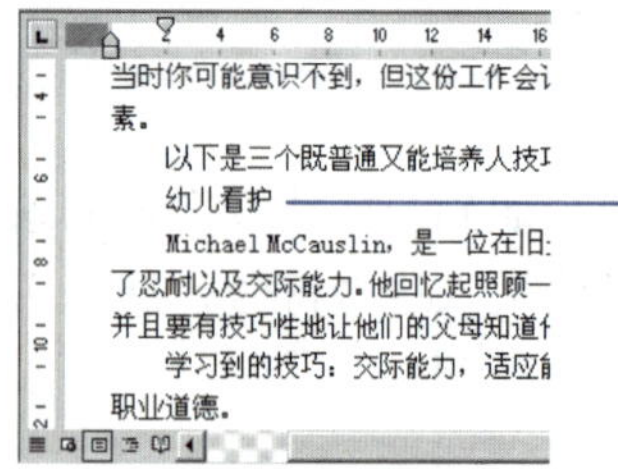

1 将鼠标光标定位到待插入文本的前面。

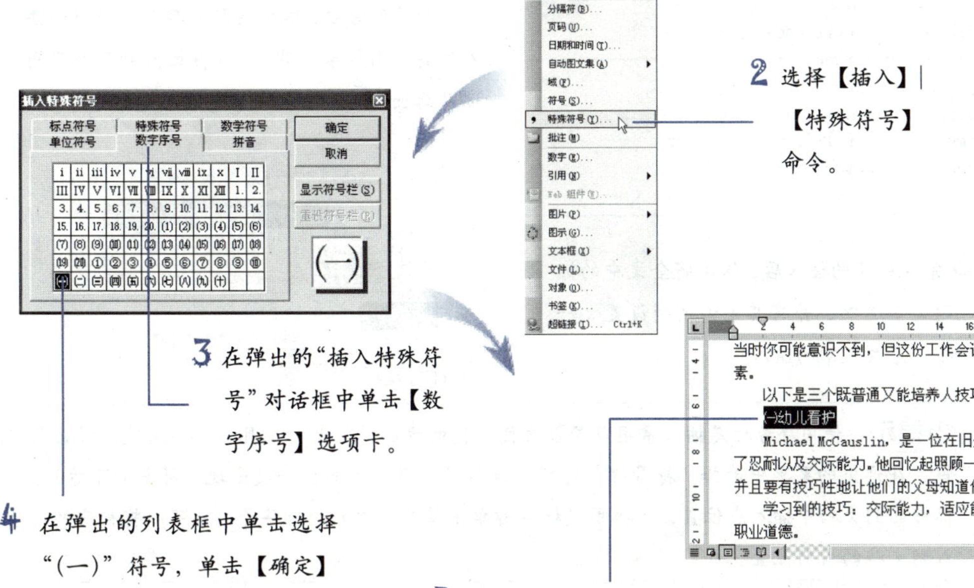

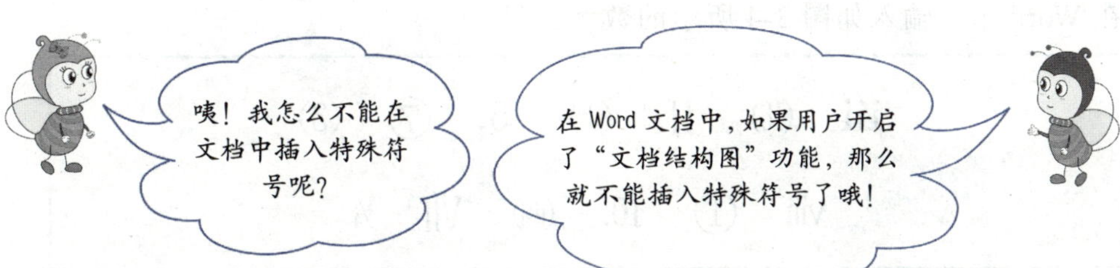

使用相同的方法，依次在其他小标题的前面插入字符“(二)”和“(三)”。接下来我们为英文稿插入数字符号。

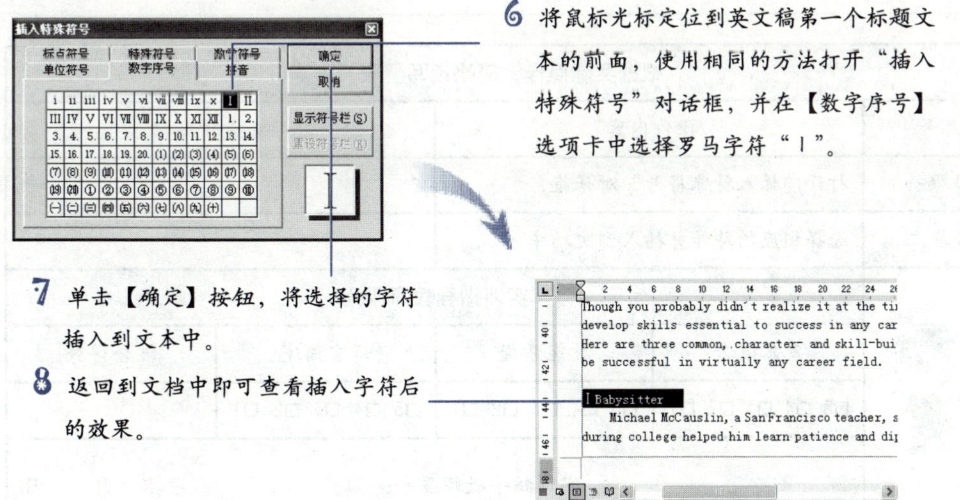

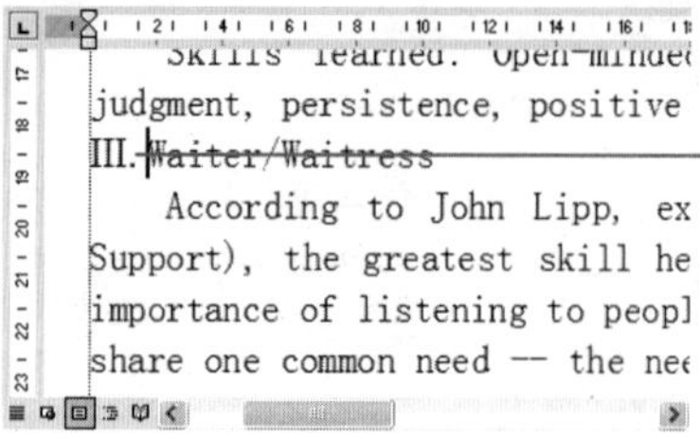

9 使用相同的方法，依次在其他两个标题前面插入字符“Ⅱ”和“Ⅲ”，并在插入的三个罗马字符后面输入“.”，将字符和标题区分开。

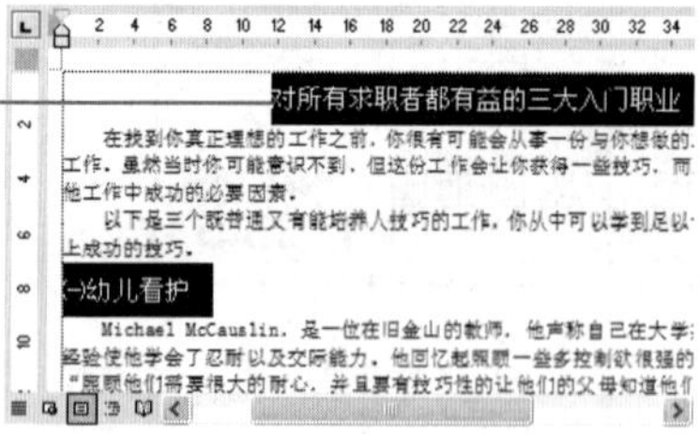

10 完成符号的插入后，依次将全文中的标题文本选中，并将其字体稍稍设置大一些，完成文章的输入。

小提示：使用符号栏是插入常用符号最方便快捷的方法，在 Word 工具栏的任何地方单击鼠标右键，在弹出的菜单中选择“符号栏”即可将其打开（符号工具栏一般出现在屏幕的下方）。将光标移动到文档中插入点位置，直接用鼠标左键单击符号栏中的相应符号，就可以将相应的符号插入到文档的当前位置。

技能训练

在 Word 中，输入如图 3-4 所示的数字符号。

iii ⒃ Ⅱ ㈩ 5. ⑦ ⑶

viii ① 10. ㈣ Ⅶ ¾

图 3-4 输入的数字符号

网络服务：您可以通过访问 http://www.bhp.com.cn 网站的“职业资格”栏目，查看本训练的讲解，同时，您还能看到更多的拓展内容。

<table>
<tr><th colspan="5">根据实际操作，简略填写下表</th></tr>
<tr><td>序号</td><td colspan="2">操作内容</td><td colspan="2">完成情况</td></tr>
<tr><td>步骤一</td><td colspan="2">打开“插入特殊符号”对话框</td><td colspan="2"></td></tr>
<tr><td>步骤二</td><td colspan="2">选择相应的符号并插入到文档中</td><td colspan="2"></td></tr>
<tr><td rowspan="4"></td><td colspan="4">实训指导教师评分</td></tr>
<tr><td>基本概念</td><td>技能掌握</td><td>语言描述</td><td>综合得分</td></tr>
<tr><td>□5 □4 □3 □2 □1</td><td>□5 □4 □3 □2 □1</td><td>□5 □4 □3 □2 □1</td><td></td></tr>
<tr><td colspan="4">实训指导教师签字： 年 月 日</td></tr>
</table>

本模块仿真试题

我们通过上面的实训案例把本模块的技能考核点都实际演练了一遍，下面就用一道本模块的仿真试题再练习一遍，这道题可是能帮助你顺利地通过考试哦！

1. 本题分值：20分。
2. 考核时间：25分钟。
3. 考核形式：实操。
4. 具体考核要求。
   （1） 英文基本录入：在10分钟之内录入如图3-5所示的英文内容，错误率不高于5‰。
   （2） 中文基本录入：在10分钟之内录入如图3-6所示的中文内容，错误率不高于5‰。
   （3） 数字符号录入：在文档的结尾处录入以下数字符号。

iii	Ⅷ	③	⑼	㈤	vii	Ⅺ	⑺	⑨	㈨

   （4） 在以上操作完成后，将最终结果以“仿真题3-1.doc”为文件名，保存至桌面。

Difficulties on learning Technical English:
To master technical English in your area of study, there are two difficulties to overcome.
1, the language, because it is not your first language, you need to remember the terms, knowing how to pronounce it and spell it.
2, surely you need to understand the terms in a technical fashion.
No matter what field, it is going to be the same; the two difficulties above must be conquered.
Here I take Physics as an example (note that whatever field you are looking into is going to be similar):
The term "momentum" is basically the product of the mass of the object and the velocity it travels. Obviously, you need to understand mass and velocity as well. If you understand mass and velocity, then you get the explanation of the term "momentum" in physics, then you are most likely to understand the word and use it properly in the technical world of Physics. From this example, you can see how to understand a technical word in a technical fashion: you need to understand the very fundamental knowledge of a field to be able to understand more complex terminologies or theories.
Before learning technical English in your field of study, I have a good recommendation to save your time:
To understand technical knowledge in your first language (Chinese), then you might not have the second difficulty.
What it left to overcome is just the first difficulty (the language), hence the effort required is less.
I can give you an example of my own:
When I was learning chemistry at A-level, I had already learnt inorganic chemistry at the equivalent level in China, so I had no difficulty whatsoever in learning inorganic chemistry in the UK in English.

图3-5 待录入的英文内容

铺架基地从青藏铁路格拉段的起点格尔木市向南行进约三十余公里，就来到了中国铁路建设史上规模最大、档次最高的高原铺架基地——地处海拔 3050 米的青藏铁路南山口铺架基地。

青藏铁路南山口铺架基地规模之大、技术含量之高，在中国铁路建设史上都居首位。在青藏铁路开工建设之初，这里还是黄沙漫舞、人迹罕至、一片凄凉。自 2001 年 6 月 29 日青藏铁路开工建设的号角吹响以来，中铁一局五百多名职工在这片不毛之地上抗缺氧、顶风沙、风餐露宿，打响了人与自然的搏击战和铁路施工技术、管理水平的攻坚战，克服重重难关，扬起了青藏铁路起步的“龙头”大旗。

铺架基地从 2002 年 3 月开始机械设备的安装、调试，钉联生产线从 2002 年 4 月开始试生产。郭秀春说，南山口铺架基地承担着青藏铁路南山口至安多段的路轨铺架任务。青藏铁路所经线路横亘“世界屋脊”，由于高寒、缺氧、低压，加之坡度大、温差大、风沙多、雷电多等不利因素，给施工和运输带来巨大困难。当前，国内生产的铺轨机、架桥机和内燃机车在平均海拔 4000 米的青藏高原上功率下降近一半，一般最大坡度适应能力为千分之十二，且因缺氧，燃料燃烧不充分产生大量废气，造成环境污染。而青藏铁路设计最大坡度为千分之二十，恶劣的气候条件和特殊的地理环境成为铁路铺架的一只“拦路虎”。为此，中铁一局调集了具有丰富铺架经验的专家，对国产铺轨架桥机械和内燃机车进行改造，提出了研制补氧增压设备，改造机械、机车车辆设备，预防严寒、风沙、雷电等一系列具体解决方案和措施。经改造后的铺轨架桥机和内燃机车，在千分之二十二的坡道上作业，动力性能良好，设备运转正常，环境污染极小。这项科研成果填补了国内高原铺架技术上的空白，从而为青藏铁路铺架提供了设备保障。

从青藏铁路开始铺轨开始的一段时间内，中铁一局以平均日铺轨 3000 米、日架桥 3.5 孔的速度，不间断地将钢铁大道向拉萨方向推进。他们创造了最高日铺轨 6575 米、日架桥 6.5 孔的记录，这一速度与平原地区铺架速度基本相当，并确保了安全与质量。

图 3-6　待录入的中文内容

网络服务：您可以通过访问 http://www.bhp.com.cn 网站的“职业资格”栏目，查看本模块仿真试题的讲解，同时，您还能看到更多的拓展内容。

实训模块4 通用文档处理

篇头语

在一般的计算机操作中，文字处理是必不可少的。微软公司的 Word 系列软件是当今应用最广泛、最受欢迎的文字处理软件之一。利用 Word 强大的文档编辑功能和图文混排功能，不仅能够方便、快捷地制作和编辑各种公文、信函及个人简历等普通文档，还能够编排图文并茂的图书和报刊。因此，学习使用以 Word 为代表的文字处理工具已经成为了人们使用计算机的一项基本技能。

在计算机操作员（中级）的通用文档处理模块中包括了“文档内容高级编辑”、“内容查找与替换”、“文档格式化处理”、“邮件和信函合并”、“表格高级处理”及“对象高级处理”六项考核内容。计算机操作员的技能操作考核部分对此也有较高的要求，这一部分占到了技能操作考核总分的 20%，分值比重很大，是重点模块之一。

为了更好地帮助读者掌握这一重点模块，我们设计了名为“制作简报‘莱布尼茨与微积分’”的实训案例，它涵盖了本模块技能操作考核所要求的全部技能考核点。在具体讲解过程中，我们按照实际操作过程将该案例分解成十项实例任务。希望读者通过此实训案例的学习能够掌握计算机操作员（中级）技能操作考核所要求的技能考核点。

特别提示：本模块的所有任务均配有视频讲解，请在配套光盘或 http://www.bhp.com.cn 网站的“职业资格”栏目中观看教学视频。

实训案例——制作简报“莱布尼茨与微积分”

案例背景与效果展示

杨星是校数学社的工作人员，社里交给他一项任务，让他负责制作第七期简报，其主要内容为纪念德国著名数学家莱布尼茨诞辰 363 周年的专题介绍，在制作完成后用统一格式的信封以信函的形式发给社里大学一年级的同学。杨星运用自己所掌握的 Word 知识排出了如图 4-1 所示的版式效果，并从数学社成员通讯录中筛选出大学一年级同学的名单，制作并打印统一格式的信封，将信函发给了他们。

莱布尼茨与微积分

莱布尼茨的最大功绩是与牛顿分别独立地创立了微积分，这是 17 世纪数学继笛卡儿的解析几何之后最为璀璨耀眼的明珠。微积分的创立，奠定了近代数学和近代科学的基础。在莱布尼茨之前，至少有数十位数学家研究过微积分的一些具体问题，如求切线、求面积及函数的极大极小值等问题，为微积分的诞生作了开创性贡献。但是这些工作是零碎的、不连贯的、缺乏统一性。

莱布尼茨故居

lóibǔnící
莱布尼茨和牛顿的特殊功绩在于，他们站在更高的角度，分析与综合了前人的工作，将前人解决各种具体问题的特殊技巧，统一为两类普遍的算法--微分与积分，并发现了微分和积分互为逆运算，建立了所谓的微积分基本定理，即牛顿一莱布尼茨公式[1]（$\int_a^b f(x)\mathrm{d}x = F(b) - F(a) = [F(x)]_a^b$），从而完成了微积分发明最关键的一步，并为其深入发展和广泛应用铺平了道路。

莱布尼茨对中国的科学、文化和哲学思想十分关注，他是最早研究中国文化和中国哲学的德国人。他向耶稣会来华传教士格里马尔迪了解到许多有关中国的情况，并将这些资料编辑成册出版。他认为中西相互之间应建立一种交流认识的新型关系。

在《中国近况》一书的绪论中，莱布尼茨写道：“全人类最伟大的文化和最发达的文明仿佛今天汇集在我们大陆的两端，即汇集在欧洲和位于地球另一端的东方的欧洲——中国。”“在日常生活以及经验地应付自然的技能方面，我们是不分伯仲的。双方各自都具备通过相互交流使对方受益的技能。在思考的缜密和理性的思辨方面，显然我们要略胜一筹”，但“在时间哲学，即在生活与人类实际方面的伦理以及治国学说方面，我们实在是相形见绌了……”。

莱布尼茨为促进中西文化交流做出了毕生的努力，产生了广泛而深远的影响。他的虚心好学、对中国文化平等相待，不含“欧洲中心论”偏见的精神尤为难能可贵，值得后世永远敬仰、效仿。

莱布尼茨（1646-1716）

莱布尼茨的主要著作			
数学	《一种求极大极小的奇妙类型的计算》	数学	《微积分的历史和起源》
物理学	《物理学新假说》	地质学	《原始地球》
化学	《磷发现史》	生物学	《单子论》
法学	《法学教学新法》	逻辑学	《通向一种普遍文字》

2010 年 4 月 2 日

[1] 牛顿一莱布尼茨公式被称为微分学和积分学之间的桥梁。

图 4-1　简报“莱布尼茨与微积分”

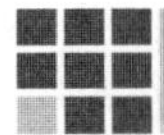

案例技能点示意图

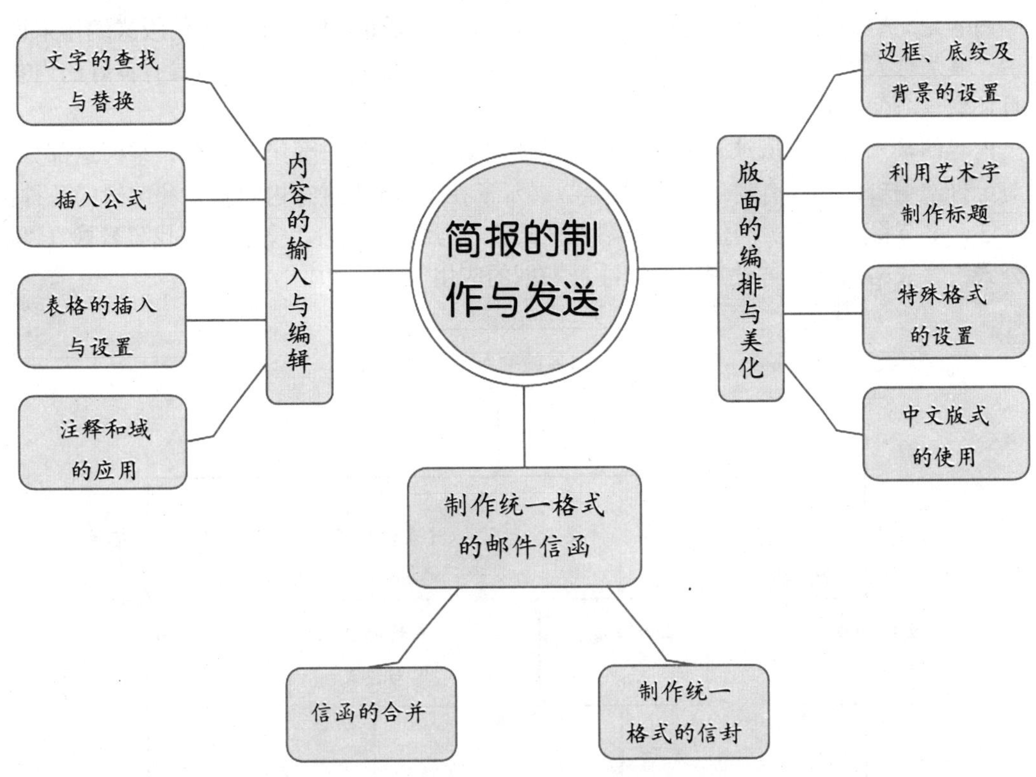

行业小知识

排版时要注意文章的逻辑顺序，按照“由上到下、从左到右”的顺序安排版面。在字体和主色调的处理方面，要以能够引起读者的阅读兴趣为出发点，兼顾美观、大方。要在划分板块、插入图片上下功夫，以使版面生动活泼、富有视觉冲击力。总的说来，要突出重点、图文协调、色调和谐。

刚开始学习排版的读者，如果有条件，可以将设计好的稿件打印出来，让其他人进行点评，多采纳别人的好建议，将会进步更快。

实训技能 1 输入内容与编辑内容

内容是文档的灵魂，内容的优劣直接影响着文档的质量，而对于内容的版式编排来说，能否使其适合人们的阅读习惯也是非常重要的。一篇好的文章，不仅应该具有良好的内容，而且还应该方便读者阅读并且具有美观的形式。

内容的输入与编辑所涉及的操作技能是通用文档处理的重要组成部分。掌握这部分技能对更好地编辑内容具有促进作用。图 4-2 展示了在 Word 中进行内容输入和编辑的几种常见方法。本节将用四个实例任务来介绍内容的输入与编辑，即：“文字的查找与替换”、“插入公式”、“表格的插入与设置”和“注释和域的应用”。

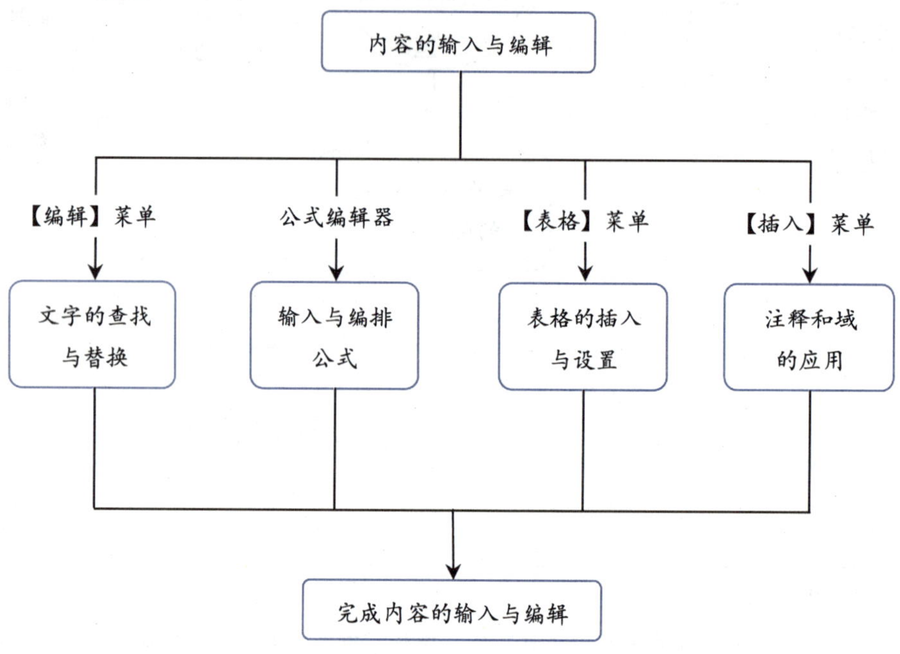

图 4-2 输入内容与编辑内容的基本操作思路

实例任务 1 文字的查找与替换

文字的查找与替换是文字编辑过程中最常用的操作之一。利用查找功能可以很方便地查询到文档中的指定内容。同样，为了提高编辑效率，可以利用替换功能，快速替换文档中重复出现的内容，甚至是重复性的格式。

社里给了杨星几篇文章，让他将这几篇文章组成专题内容，但由于这几篇文章都是从书中或是网上摘抄而来的，里面的文字和部分格式需要统一进行调整，所以杨星决定先解决这个问题。

任务展示

打开随书光盘中“案例素材 4-1.doc”，按以下要求对该素材文件进行操作。

1．查找文档中的“莱布尼茨”一词；

2．查找文档中字体格式为“斜体”的词；

3．使用通配符查找特殊字符“……”（即全角省略号）；

4．将文档中输错的“牛吨”更改为“牛顿”。

任务分解

序号	技能点分解	技能要求	技能提示	实例任务展示图
1	查找文本	能够正确查找文本	★	
2	查找格式	能够正确查找格式	▲	
3	使用通配符	能够正确使用通配符进行查找	▲	
4	内容替换	能够正确对相应文本进行替换	★	

注：★代表考试大纲所规定的技能考核点，▲代表在实际工作中需要掌握的技能考核点。

操作思路

本任务的重点在于能够掌握查找和替换文本的方法，难点在于对于查找格式和使用通配符的理解。另外，需要注意的是，在使用全部替换操作时，一定要谨慎，事先弄清楚，不要将不需要替换的地方也替换，从而产生新的输入错误。

操作步骤

打开素材文件“案例素材 4-1.doc”，然后按照下面的步骤进行操作。

光盘素材：“光盘:\案例素材\Unit4\案例素材 4-1.doc”。

杨星首先在“莱布尼茨与微积分”这篇文章中查找“莱布尼茨”，检查它在该文中出现的频率和位置，以判断是否需要调整。

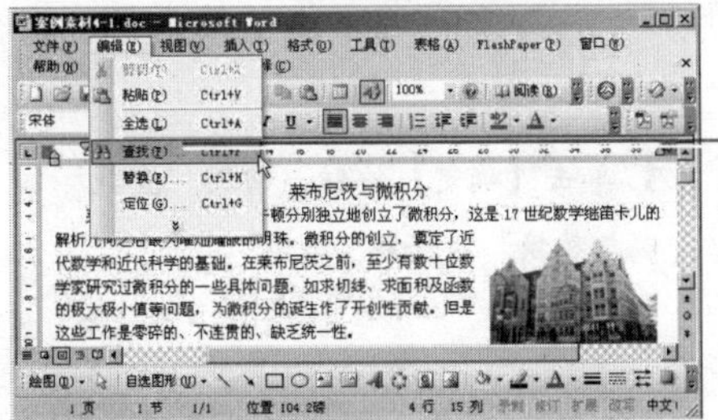

1 选择【编辑】|【查找】命令。

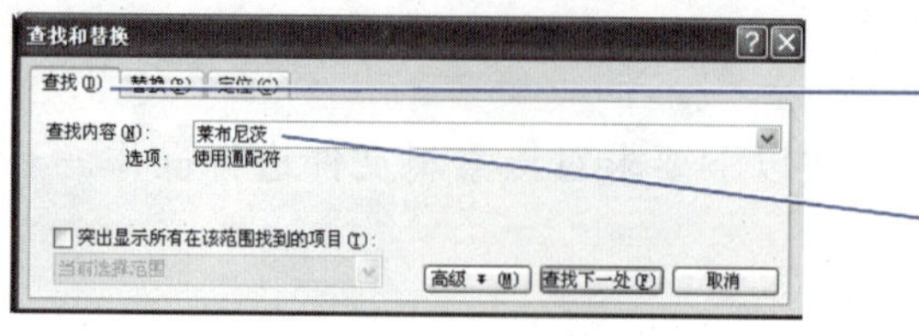

2 系统将弹出“查找和替换”对话框，切换到【查找】选项卡。

3 在“查找内容”下拉列表文本框中输入要查找的文本“莱布尼茨”。输入完成后，单击【查找下一处】按钮。

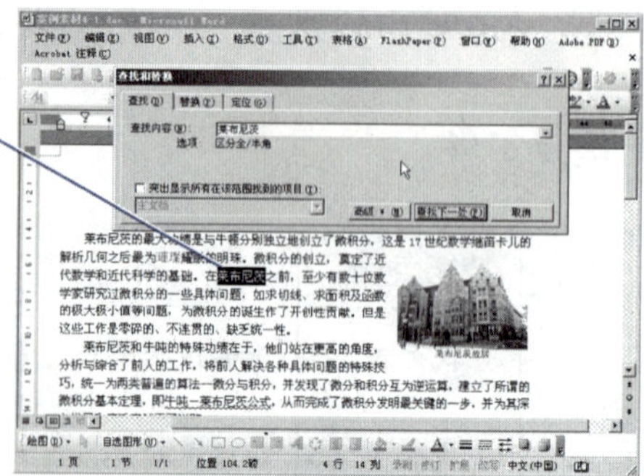

4 随即，所查找的内容便会以反白的形式显示出来。

查找完文章中出现的“莱布尼茨”后，杨星下一步要查找文中所出现的字体格式为“斜体”的内容。

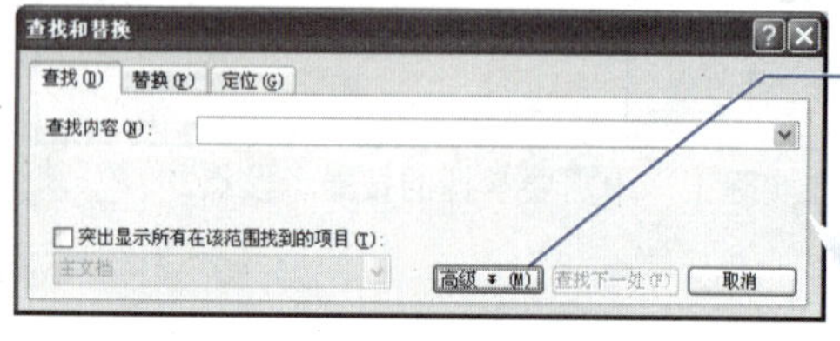

5 在“查找与替换”对话框中单击【高级】按钮，展开“搜索选项”设置区。

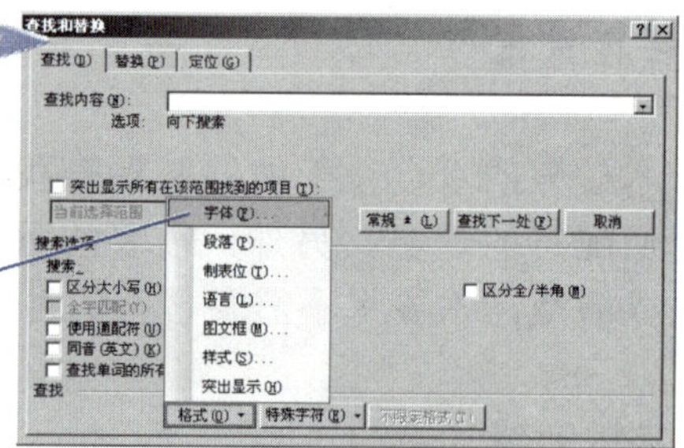

6 单击【格式】按钮，在弹出的下拉菜单中选择“字体”选项。

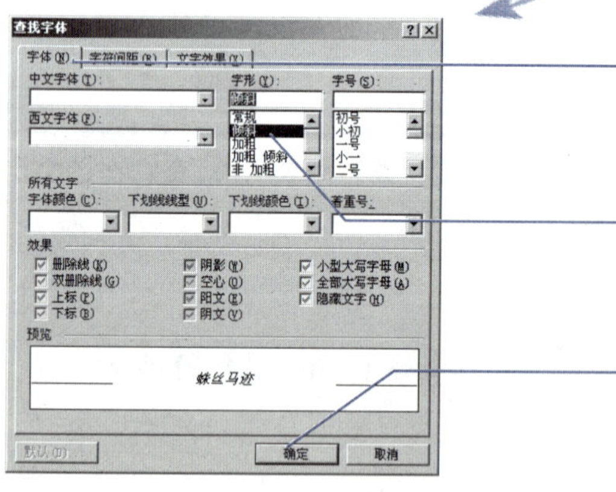

7 在打开的“查找字体”对话框中，切换到【字体】选项卡。

8 在“字形”列表框中选择“倾斜”选项。

9 单击【确定】按钮，回到“查找与替换”对话框。

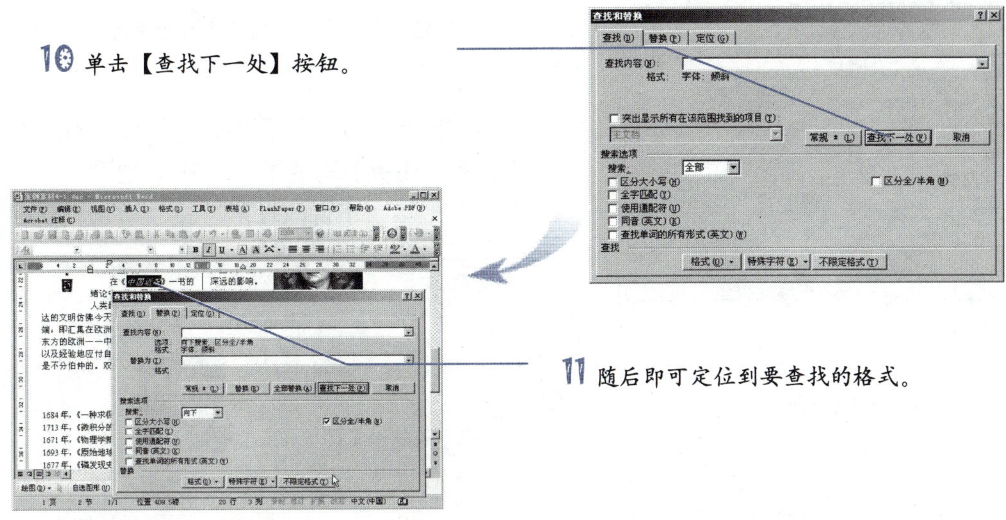

小提示：查找格式时，不要在“查找内容”下拉列表的文本框中输入文本。

接下来，杨星使用通配符在文章中查看是否使用了特殊字符，首先查找“全角省略号”。

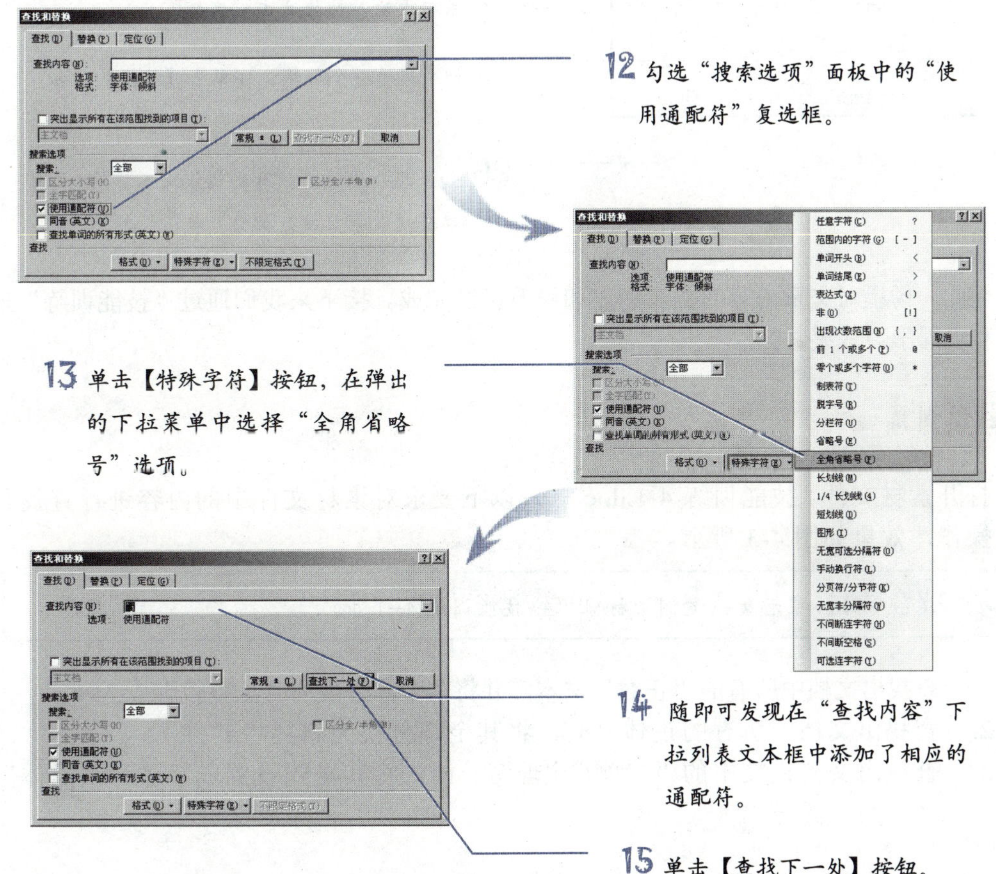

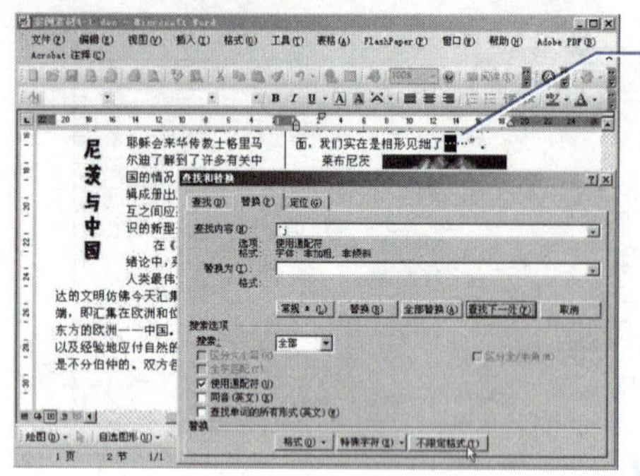

16 随后即可定位到所要查找的全角省略号。

在刚才查找的过程中，杨星发现有几个地方把“牛顿”写成了“牛吨”，他准备用替换功能把这个错误改过来。

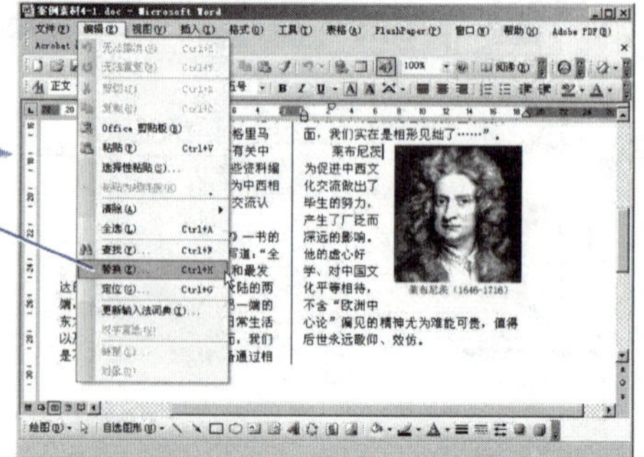

17 选择【编辑】|【替换】命令。

18 在“查找内容”下拉列表文本框中输入被替换文本“牛吨”。在“替换为”下拉列表文本框中输入替换文本“牛顿”。

19 如果想要逐个替换，可单击【替换】按钮。

20 如果想要同时将所有的错误文本替换，则可单击【全部替换】按钮。

至此，杨星对文章内容的初步调整和修改已经完成。接下来我们通过“技能训练”来练习和巩固学习成果。

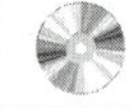

技能训练

打开素材文件“技能训练 4-1.doc”，按以下要求对素材文件中的内容进行查找和替换操作，效果如图 4-3 所示。

> 光盘素材：“光盘：\案例素材\Unit4\技能训练 4—1.doc”。

1. 查找出文档中所有的“正数”文本，并将其全部替换为“正整数”；
2. 查找出文档中所有的正体“n”，将其全部替换为斜体“*n*”；
3. 查找出文档正文中的“二项式定理”一词，将其格式设置成字体为“黑体”、字号为“四号”。

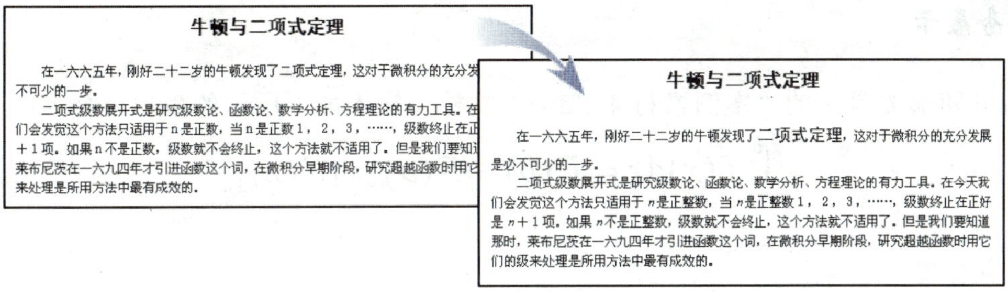

牛顿与二项式定理

在一六六五年，刚好二十二岁的牛顿发现了二项式定理，这对于微积分的充分发
不可少的一步。

二项式级数展开式是研究级数论、函数论、数学分析、方程理论的有力工具。在
们会发觉这个方法只适用于n是正数，当n是正数1，2，3，……，级数终止在正
+1项。如果n不是正数，级数就不会终止，这个方法就不适用了。但是我们要知
莱布尼茨在一六九四年才引进函数这个词，在微积分早期阶段，研究超越函数时用它
来处理是所用方法中最有成效的。

牛顿与二项式定理

在一六六五年，刚好二十二岁的牛顿发现了**二项式定理**，这对于微积分的充分发展是必不可少的一步。

二项式级数展开式是研究级数论、函数论、数学分析、方程理论的有力工具。在今天我们会发觉这个方法只适用于*n*是正整数，当*n*是正整数1，2，3，……，级数终止在正好是*n*+1项。如果*n*不是正整数，级数就不会终止，这个方法就不适用了。但是我们要知道那时，莱布尼茨在一六九四年才引进函数这个词，在微积分早期阶段，研究超越函数时用它们的级来处理是所用方法中最有成效的。

图 4-3　技能训练效果图

网络服务： 您可以通过访问 http://www.bhp.com.cn 网站的“职业资格”栏目，查看本训练的讲解，同时，您还能看到更多的拓展内容。

<table>
<tr><th colspan="5">根据实际操作，简略填写下表</th></tr>
<tr><td>序号</td><td colspan="2">操作内容</td><td colspan="2">操作流程</td></tr>
<tr><td>步骤一</td><td colspan="2">查找出文档中所有的“正数”文本，并将其全部替换为“正整数”</td><td colspan="2"></td></tr>
<tr><td>步骤二</td><td colspan="2">查找出文档中所有的正体 n，将其全部替换为斜体 n</td><td colspan="2"></td></tr>
<tr><td>步骤三</td><td colspan="2">查找出文档正文中的“二项式定理”一词，将其替换为字体为“黑体”、字号为“四号”</td><td colspan="2"></td></tr>
<tr><td rowspan="4"> </td><td colspan="4">实训指导教师评分</td></tr>
<tr><td>基本概念</td><td>技能掌握</td><td>语言描述</td><td>综合得分</td></tr>
<tr><td>□5 □4 □3 □2 □1</td><td>□5 □4 □3 □2 □1</td><td>□5 □4 □3 □2 □1</td><td></td></tr>
<tr><td colspan="4">实训指导教师签字：　　　　年　　月　　日</td></tr>
</table>

实例任务2 插入公式

在科技文献中，经常会使用到各种公式。Word 中的公式是利用公式编辑器来进行输入和编排的。公式编辑器的“公式”工具栏分为上下两行，上行为符号工具栏，含有 150 多种数学符号，包括单个运算符、连接符、字母修饰符和希腊字母等；下行为模板工具栏，包括分数、根式、上下标、求和、积分、乘积、箭头、矩阵以及各种类型的括号，共有 120 多种模板。

在《莱布尼茨与微积分》一文中提到了“牛顿—莱布尼茨公式”，为了让内容的表达更加完善，杨星准备用公式编辑器把这个公式插入到文章中。

任务展示

打开随书光盘中的“案例素材 4-2.doc”文档，输入如下所示的微积分公式：

$$\int_a^b f(x)\mathrm{d}x = F(b) - F(a) = \left[F(x)\right]_a^b$$

任务分解

序号	技能点分解	技能要求	技能提示	实例任务展示图
1	选择合适的模板	能够通过菜单命令启动公式编辑器	▲	
2	选择格式	能够根据输入的公式来选择合适的模板	★	
3	输入和编辑公式	能够在工作区域输入和编辑公式	★	

注：★代表考试大纲所规定的技能考核点，▲代表在实际工作中需要掌握的技能考核点。

操作思路

本任务的重点在于掌握在公式编辑器的工作区域中输入和编辑公式的基本操作，难点在于积分模板和上下标模板的使用。

操作步骤

打开素材文件“案例素材 4-2.doc”，按照下面的步骤进行操作。

光盘素材：“光盘:\案例素材\Unit4\案例素材 4—2.doc”。

1 将插入点移到要插入公式的位置，选择【插入】|【对象】命令，打开“对象”对话框。

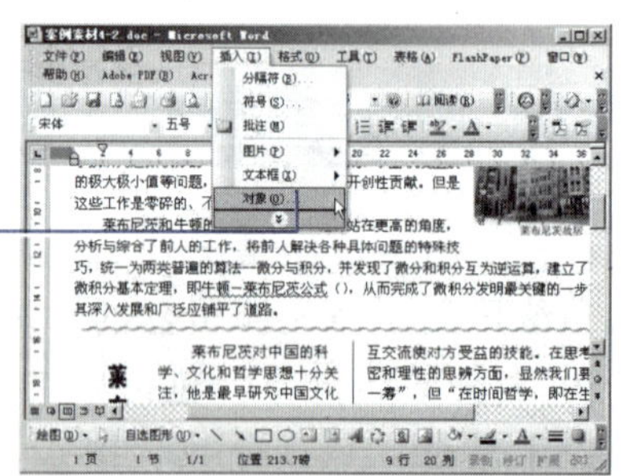

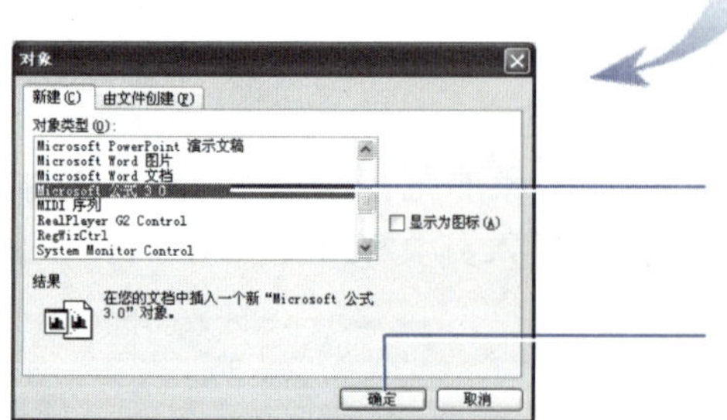

2 在“对象类型”下拉列表中选择“Microsoft 公式 3.0”选项。

3 单击【确定】按钮，即可启动公式编辑器。

小提示：公式编辑器的运行界面如图 4—4 所示。其中包含一个空白的工作区域，输入和编辑公式的操作将在此区域中完成。同时将出现“公式”工具栏和菜单。“公式”工具栏的下行中包含有完成本任务所需要的积分模板和上下标模板。

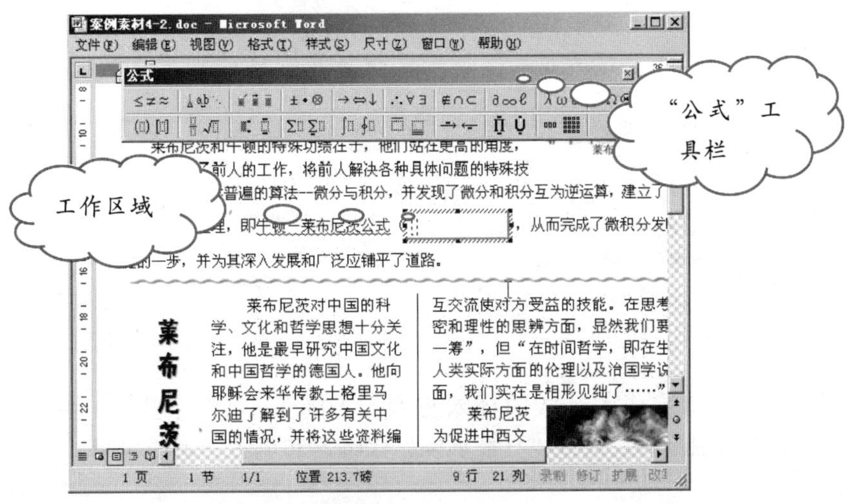

图 4-4　公式编辑器的运行界面

接下来就在公式编辑器中输入和编辑公式了。

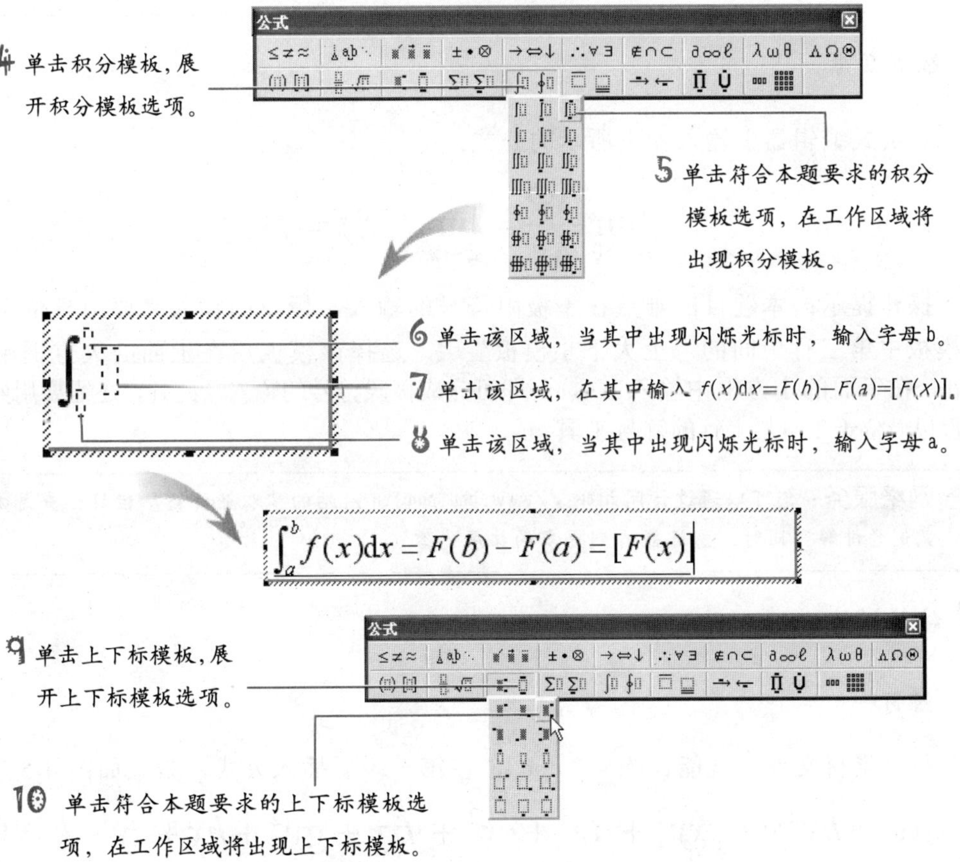

$$\int_a^b f(x)\mathrm{d}x = F(b) - F(a) = [F(x)]_a^b$$

11 单击该区域，在其中输入字母 b。

12 单击该区域，在其中输入字母 a。

输入公式的操作已经完成，接下来只需将光标移动到工作区域之外，当光标变成形状时 I 单击鼠标，即可退出公式编辑器。

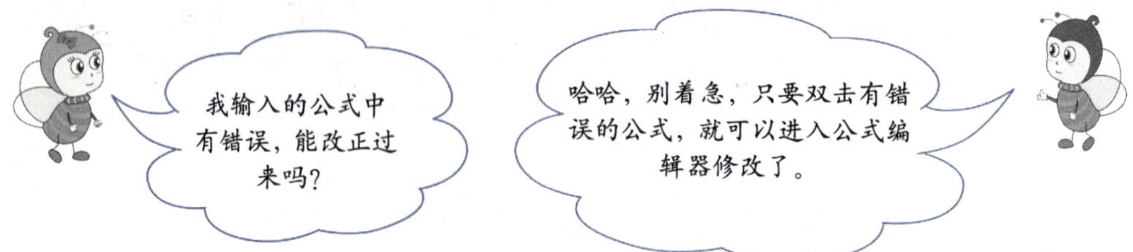

至此，杨星就完成了公式的插入与编辑。接下来我们来多学一手，掌握公式这项技能的一些拓展知识，然后通过“技能训练”来练习和巩固学习成果吧。

小提示：在 Word 文档中插入的公式，可以被当作一个对象来调整其大小、版式等属性。方法是右击该公式，从弹出的快捷菜单中选择【设置对象格式】命令，在弹出的“设置对象格式”对话框中进行相关的操作即可。

技能拓展

在公式编辑器中输入如下所示的公式：

$$\lim_{\Delta x \to 0} \frac{\Delta \Phi}{\Delta x} = \lim_{\xi \to x} f(\xi) = f(x)$$

操作提示：本题目的难点在于极限符号的输入，极限的输入需要用到位于上下标模板中第三行中间的“上大下小模板”，选择该模板后在上面的大方框中输入 lim，在下面的小方框中输入 $\Delta x \to 0$，即可完成极限符号的输入。此外，还需要用到分式模板以及位于工具栏上行的符号工具。

网络服务：您可以通过访问 http://www.bhp.com.cn 网站的“职业资格”栏目，查看本案例的讲解，同时，您还能看到更多的拓展内容。

技能训练

练习一

打开素材文件“技能训练 4-2.doc”，在第一段后插入公式，效果如图 4-5 所示。

$$ax^3 + bx^2y + cxy^2 + dy^3 + ex^2 + fxy + gy^2 + hx + jy + k = 0$$

光盘素材："光盘:\案例素材\Unit4\技能训练 4—2.doc"。

牛顿与二项式定理

在一六六五年，刚好二十二岁的牛顿发现了二项式定理，这对于微积分的充分发展是必不可少的一步。

$$ax^3+bx^2y+cxy^2+dy^3+ex^2+fxy+gy^2+hx+jy+k=0$$

二项式级数展开式是研究级数论、函数论、数学分析、方程理论的有力工具。在今天我们会发觉这个方法只适用于 n 是正整数，当 n 是正整数 1，2，3，……，级数终止在正好是 $n+1$ 项。如果 n 不是正整数，级数就不会终止，这个方法就不适用了。但是我们要知道那时，莱布尼茨在一六九四年才引进函数这个词，在微积分早期阶段，研究超越函数时用它们的级来处理是所用方法中最有成效的。

图 4-5　技能训练练习一效果图

练习二

在公式编辑器中输入如下所示的公式：

$$P(\varepsilon \le m)=\sum^{m}\frac{\lambda^{k}}{k!}e^{-\lambda}$$

根据实际操作，简略填写下表				
序号		操作内容	操作流程	
练习一	步骤一	启动公式编辑器		
	步骤二	根据题目要求选择相应的模板		
	步骤三	输入和编辑公式		
练习二	步骤一	启动公式编辑器		
	步骤二	根据题目要求选择相应的模板		
	步骤三	输入和编辑公式		
	实训指导教师评分			
	基本概念	技能掌握	语言描述	综合得分
	□5 □4 □3 □2 □1	□5 □4 □3 □2 □1	□5 □4 □3 □2 □1	
	实训指导教师签字：　　年　月　日			

实例任务 3 表格的插入与设置

使用表格可以有效地组织复杂的多列数据。Word 具有强大的表格制作和编辑功能。为了能够更加全面地展现莱布尼茨的学术成就，杨星专门设计了一个用表格列举“莱布尼茨的主要著作”的任务，本任务将主要涉及表格的插入、调整表格的结构、表格属性的设置等操作。

任务展示

打开随书光盘中的“案例素材 4-3.doc”文档，将文档下方的参考文献制作成如图 4-6 所示的表格样式。

莱布尼茨的主要著作			
数学	*《一种求极大极小的奇妙类型的计算》*	数学	*《微积分的历史和起源》*
物理学	*《物理学新假说》*	地质学	*《原始地球》*
化学	*《磷发现史》*	生物学	*《单子论》*
法学	*《法学教学新法》*	逻辑学	*《通向一种普通文字》*

图 4-6 插入表格样式

任务分解

序号	技能点分解	技能要求	技能提示	实例任务展示图
1	插入表格	能够正确地在文本中插入表格	★	
2	设置表格的属性	能够正确地设置表格的各种属性	★	
3	表格格式套用	能够正确地自动套用表格格式	★	

注：★代表考试大纲所规定的技能考核点。

操作思路

本任务的重点在于能够对表格的结构和属性进行设置。难点是操作的先后顺序，即首先要调整好表格的结构，之后才能对表格的行高、列宽、格式等属性进行设置。如果操作的顺序不当，将得不到本任务所要求的结果。

操作步骤

打开随书光盘中的“案例素材 4-3.doc”文档，将插入点移动到文档的结尾处，然后按照以下步骤进行操作。

光盘素材：“光盘:\案例素材\Unit4\案例素材 4-3.doc”。

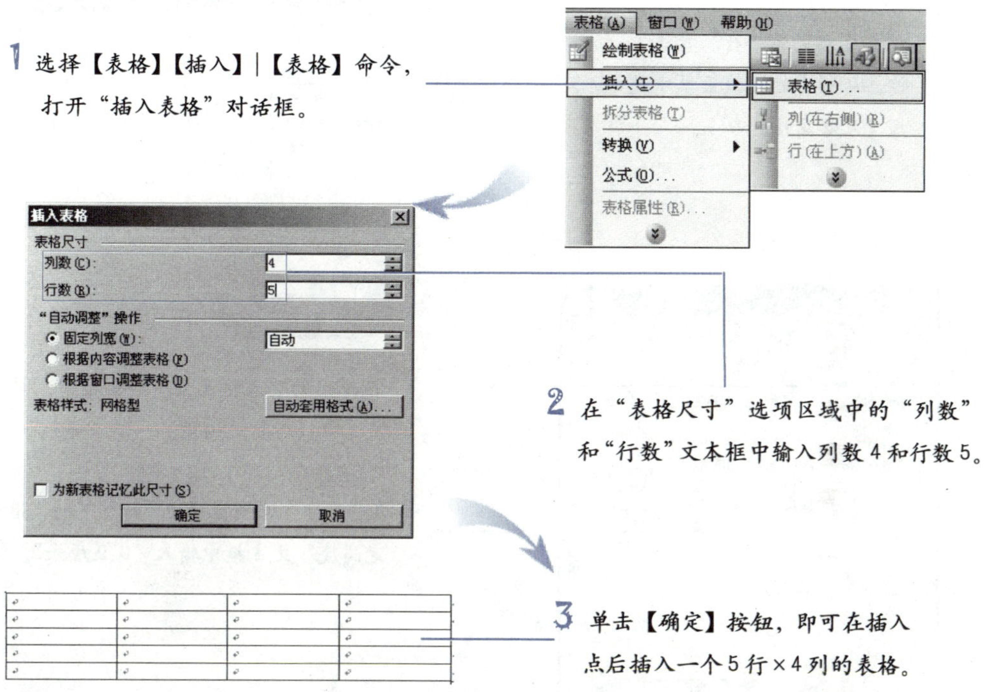

小提示：除了通过菜单命令插入表格之外，还可以通过【插入表格】按钮，或者使用手工绘制的方式（通过单击【表格和边框】按钮来打开【表格和边框】工具栏来进行绘制）来插入表格。

接下来根据杨星设想的表格样式对表格的结构进行调整，并在表格中输入相应的文字内容，再设置文字格式。

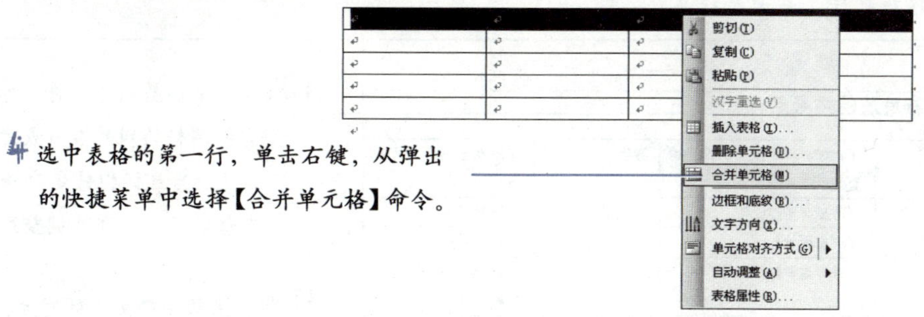

莱布尼茨的主要著作			
数学	《一种求极大极小的奇妙类型的计算》	数学	《微积分的历史和起源》
物理学	《物理学新假说》	地质学	《原始地球》
化学	《磷发现史》	生物学	《单子论》
法学	《法学教学新法》	逻辑学	《通向一种普通文字》

5 在表格中输入文字。并对表格中文字的字体、字号等属性进行设置。

为了让表格更美观一些，接下来杨星对表格的属性进行了调整，首先是对表格的行高、列宽等属性进行调整。

6 选中表格的第一行，单击右键，从弹出的快捷菜单中选择【表格属性】命令。

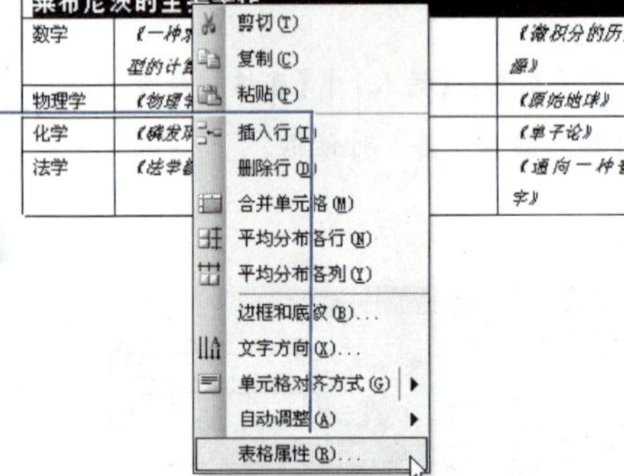

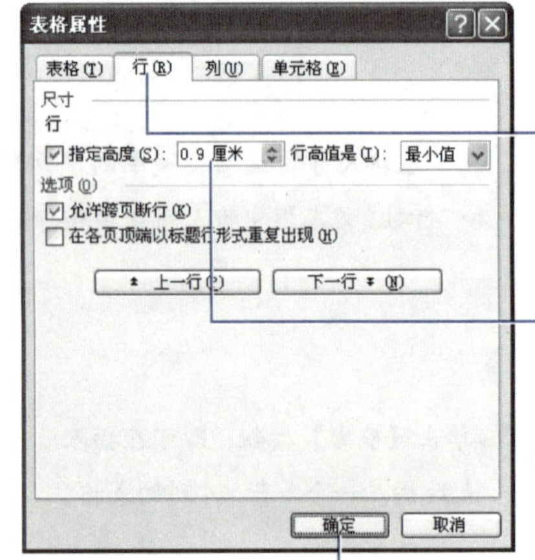

7 在弹出的“表格属性”对话框中，单击选中【行】选项卡。

8 在“尺寸”选项区域中“行”下的“指定高度”文本框中输入“0.9 厘米”。

9 单击【确定】按钮，即可将表格第一行的行高调整为 0.9 厘米。

莱布尼茨的主要著作			
数学	《一种求极大极小的奇妙类型的计算》	数学	《微积分的历史和起源》
物理学	《物理学新假说》	地质学	《原始地球》
化学	《磷发现史》	生物学	《单子论》
法学	《法学教学新法》	逻辑学	《通向一种普通文字》

小提示：也可将鼠标移动到表格第一行的下边框上，当鼠标指针变为 ÷ 时，通过上下移动鼠标，来调整行高。

莱布尼茨的主要著作			
数学	《一种求极大极小的奇妙类型的计算》	数学	《微积分的历史和起源》
物理学	《物理学新假说》	地质学	《原始地球》
化学	《磷发现史》	生物学	《单子论》
法学	《法学教学新法》	逻辑学	《通向一种普通文字》

10 接下来调整列宽。将鼠标移动到需要调整的列的右（或者左）边框上，当鼠标指针变为 ⫲ 时，左右移动鼠标，即可调整列宽。

11 根据表格中的文字的宽度，调整其余各列的列宽。

莱布尼茨的主要著作			
数学	《一种求极大极小的奇妙类型的计算》	数学	《微积分的历史和起源》
物理学	《物理学新假说》	地质学	《原始地球》
化学	《磷发现史》	生物学	《单子论》
法学	《法学教学新法》	逻辑学	《通向一种普通文字》

小提示：可以在“表格属性”对话框中，选中【列】选项卡，在其中设定数值来指定列宽。

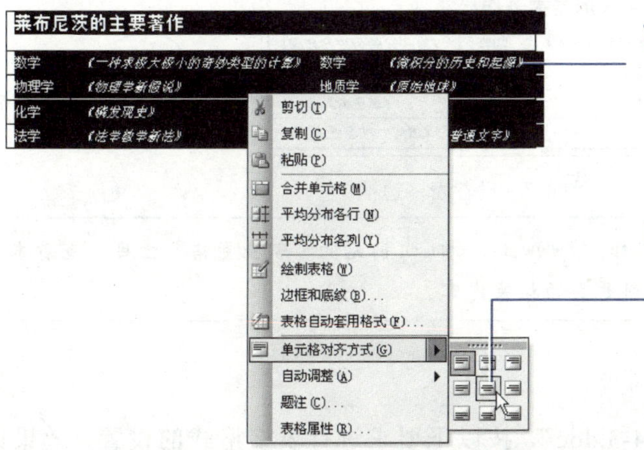

12 接下来，调整表格的对齐方式。首先选中整个表格。

13 单击右键，从快捷菜单中选择【单元格对齐方式】命令，并从弹出的对齐方式按钮中选择【居中对齐】按钮。

莱布尼茨的主要著作			
数学	《一种求极大极小的奇妙类型的计算》	数学	《微积分的历史和起源》
物理学	《物理学新假说》	地质学	《原始地球》
化学	《磷发现史》	生物学	《单子论》
法学	《法学教学新法》	逻辑学	《通向一种普通文字》

接下来为表格自动套用指定的格式。

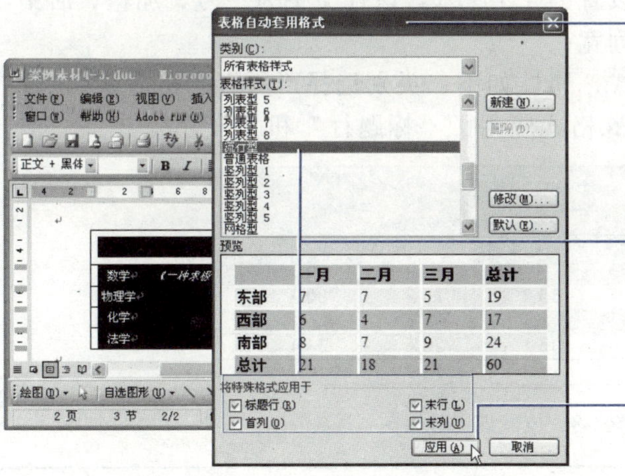

14 选中表格，选择【表格】|【表格自动套用格式】命令，打开“表格自动套用格式”对话框。

15 在“表格样式”列表中选择“流行型”，并在“将特殊格式应用于”栏目中勾选“标题行”、“末行”、“首列”和“末列”。

16 单击【应用】按钮。即可自动套用“流行型”表格格式。

至此，杨星完成了表格的插入与设置。接下来我们来多学一手，掌握一些表格处理这项技能的拓展知识，然后通过“技能训练”来练习和巩固你的学习成果。

技能拓展

通过鼠标右键快捷菜单中的【边框和底纹】命令，还可以将表格的边框设置为不同的线型和颜色，效果如图 4-7 所示。

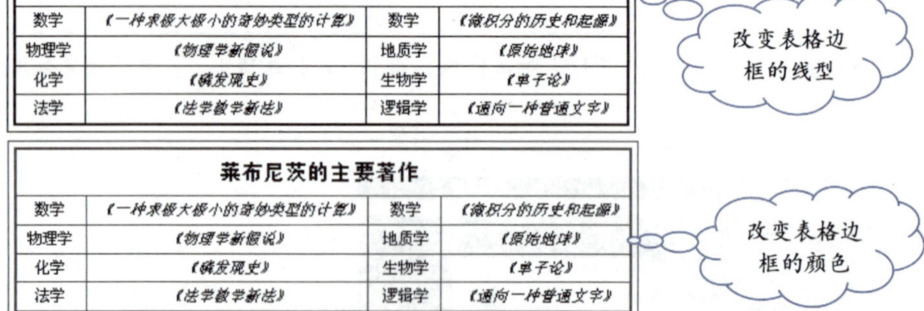

莱布尼茨的主要著作			
数学	《一种求极大极小的奇妙类型的计算》	数学	《微积分的历史和起源》
物理学	《物理学新假说》	地质学	《原始地球》
化学	《磷发现史》	生物学	《单子论》
法学	《法学教学新法》	逻辑学	《通向一种普通文字》

莱布尼茨的主要著作			
数学	《一种求极大极小的奇妙类型的计算》	数学	《微积分的历史和起源》
物理学	《物理学新假说》	地质学	《原始地球》
化学	《磷发现史》	生物学	《单子论》
法学	《法学教学新法》	逻辑学	《通向一种普通文字》

图 4-7　设置表格边框

网络服务：您可以通过访问 http://www.bhp.com.cn 网站的“职业资格”栏目，查看本案例的讲解，同时，您还能看到更多的拓展内容。

技能训练

打开素材文件“技能训练 4-3.doc”，按以下要求进行表格格式的设置，效果如图 4-8 所示。

光盘素材：“光盘:\案例素材\Unit4\技能训练 4-3.doc”。

1. 调整表格的结构（在表格的第一行前插入一行，合并第一行所有单元格，然后输入标题“商品销售表”）；
2. 将表格的第一行的行高设置为 1.5 厘米，该行文字为三号、加粗、居中。将表格各列设置为适当的列宽；
3. 为表格设置自动套用格式，属性如下：类别选择“所有表格样式”、表格样式为“列表型 1”、将特殊格式应用于“标题行”和“末行”。

商品销售表				
	一季度（万元）	二季度（万元）	三季度（万元）	四季度（万元）
彩电	82.3	65.8	70.2	80.2
冰箱	55.6	48.7	61.8	56.1
洗衣机	30.4	35.1	29.4	34.4
微波炉	19.5	17.3	18.9	19.4

图 4-8　技能训练效果图

网络服务：您可以通过访问 http://www.bhp.com.cn 网站的“职业资格”栏目，查看本训练的讲解，同时，您还能看到更多的拓展内容。

根据实际操作，简略填写下表：		
序号	操作内容	操作流程
步骤一	调整表格的结构	
步骤二	设置表格的行高、列宽	
步骤三	为表格设置自动套用格式	

实训指导教师评分			
基本概念	技能掌握	语言描述	综合得分
□5 □4 □3 □2 □1	□5 □4 □3 □2 □1	□5 □4 □3 □2 □1	
实训指导教师签字：________ ____年___月___日			

实例任务4 注释和域的应用

注释的作用很明显，它用来对文章中出现的一些需要进行另外说明而又不希望其出现在正文中的内容进行解释。而域是一种占位符，是一段插入到文档中的代码，它可以让用户添加各种数据、启动一个程序或要求用户输入数据。使用域可以灵活地插入各种对象，并且可以动态地更新，这就使得文档版式更为活泼，并且富有“及时”性。

在“莱布尼茨与微积分”一文中，为了使读者更好地理解“牛顿－莱布尼茨公式”的含义，杨星用“脚注”的方式对该公式所代表的意义做了进一步说明，并顺手在文章最后用“域”添加了动态日期。

任务展示

打开随书光盘中的“案例素材 4-4.doc”文档，按以下要求进行操作，效果如图4-9所示。

1. 为文章中的“牛顿－莱布尼茨公式”添加脚注；
2. 利用域在文档的末尾处添加动态日期。

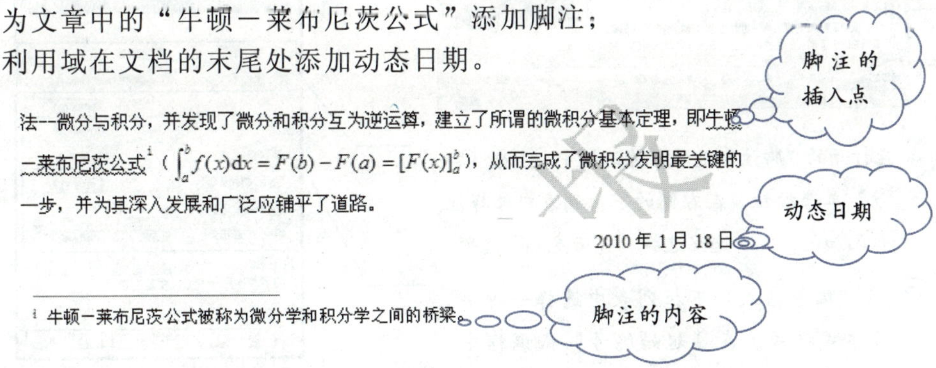

法——微分与积分，并发现了微分和积分互为逆运算，建立了所谓的微积分基本定理，即牛顿－莱布尼茨公式[1]（$\int_a^b f(x)\mathrm{d}x = F(b) - F(a) = [F(x)]_a^b$），从而完成了微积分发明最关键的一步，并为其深入发展和广泛应铺平了道路。

2010年1月18日

[1] 牛顿－莱布尼茨公式被称为微分学和积分学之间的桥梁。

脚注的插入点

动态日期

脚注的内容

图4-9 添加脚注和动态日期

任务分解

序号	技能点分解	技能要求	技能提示	实例任务展示图
1	脚注的使用	能够正确添加脚注	★	
2	域的应用	能够正确使用域，添加动态日期	★	

注：★代表考试大纲所规定的技能考核点。

操作思路

本任务的重点在于掌握注释和域的使用方法，难点在于对于域的作用的理解。

操作步骤

打开随书光盘中的“案例素材 4-4.doc”文档，按照下面的步骤进行操作。

光盘素材：“光盘:\案例素材\Unit4\案例素材 4—4.doc”。

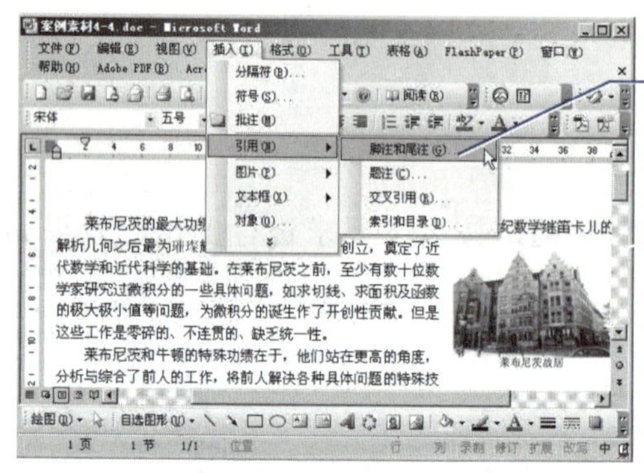

1 将光标定位在需要插入脚注的位置，然后选择【插入】|【引用】|【脚注和尾注】命令。

2 在打开的“脚注和尾注”对话框中，点选【脚注】单选按钮，在右侧的下拉列表中选择注释添加的位置，这里选择“页面底端”选项。

3 在“编号格式”下拉列表中选择一种编号格式样式。在“起始编号”微调框中设置为“i”，编号方式选择“每页重新编号”选项，将更改应用于“整篇文档”。

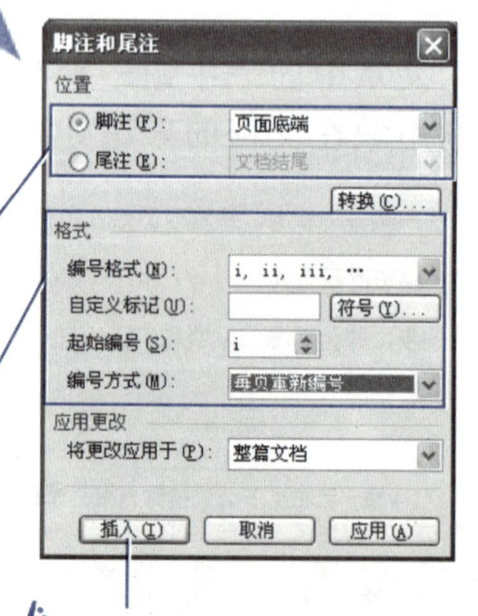

4 设置完成后单击【插入】按钮。

小提示： 在“编号方式”下拉列表中提供了三种编号方式，即“连续”、“每节重新编号”和“每页重新编号”，用户可以根据实际需要进行选择。

牛顿一莱布尼茨公式被称为微分学和积分学之间的桥梁。

5 随即可发现在本页的底端增加了注释行，在其中输入注释内容。

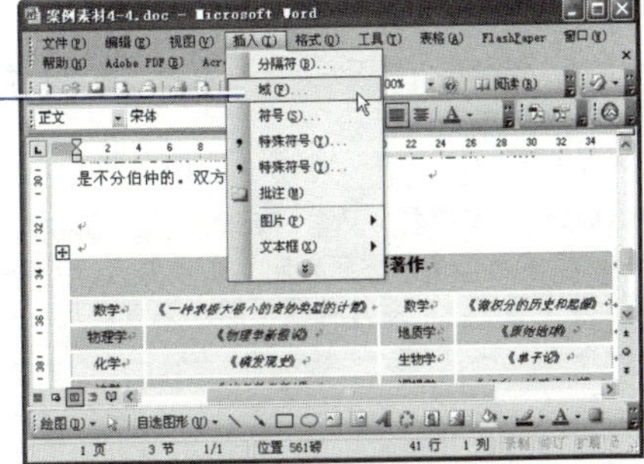

6 下面插入动态日期。将光标定位到文档的末尾，选择【插入】|【域】命令。

7 打开“域”对话框。在“域名”列表框中选择“Date”选项，在“日期格式”列表框中选择题目要求的日期格式。

8 勾选“更新时保留原格式”复选框。

9 单击【确定】按钮，即可插入动态日期。

小提示： 插入动态日期之后，用户还可以根据题目的要求，将插入的动态日期进行相关的设置，如“居右”、加“黄色”底纹等，由于这些不是本实例任务涉及的技能点，因此不再详述。

至此，已经完成了本任务的相关操作。接下来通过“技能训练”来练习和巩固学习成果。

技能训练

打开素材文件“技能训练 4-4.doc”，按以下要求对该素材文件进行注释和域的添加，效果如图 4-10 所示。

光盘素材：“光盘:\案例素材\Unit4\技能训练 4—4.doc”。

1. 将标题“水调歌头”的注释添加到文字下面，作为脚注；
2. 通过添加域的方式，将当前作者名“王安石”更改为“苏轼”；
3. 将注释的编号方式设置为“每节重新编号”；
4. 为作者“苏轼”添加注释，并将注释添加到文档结尾处，作为尾注。

网络服务：您可以通过访问 http://www.bhp.com.cn 网站的“职业资格”栏目，查看本训练的讲解，同时，您还能看到更多的拓展内容。

水调歌头[1]

作者：苏轼

丙辰中秋，欢饮达旦，大醉，作此篇，兼怀子由。

明月几时有，把酒问青天。不知天上宫阙，今夕是何年？我欲乘风归去，又恐琼楼玉宇，高处不胜寒。起舞弄清影，何似在人间！

转朱阁，低绮户，照无眠。不应有恨，何事长向别时圆？人有悲欢离合，月有阴晴圆缺，此事古难全。但愿人长久，千里共婵娟。

[1]水调歌头，词牌名，又名《元会曲》、《凯歌》、《台城游》等。上下阕，九十五字，平韵（宋代也有押仄韵的）。相传隋炀帝开汴河自制《水调歌》，唐人演为大曲，《歌头》即大典开始的第一章。此殆裁截其首段为之。九十五字，前后片各四平韵，亦有前后片中两六言句夹押仄韵者，有平仄互押几于句句用韵者。

图 4-10　技能训练效果图

根据实际操作，简略填写下表				
序号	操作内容		操作流程	
步骤一	将标题“水调歌头”的注释添加到文字下面			
步骤二	通过添加域的方式，将当前作者名“王安石”更改为“苏轼”			
步骤三	将注释的编号方式设置为“每节重新编号”			
步骤四	为“苏轼”添加注释，并将注释添加到文档结尾			
	实训指导教师评分			
	基本概念	技能掌握	语言描述	综合得分
	□5 □4 □3 □2 □1	□5 □4 □3 □2 □1	□5 □4 □3 □2 □1	
	实训指导教师签字：　　　年　　月　　日			

实训技能 2　版面的编排与美化

好的版面，能够增强文档内容的表现力。版面的编排与美化所涉及的操作技能是通用文档处理的重要部分。综合运用这些操作技能，可以使文档的美化工作事半功倍。

图 4-11 展示了在 Word 中进行版面的编排与美化的几种常见方法。本节将从图 4-11 所示的四个方面来介绍版面的编排与美化，即“边框、底纹及背景的设置”、“利用艺术字制作标题”、“特殊格式的设置”和“中文版式的使用”。

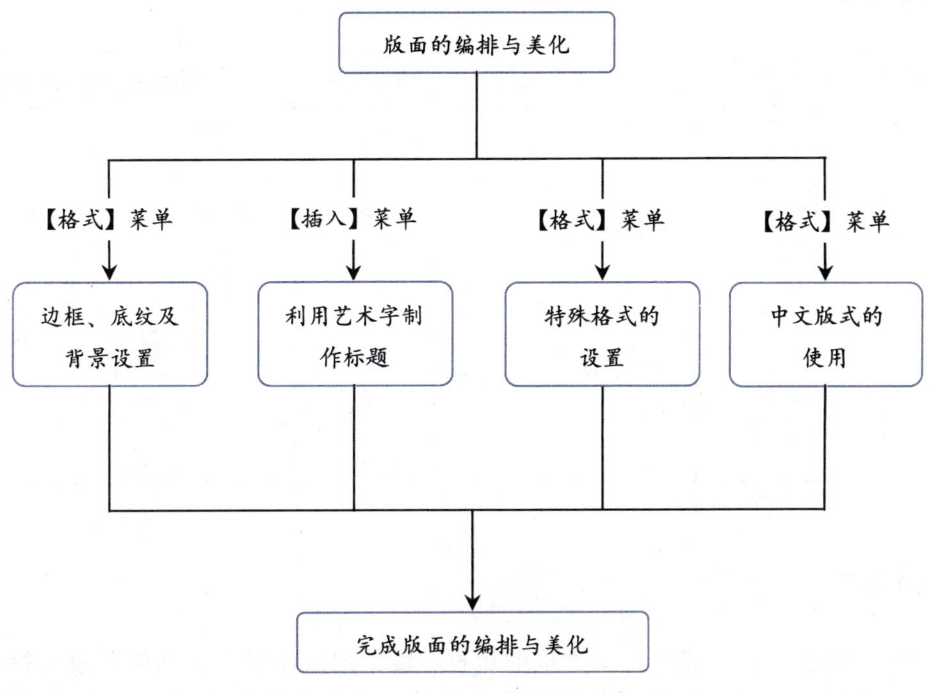

图 4-11 版面的编排与美化的基本操作思路

实例任务5 边框、底纹及背景的设置

边框、底纹和背景可以起到美化文档的作用。适宜的边框、底纹和背景设计可以给人赏心悦目的感觉，使文章更加具有吸引力。

为了保护内容版权，杨星准备在专题页面的背景中加入“数学社简报”字样的文字水印。另外，为了让专题版面更加美观和合理，他想为标题添加边框或底纹。让我们来看一下他是怎么操作的。

任务展示

打开随书光盘中的“案例素材 4-5.doc”文档，按以下要求对其进行操作。

1. 将文档中第二部分的标题文本框“莱布尼茨与中国”的边框设置为“横向砖型”蓝色边框，线型为“粗线”，8 磅；
2. 为文档添加文字水印背景。文字为“数学社简报”，字体为“黑体”，尺寸为“96”，颜色为“橙色”（半透明），版式为“斜式”。

任务分解

序号	技能点分解	技能要求	技能提示	实例任务展示图
1	边框的设置	能够正确地设置文本框的边框	★	
2	背景的设置	能够正确地设置文档的背景	★	

注：★代表考试大纲所规定的技能考核点。

操作思路

本任务的重点在于能够对文本框的边框、段落的底纹以及文档的背景进行设置。难点是对边框、底纹及背景的各种属性的调整。读者在操作过程中，要对边框、底纹及背景的各种效果进行仔细对比与甄别，才能提高自己的版式美化及设计能力。

操作步骤

打开随书光盘中的“案例素材 4-5.doc”文档，然后按照以下步骤进行操作。

光盘素材：“光盘:\案例素材\Unit4\案例素材 4-5.doc”。

1 在文档中选中需要设置边框的文本框，单击右键，从弹出的快捷菜单中选择【设置文本框格式】命令。

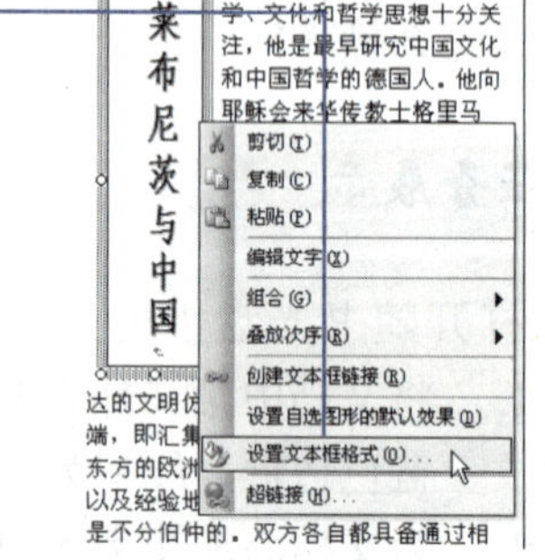

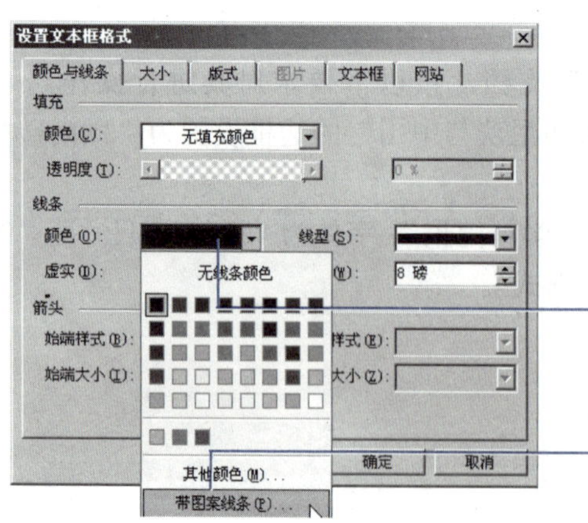

2 在弹出的【设置文本框格式】对话框中，选中【颜色与线条】选项卡。单击“线条”选项区域下的“颜色”下拉框，打开颜色选项板。

3 单击颜色选项板最下部的【带图案线条】命令，弹出“带图案线条”对话框。

小提示： 在【颜色与线条】选项卡中的“填充”区域中，可以对文本框的填充属性进行设置，此处文本框中设置的填充属性是一种双色中心辐射渐变填充效果。由于本任务关注的技能点是文本框的边框设置，所以对此不作详细讲述。

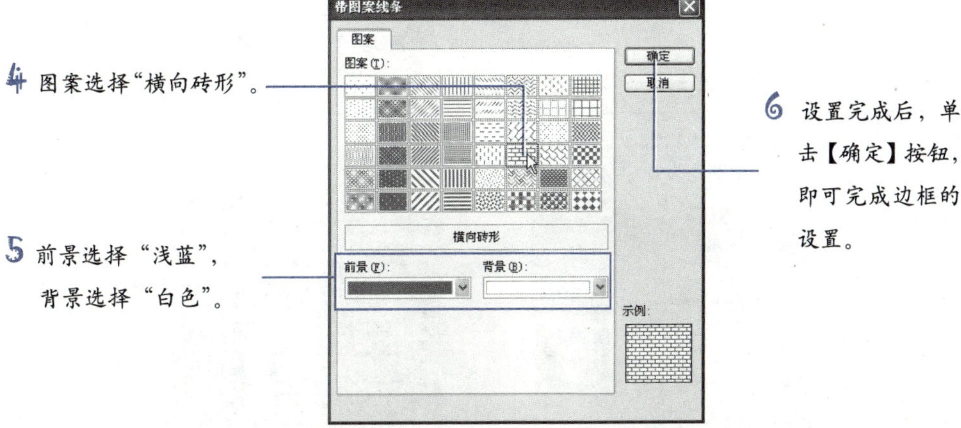

4 图案选择“横向砖形”。

5 前景选择“浅蓝”，背景选择“白色”。

6 设置完成后，单击【确定】按钮，即可完成边框的设置。

小提示： 在Word中，还可以为选中的文字、段落，甚至整个页面设置边框。方法是通过选择菜单命令【格式】|【边框与底纹】命令，在弹出的【边框与底纹】对话框中进行相关的操作即可。

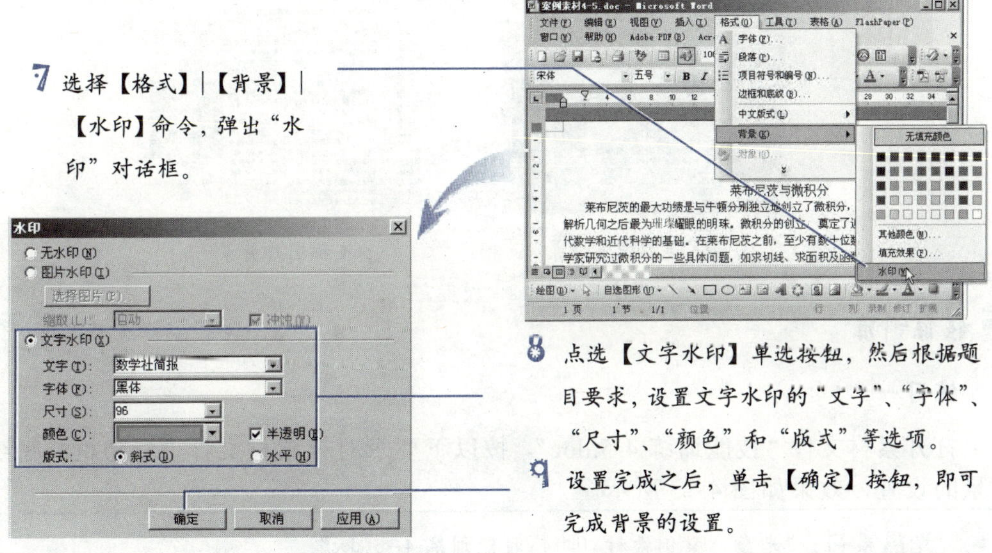

7 选择【格式】|【背景】|【水印】命令，弹出“水印”对话框。

8 点选【文字水印】单选按钮，然后根据题目要求，设置文字水印的“文字”、“字体”、“尺寸”、“颜色”和“版式”等选项。

9 设置完成之后，单击【确定】按钮，即可完成背景的设置。

小提示： 从“水印”对话框可以看出，Word中可以设置图片水印和文字水印两种水印背景。

至此，杨星就完成了简报中边框、底纹和背景的设置。接下来我们来多学一手，掌握填充背景这项技能的一些拓展知识，然后通过“技能训练”来练习和巩固学习成果。

技能拓展

通过选择【格式】|【背景】|【填充效果】命令，在弹出的“填充效果”对话框中，有【渐变】、【纹理】、【图案】和【图片】四个选项卡，选择不同的选项卡，可以为文档分别设置不同的填充效果背景，效果如图 4-12 所示。

网络服务：您可以通过访问 http://www.bhp.com.cn 网站的“职业资格”栏目，查看本案例的讲解，同时，您还能看到更多的拓展内容。

双色渐变背景

白色大理石纹理背景

点式菱形图案背景

淡雅图片背景

图 4-12　设置文档背景

技能训练

练习一

打开素材文件“技能训练 4-5.doc”，按以下要求对该素材文件进行边框、底纹和背景的设置，效果如图 4-13 所示。

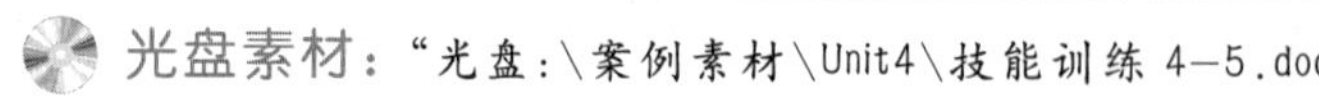

光盘素材：“光盘:\案例素材\Unit4\技能训练 4-5.doc”。

1. 为标题“秋天——其实很美”添加边框，边框属性如下：边框类型设置为“三维”、线型选择第四个，宽度设置为 1 磅，应用于“文字”；
2. 为第一段文字设置底纹，属性如下：填充设置为“浅黄”、样式设置为“5%”、颜色设置为“淡蓝”，应用于“文字”；
3. 设置文字水印背景，属性如下：文字为“秋天——其实很美”、字体为“隶书”、尺寸为“48”、颜色为“RGB：246，44，10”、“非半透明”、“斜式”。

练习二

打开素材文件“技能训练 4-5.doc”，按以下要求对该素材文件进行边框、底纹和背景的设置，最终效果如图 4-14 所示。

光盘素材：“光盘:\案例素材\Unit4\技能训练 4－5.doc”。

1. 设置文档边框，属性如下：边框类型为“方框”、线型选择第二个选项，宽度为“31 磅”，艺术型选择第一个，应用于“整篇文档”；
2. 为标题设置底纹，属性如下：填充选择“金色”、样式设置为“清除”、应用于“文字”；
3. 为文档设置颜色背景，属性如下：填充颜色设置为“RGB：165，205，215”。

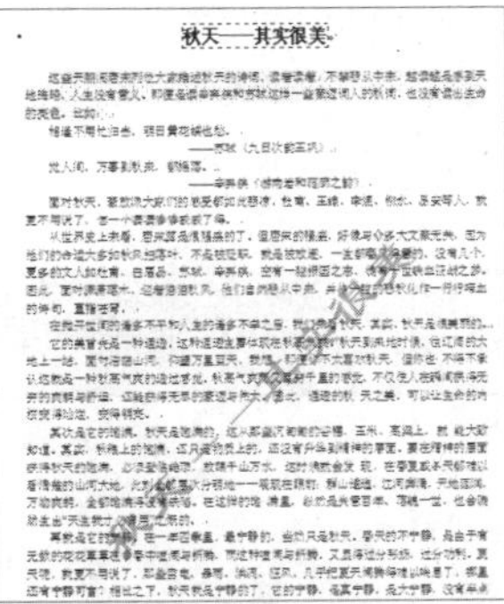
秋天——其实很美

图 4-13　技能训练练习一效果图

秋天——其实很美

图 4-14　技能训练练习二效果图

网络服务：您可以通过访问 http://www.bhp.com.cn 网站的“职业资格”栏目，查看本训练的讲解，同时，您还能看到更多的拓展内容。

根据实际操作，简略填写下表			
序号		操作内容	操作流程
练习一	步骤一	为标题“秋天——其实很美”添加边框	
	步骤二	为第一段文字设置底纹	
	步骤三	为文档设置文字水印背景	
练习二	步骤一	设置文档边框	
	步骤二	为标题设置底纹	
	步骤三	为文档设置颜色背景	

	实训指导教师评分			
	基本概念	技能掌握	语言描述	综合得分
	□5 □4 □3 □2 □1	□5 □4 □3 □2 □1	□5 □4 □3 □2 □1	
	实训指导教师签字：			年　月　日

实例任务 6 利用艺术字制作标题

Word 中提供的艺术字，兼具文字和图形的特征，是一种非常有表现力的文字表达工具。

在本任务中，杨星要将文章标题“莱布尼茨与微积分”制作成艺术字，下面就来讲述艺术字的使用方法。

任务展示

根据以下要求进行操作，将素材文件“案例素材 4-6.doc”的标题“莱布尼茨与微积分”设置为艺术字：将标题设置为第 3 行第 1 列的艺术字样式，字体为新宋体、40 磅，艺术字形状为“细上弯弧”，环绕方式为“嵌入式”，字符间距为“紧密”。

任务分解

序号	技能点分解	技能要求	技能提示	实训案例效果图
1	设置艺术字样式	能够正确设置艺术字的样式	★	莱布尼茨与微积分
2	选择艺术字字体	能够正确设置艺术字的字体效果	★	
3	选择艺术字形状	能够正确设置艺术的形状	★	
4	设置艺术字的环绕方式	能够正确设置艺术字的环绕方式	★	

注：★代表考试大纲所规定的技能考核点。

操作思路

本任务的重点在于理解艺术字的特征，并且能够插入和设置艺术字。难点是操作的先后次序，先插入艺术字，然后再修改字体、字号。如果将次序搞错，将得不到题目要求的结果。

操作步骤

打开素材文件“案例素材 4-6.doc”，选中标题“莱布尼茨与微积分”，然后按照下面的步骤进行操作（以下的操作仅针对选中的标题进行）。

光盘素材："光盘:\案例素材\Unit4\案例素材 4-6.doc"。

1 选择【插入】|【图片】|【艺术字】命令，打开"艺术字库"对话框。

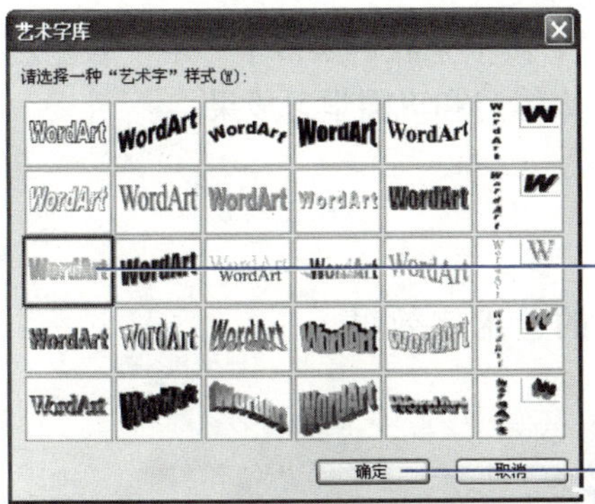

2 按题目要求，选择"艺术字"的样式。

3 单击【确定】按钮，进入艺术字格式设置程序。

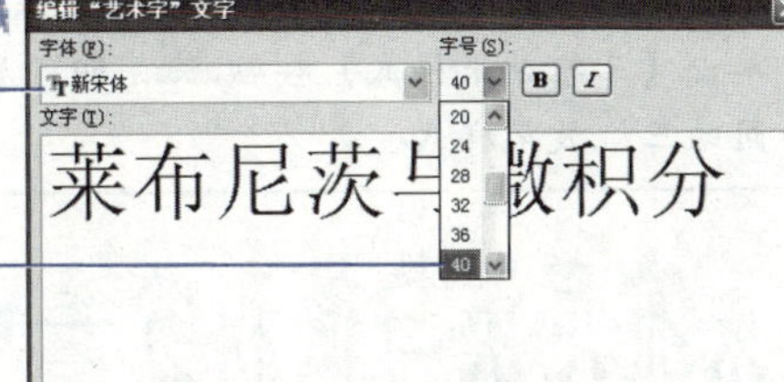

4 在弹出的"编辑'艺术字'文字"对话框中，字体选择"新宋体"。

5 字号选择"40"。

6 单击【确定】按钮。此时标题就变成艺术字效果了。可以在下图中查看实际效果。

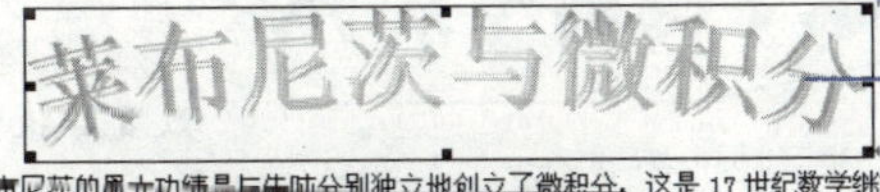

7 接下来对艺术字的字形进行设置。单击选中艺术字"莱布尼茨与微积分"。

8 在弹出的"艺术字"工具栏中，单击【艺术字形状】按钮。

9 单击"细上弯弧"，使艺术字变成细上弯弧形状。

小提示：拖动艺术字上的黑色正方形可以对艺术字的弯曲程度进行微调。

以下开始设置艺术字的环绕方式。

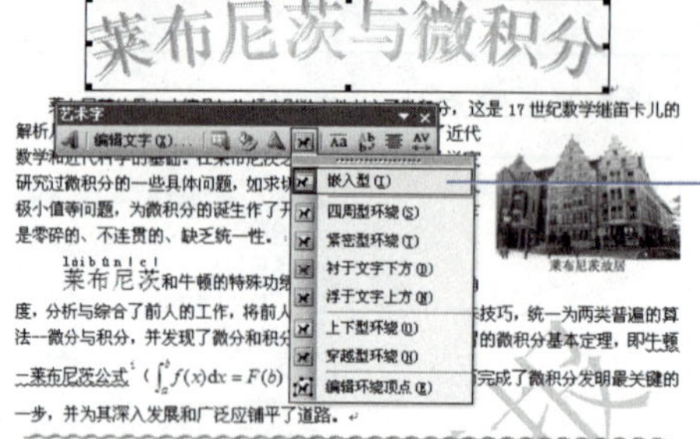

10 单击“艺术字”工具栏中的【文字环绕】按钮，选择“嵌入型”。

至此，杨星完成了标题艺术字的插入与设置。接下来我们来多学一手，掌握艺术字这项技能的一些拓展知识，然后通过“技能训练”来练习和巩固学习成果。

技能拓展

通过以下操作，还可以得到如图 4-15 所示的艺术字效果。

- 改变艺术字的填充效果；
- 添加艺术字的三维效果；
- 改变艺术字的弯曲或拉伸程度。

小提示：为艺术字添加三维效果，需要用到绘图工具栏中的“三维效果样式”工具，单击【三维效果样式】按钮，即可展开“三维效果样式”选项，可以在其中选择不同的三维效果样式。

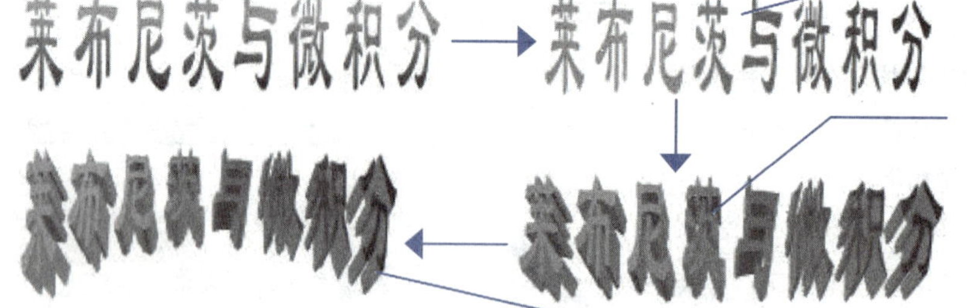

图 4-15　艺术字技能拓展

网络服务：您可以通过访问 http://www.bhp.com.cn 网站的“职业资格”栏目，查看本案例的讲解，同时，您还能看到更多的拓展内容。

技能训练

练习一

打开素材文件“技能训练 4-6-1.doc”，按以下要求对该素材文件进行排版，效果如图 4-16 所示。

光盘素材：“光盘:\案例素材\Unit4\技能训练 4-6-1.doc”。

1. 设置标题“金山岭长城简介”的艺术字样式为【艺术字库】第3行第3列；
2. 字体为黑体，40号，加粗；
3. 阴影效果为样式19。

金山岭长城简介

世人瞩目的金山岭长城是明长城最具有代表性的地段之一，位于河北省滦平县与北京市密云县交界处。始建于明洪武元年（公元1368年），为大将徐达主持修建。隆庆元年（公元1567年）抗倭名将蓟镇总兵官戚继光、蓟辽总督谭纶在徐达所建长城的基础上续建、改建。为全国重点文物保护单位、国家级风景区、一级旅游景点，并列入《世界文化遗产名录》。

金山岭长城西起龙峪口，东止望京楼，全长10.5公里。沿线设有建筑各异的敌楼67座，烽燧二座，大小关隘五处，是现保存最完好的一段明长城，被专家称之为明长城之精华。依山设险、凭水置塞，雄城起伏似铜墙铁壁。雕楼林立，如甲兵护卫，“一夫当关，万夫莫开”。以其视野开阔，敌楼密集，建筑防御体系功能奇特而著称于世。国家领导人多次到此视察并给予了高度评价，“万里长城，金山独秀”多少专家无不为金山岭长城的精美设计而发出由衷的赞叹。

图4-16 技能训练练习一效果图

练习二

打开素材文件“技能训练4-6-2.doc”，按以下要求对该素材文件排版，效果如图4-17所示。

 光盘素材：“光盘:\案例素材\Unit4\技能训练4—6—2.doc”。

1. 将标题设置为艺术字，并选择【艺术字库】第2行第3列作为艺术字样式，并设字体为宋体，18号，竖排；
2. 设置艺术字版式为“四周型”；
3. 阴影效果为样式12。

正弦曲线是一条起伏跌宕的曲线。
用“一波三折”来形容它一点也不过分。
时而，它会到达高峰----数学上叫做最大值；时而它又会跌入波谷。而正弦曲线便也在这峰与谷起与伏的交替更迭中，默默而坦然地向着远方无穷尽地伸展着自己那浪漫的身姿，直到永远，永无尽焉……

图4-17 艺术字的其他处理效果

网络服务：您可以通过访问 http://www.bhp.com.cn 网站的“职业资格”栏目，查看本训练的讲解，同时，您还能看到更多的拓展内容。

根据实际操作，简略填写下表			
序号		操作内容	操作流程
练习一	步骤一	插入艺术字并设置格式	
	步骤二	填充效果	
	步骤三	添加阴影效果	

续表

练习二	步骤一	插入艺术字并设置格式		
	步骤二	添加阴影效果		
	实训指导教师评分			
	基本概念	技能掌握	语言描述	综合得分
	□5 □4 □3 □2 □1	□5 □4 □3 □2 □1	□5 □4 □3 □2 □1	
	实训指导教师签字：　　　　年　　月　　日			

实例任务 7 特殊格式的设置

利用特殊格式，对文档的文字和段落属性进行相应的设置，可以起到美化版面、提醒读者注意等效果。在杂志、报纸等的编排中经常会用到这些特殊格式。本任务中，杨星使用的特殊格式主要有“首字下沉”、“首行缩进”、“行间距”、“段落间距”等。

任务展示

打开素材文件“案例素材 4-7.doc”，根据以下要求进行操作，进行编排与美化：

1. 为文档的第一段设置首字下沉。下沉行数设为 2 行；
2. 在第二段开头处，设置首行缩进，缩进 0.75 厘米；
3. 调整第二段的行间距为固定值 18 磅；
4. 调整第一段与第二段中的段落间距为 1 行。

任务分解

序号	技能点分解	技能要求	技能提示	实训案例效果图
1	设置首字下沉	能够正确设置首字下沉	★	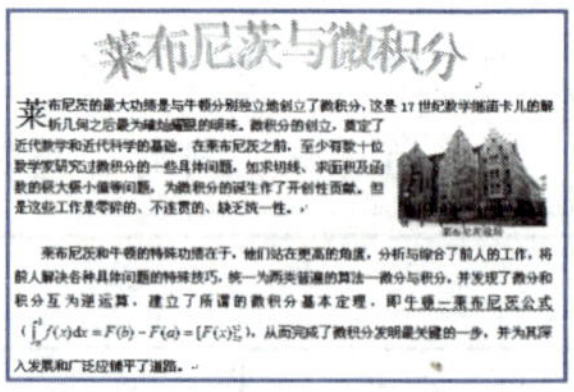 莱布尼茨与微积分
2	设置首行缩进	能够正确设置首行缩进	★	
3	调整行间距	能够准确地调整行间距	★	
4	调整段落间距	能够准确地调整段落间距	★	

注：★代表考试大纲所规定的技能考核点。

操作思路

本任务的重点在于准确理解首字下沉等特殊格式的特征，并且能够正确设置这些特殊格式。难点是体会操作的实际效果，读者可以自己多作一些实际操作，通过对比来体会这些特殊格式的效果。

操作步骤

打开素材文件“案例素材 4-7.doc”，然后按照下面的步骤进行操作。

光盘素材：“光盘:\案例素材\Unit4\案例素材 4—7.doc”。

1 将光标放在需要设置首字下沉的第一段（任何位置均可），选择【格式】|【首字下沉】命令，打开“首字下沉”对话框。

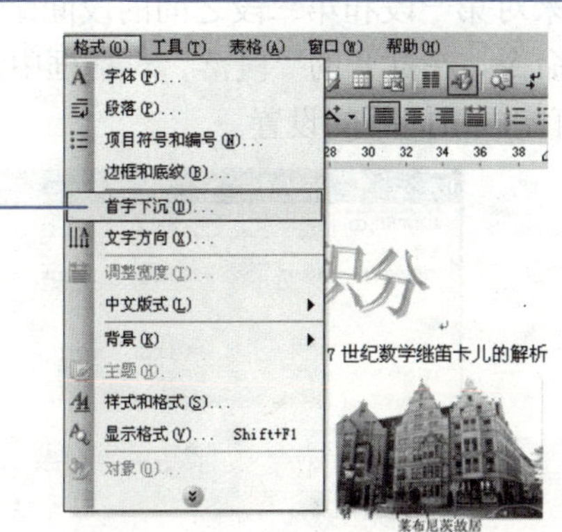

小提示：通过“首字下沉”对话框中的“位置”选项，可以为首字下沉选择两种不同的位置：“下沉”或“悬挂”。用户可以通过对话框中的图示直观地进行理解。

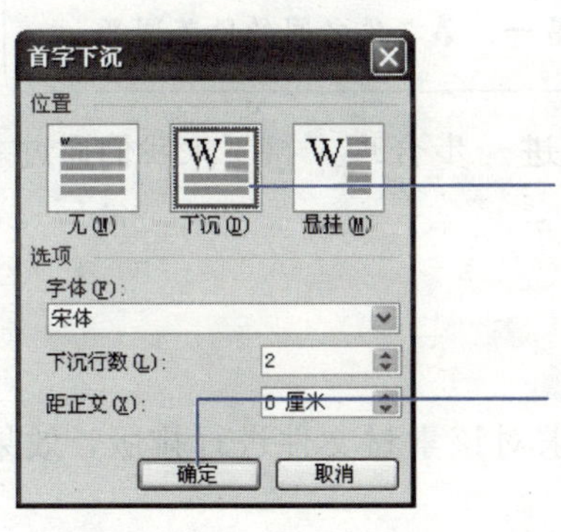

2 在“首字下沉”对话框中，根据题目要求，设定下沉行数为“2”。并且在“位置”选项中选择“下沉”。

3 单击【确定】按钮，即可完成首字下沉的设置。

接下来对第二段进行首行缩进的设置，以及行间距的设置。将光标放在第二段（任何位置均可），选择【格式】|【段落】命令，然后在打开的“段落”对话框中进行相应的操作。

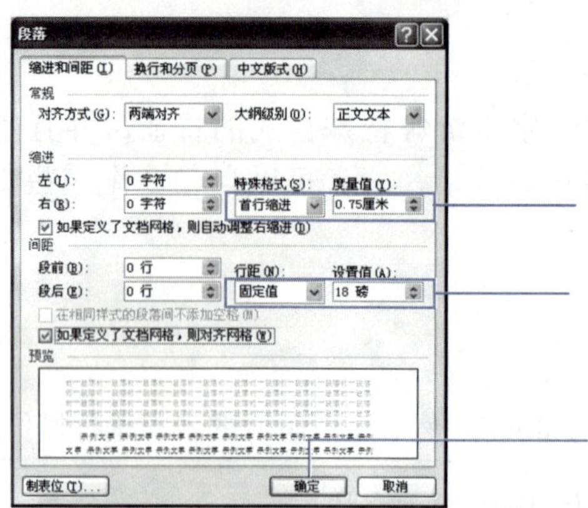

接下来对第一段和第二段之间的段间距进行调整。将光标放在第二段，选择【格式】|【段落】命令，在打开的“段落”对话框中，调整“间距”选项区域的“段前”属性为“1行”，即可完成段间距的设置。

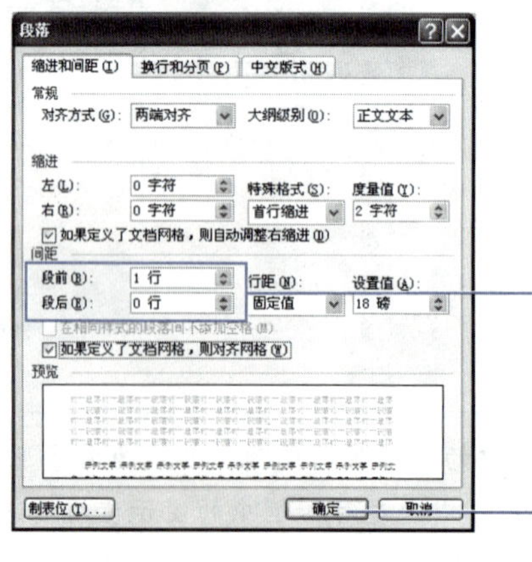

小提示：也可以通过调整第一段的段后间距来调整第一、第二段之间的段落间距。

至此，杨星完成了特殊格式的设置，页面布局进一步合理。接下来我们通过“技能训练”来练习和巩固学习成果。

技能训练

打开素材文件“技能训练 4-7.doc”，按以下要求对该素材文件进行排版，效果如图 4-18 所示。

光盘素材：“光盘:\案例素材\Unit4\技能训练 4-7.doc”。

1. 为文档的第一段设置首字下沉格式，下沉位置为“悬挂”，下沉行数设为“3”；
2. 在文档的第二段设置首行缩进，缩进距离为“2 字符”；
3. 设置文档的行间距为固定值、18 磅；
4. 设置段落间距为 1.5 行。

金山岭长城简介

世人瞩目的金山岭长城是明长城最具有代表性的地段之一，位于河北省滦平县与北京市密云县交界处。始建于明洪武元年（公元 1368 年），为大将徐达主持修建。隆庆元年（公元 1567 年）抗倭名将蓟镇总兵官戚继光、蓟辽总督谭纶在徐达所建长城的基础上续建、改建。为全国重点文物保护单位、国家级风景区、一级旅游景点，并列入《世界文化遗产名录》。

图 4-18　技能训练效果图

网络服务：您可以通过访问 http://www.bhp.com.cn 网站的“职业资格”栏目，查看本训练的讲解，同时，您还能看到更多的拓展内容。

根据实际操作，简略填写下表				
序号	操作内容		操作流程	
步骤一	为第一段设置首字下沉			
步骤二	为第二段设置首行缩进			
步骤三	设置行间距			
步骤四	设置段落间距			
	实训指导教师评分			
	基本概念	技能掌握	语言描述	综合得分
	□5 □4 □3 □2 □1	□5 □4 □3 □2 □1	□5 □4 □3 □2 □1	
	实训指导教师签字：		年　月　日	

实例任务 8　中文版式的使用

中文版式中提供了一些专门针对中文进行排版的功能，比如拼音指南、带圈字符、合并字符等。中文版式中的这些功能，除了美化版面之外，还有其各自实际的用途。例如拼音指南，可以用来为文字加拼音。而带圈字符，则在输入大于 10 的带圈数字时非常有用。

本期简报的专题人物是莱布尼茨，在本任务中杨星为了加深读者印象，准备对“莱布尼茨”4 个字标注拼音。

任务展示

利用中文版式中的拼音指南功能，为素材文件“案例素材 4-8.doc”中的第二段开头四个字“莱布尼茨”添加汉字拼音，要求对齐方式为“1-2-1”，字体为“宋体”，字号为“9 磅”。

任务分解

序号	技能点分解	技能要求	技能提示	实训案例效果图
1	调用拼音指南命令	能够准确调用拼音指南功能	★	láibùnící 莱布尼茨
2	在【拼音指南】对话框中输入和设置拼音	能够准确地输入和设置拼音	★	
3	预览并完成拼音组合效果	能够预览并完成拼音组合	★	

注：★代表考试大纲所规定的技能考核点。

操作思路

本任务的重点在于准确理解中文版式的各种功能，并且能够正确使用这些功能。难点是体会操作的实际效果，读者可以自己多做一些实际操作，通过对比来体会中文版式的实际用途，达到学以致用的目的。

操作步骤

打开素材文件“案例素材 4-8.doc”，然后按照下面的步骤进行操作。

光盘素材：“光盘:\案例素材\Unit4\案例素材 4-8.doc”。

1 选中第二段开始处的“莱布尼茨”，选择【格式】|【中文版式】|【拼音指南】命令。

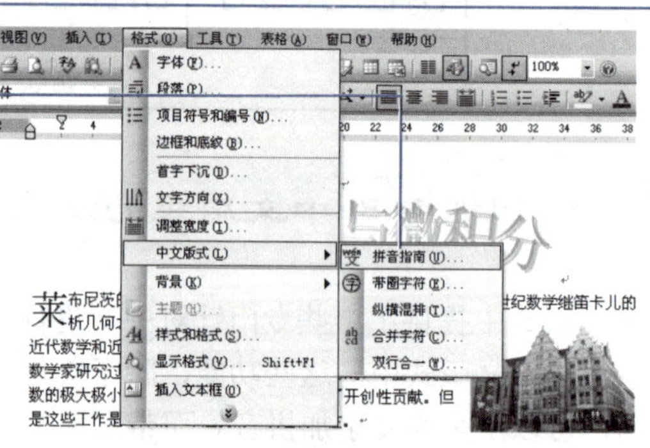

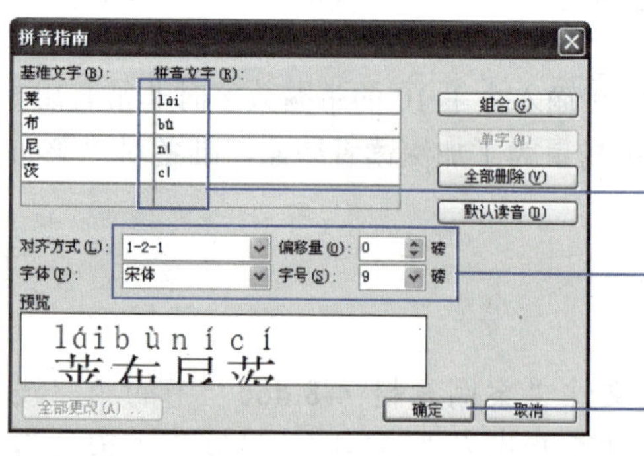

2 在打开的“拼音指南”对话框中，在拼音文字列表中输入所对应汉字的拼音。

3 设置拼音的对齐方式为“1—2—1”，字体为“宋体”，字号为“9 磅”。

4 单击【确定】按钮，即可完成题目要求的汉字拼音的输入和设置。

小提示：在对齐方式下拉列表中，有五种对齐方式："居中"、"0-1-0"、"1-2-1"、"左对齐"、"右对齐"。每种对齐方式的实际效果，读者可以自己通过实际操作来对比一下，加深自己的体会。

至此，杨星为"莱布尼茨"添加好了拼音。接下来我们来多学一手，掌握一些中文版式设置的拓展知识，然后通过"技能训练"来练习和巩固学习成果。

技能拓展

通过中文版式中的带圈字符、合并字符功能，还可以进行下列操作，效果如图4-19所示。

- 为文字增加外圈，起到美化和强调的作用；
- 将文字合并成一个整体的字符，起到美化和突出显示的作用。

图 4-19　中文版式技能拓展

网络服务：您可以通过访问 http://www.bhp.com.cn 网站的"职业资格"栏目，查看本案例的讲解，同时，您还能看到更多的拓展内容。

技能训练

打开素材文件"技能训练 4-8.doc"，按以下要求对该素材文件进行排版，效果如图 4-20 所示。

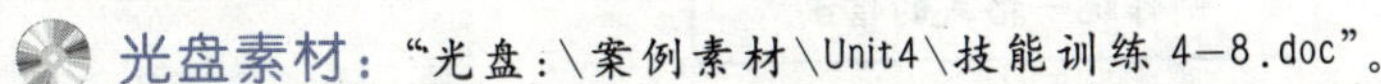

光盘素材："光盘:\案例素材\Unit4\技能训练 4-8.doc"。

1. 设置第二行作者"刘长卿"三个字为带圈字符；
2. 为正文添加拼音，对齐方式为"1-2-1"，字体为"宋体"，字号为"11 磅"。

逢雪宿芙蓉山主人

刘长卿

rì mù cāng shān yuǎn
日暮苍山远，

tiān hán bái wū pín
天寒白屋贫。

chái mén wén quǎn fèi
柴门闻犬吠，

fēng xuě yè guī rén
风雪夜归人。

图 4-20　技能训练效果图

网络服务：您可以通过访问 http://www.bhp.com.cn 网站的“职业资格”栏目，查看本训练的讲解，同时，您还能看到更多的拓展内容。

<table>
<tr><th colspan="5">根据实际操作，简略填写下表</th></tr>
<tr><td>序号</td><td colspan="2">操作内容</td><td colspan="2">操作流程</td></tr>
<tr><td>步骤一</td><td colspan="2">设置带圈字符</td><td colspan="2"></td></tr>
<tr><td>步骤二</td><td colspan="2">为正文添加拼音</td><td colspan="2"></td></tr>
<tr><td rowspan="4"></td><td colspan="4">实训指导教师评分</td></tr>
<tr><td>基本概念</td><td>技能掌握</td><td>语言描述</td><td>综合得分</td></tr>
<tr><td>□5 □4 □3 □2 □1</td><td>□5 □4 □3 □2 □1</td><td>□5 □4 □3 □2 □1</td><td></td></tr>
<tr><td colspan="4">实训指导教师签字：　　　　年　　月　　日</td></tr>
</table>

实训技能 3　制作统一格式的邮件信函

利用 Word 提供的邮件合并功能，可以制作统一格式的信函及信封。特别是当需要处理大量的信函及信封时，利用此项功能可以省去大量的重复劳动，极大地提高效率。

图 4-21 显示了制作统一格式的邮件信函所包含的两项常用的技能任务。本节将从“信函的合并”、“制作统一格式的信封”这两个方面来介绍 Word 的邮件合并操作技能。

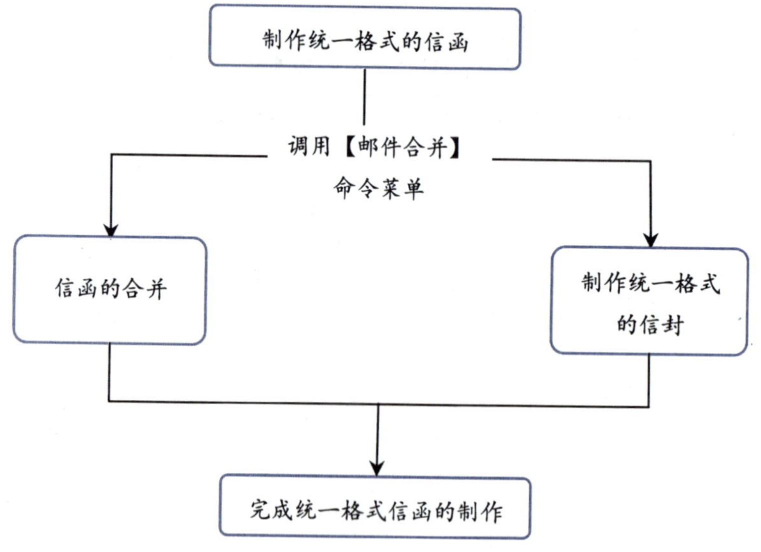

图 4-21　制作统一格式邮件信函的基本操作思路

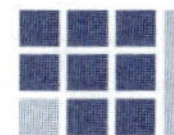

实例任务9 信函的合并

杨星在制作完简报之后，为了将简报迅速地发给大学一年级同学，他先是编写了《校数学社第七期简报发送函》，保存在素材文件“案例素材 4-9 待发信函.doc”中。但是，怎样从数学社成员通讯录中筛选出大学一年级同学的通讯记录，并且自动生成发给他们的信函呢？接下来就要用到信函的合并操作了。

任务展示

1. 创建主文档、选择数据源：打开素材文件“案例素材 4-9.doc”，调用【邮件合并】命令，套用“信函”文档类型，使用当前文档，以随书光盘中的“数学社成员通讯录.xls”作为数据源；
2. 收件人记录的筛选与排序：筛选出“年级”为“一年级”的记录作为收件人记录，并依据姓名按照“升序”排列；
3. 插入合并域、完成信函的合并：在主文档中插入“姓名”作为合并域，并且按照筛选出的收件人记录，完成信函的合并；
4. 信函的保存及打印：将合并的结果以文件名“案例素材 4-9 待发信函.doc”命名，仍保存在素材文件夹中，并且打印出来。

任务分解

序号	技能点分解	技能要求	技能提示	实训案例效果图
1	创建主文档、选择数据源	能够正确地生成主文档、选择数据源	▲	
2	收件人记录的筛选与排序	能够准确地筛选出收件人记录并排序	★	
3	插入合并域、完成信函的合并	能够正确地插入合并域并完成信函的合并	★	
4	信函的保存及打印	能够正确地将合并好的信函保存并打印	★	

注：★代表考试大纲所规定的技能考核点，▲代表在实际工作中需要掌握的技能考核点。

操作思路

本任务的重点在于根据筛选出的收件人记录来合并信函。难点是从数据源中筛选收件人记录以及在主文档中插入合并域。读者可以利用【邮件合并】任务窗格提供的任务向导，反复操作，在实践中增强理解、加深体会。

操作步骤

打开素材文件“案例素材 4-9.doc”，然后按照以下步骤进行操作。

光盘素材：“光盘:\案例素材\Unit4\案例素材 4-9.doc”；
“光盘:\案例素材\Unit4\数学社成员通讯录.xls”。

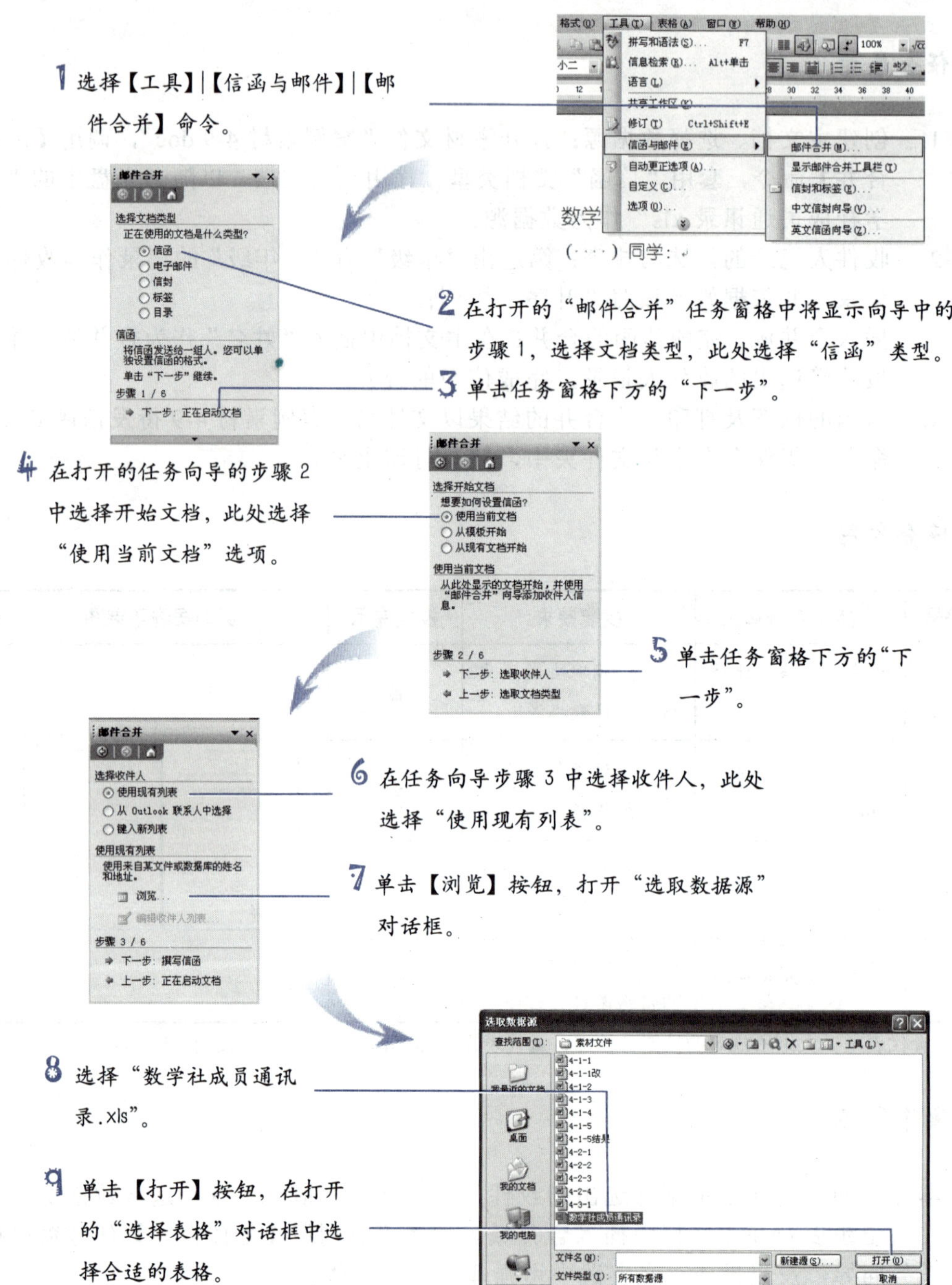

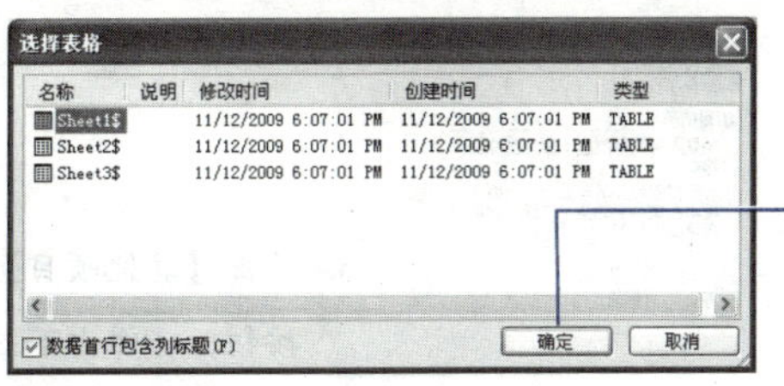

10 选中 Sheet1，单击【确定】按钮，将弹出下图所示的“邮件合并收件人”对话框。至此，就选定了数据源。

小提示：此处根据任务要求，我们选择“数学社成员通讯录.xls”作为数据源。接下来，还必须根据任务要求，筛选出符合条件的收件人，并对收件人进行排序。

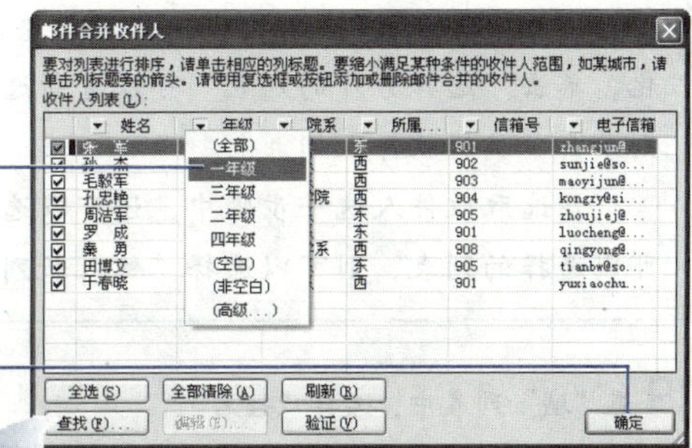

11 单击“年级”前面的下拉箭头，在打开的下拉列表中选择“一年级”。

12 单击【确定】按钮，即可筛选出符合条件（即一年级）的收件人记录。

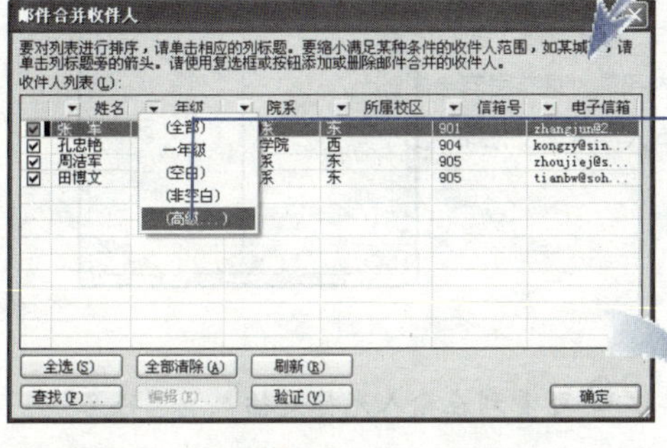

13 单击“年级”前面的下拉箭头，在打开的下拉列表中选择“高级”。

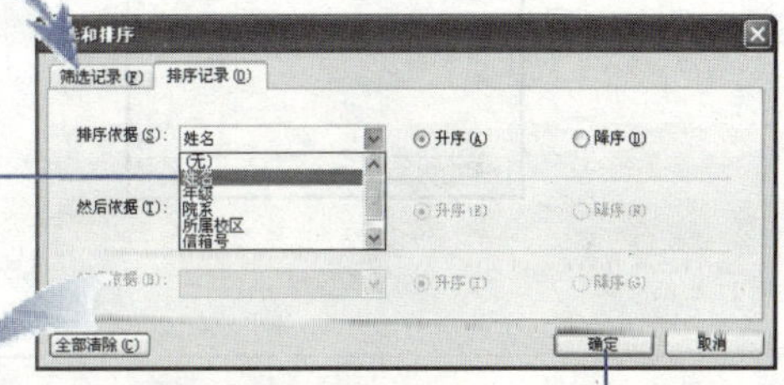

14 在“排序依据”下拉列表中选择“姓名”，并选择【升序】单选按钮。

15 单击【确定】按钮，即可对筛选出的收件人按照姓名升序排列，并且将排序结果返回下图所示的【邮件合并收件人】对话框中。

16 单击【确定】按钮，即可返回到“邮件合并”任务窗格中的任务向导步骤3。

17 单击【下一步】按钮，则开始进入步骤 4：撰写信函。

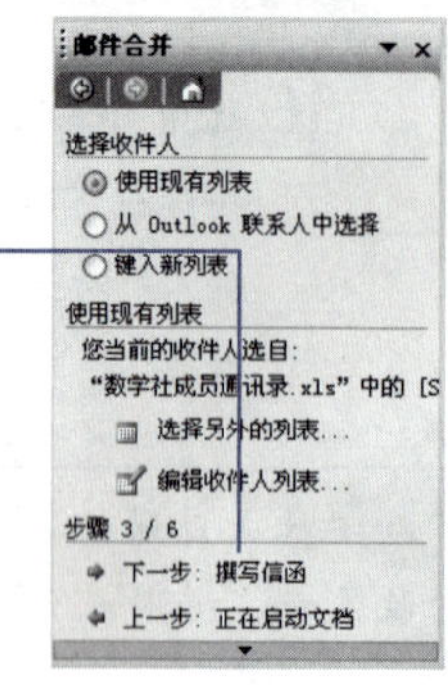

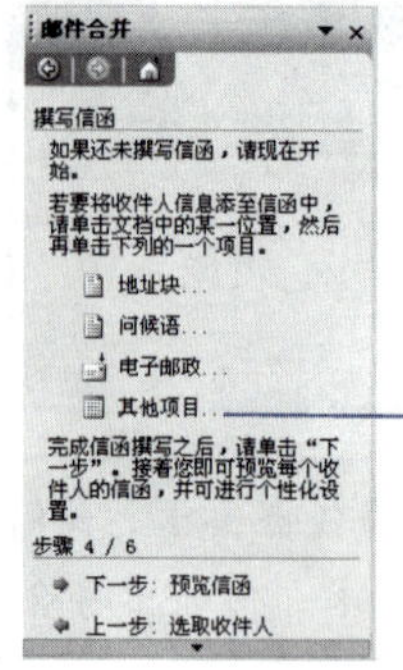

18 单击【其他项目】按钮，将弹出下图所示的"插入合并域"对话框。

小提示　从上图可以看出，选定好数据源之后的任务窗格相比未选定之前，发生了变化。单击"选择另外的列表"可以重新选择数据源。如果还需要继续编辑收件人列表，则单击"编辑收件人列表"。

在选取收件人这一步骤中，还可以选择"从 Outlook 联系人中选择"选项，如果没有可以选择的列表，则可以选择"键入新列表"。

19 在"域"列表中，选择"姓名"，然后单击【插入】按钮。

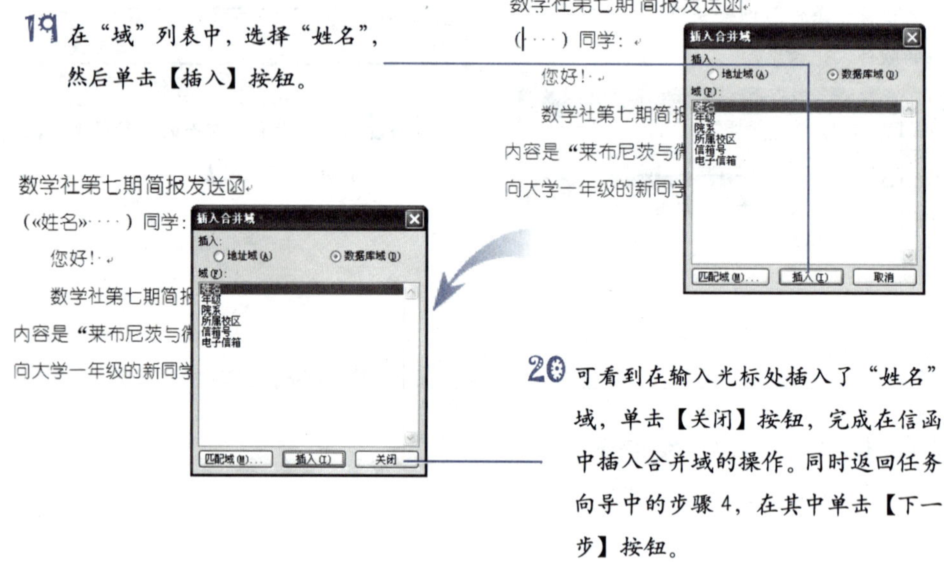

20 可看到在输入光标处插入了"姓名"域，单击【关闭】按钮，完成在信函中插入合并域的操作。同时返回任务向导中的步骤 4，在其中单击【下一步】按钮。

小提示：从上图可以看到，从数据源中插入的字段被用"《》"符号括起来，以便和文档中的普通内容相区别。

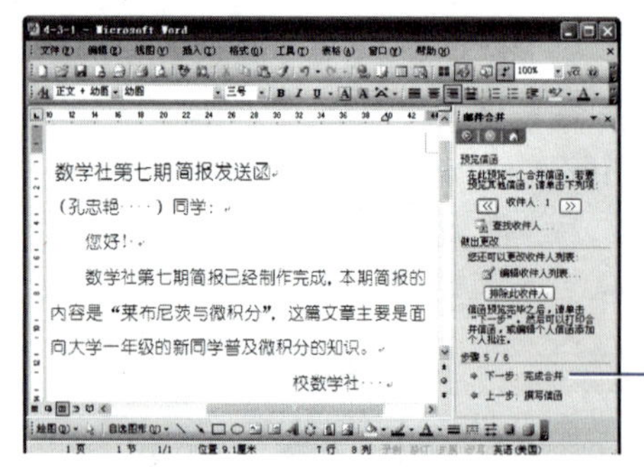

21 接下来就到了任务向导的步骤 5：预览信函。在这一步骤中，还可以进行查找收件人、编辑收件人列表等操作。预览完毕之后，单击【下一步】按钮。

22 在“邮件合并”任务窗格中，显示任务向导的步骤 6:完成合并。单击【编辑个人信函】按钮，打开“合并到新文档”对话框。

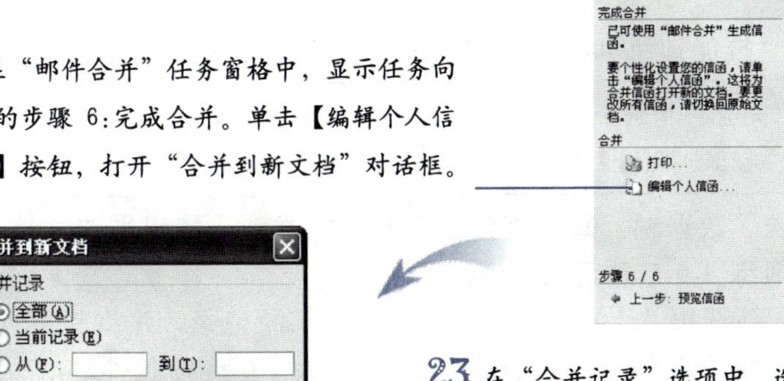

23 在“合并记录”选项中，选择“全部”，单击【确定】按钮，即可将信函合并到新文档。

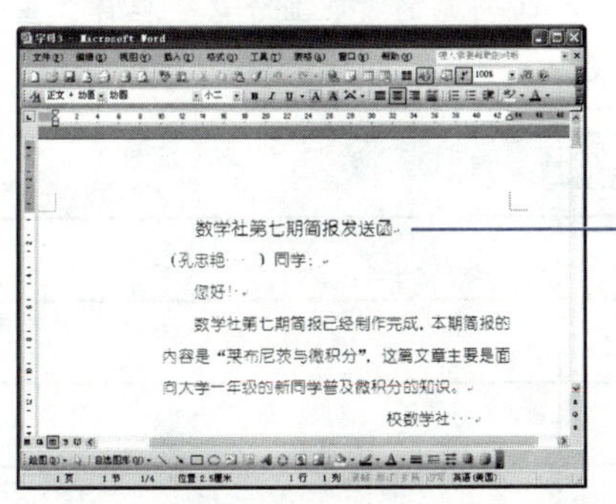

24 Word 将信函合并到了一个名为“字母 3”的中间文件，只需选择【文件】|【另存为】命令，将结果文件按照题目要求保存即可。

在步骤 22 的任务窗格中，单击【打印】，即可将合并成的信函打印出来。或者调出保存好的结果文件“案例素材 4-9 待发信函.doc”，选择【文件】|【打印】命令，也可以将待发的信函打印出来。

至此，杨星通过调用数据，利用信函合并功能完成了工作。接下来我们来多学一手，掌握一些邮件合并技能的拓展知识，然后通过“技能训练”来练习和巩固学习成果。

技能拓展

利用 Word 提供的邮件合并功能，如图 4-22 所示，还可以合并电子邮件，这样就可以省去大量的重复工作。

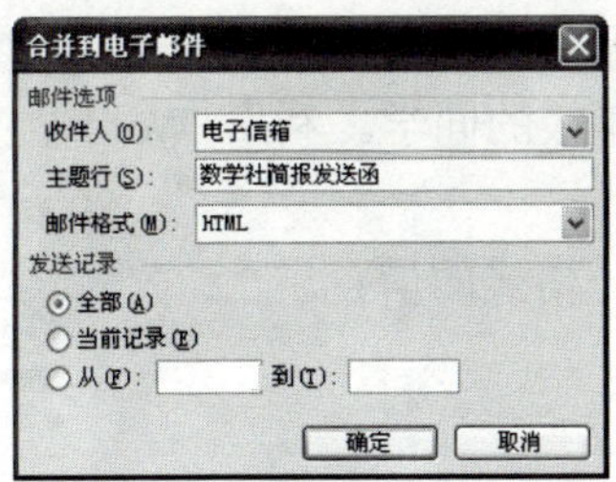

图 4-22 “合并到电子邮件”对话框

网络服务： 您可以通过访问 http://www.bhp.com.cn 网站的“职业资格”栏目，查看本案例的讲解，同时，您还能看到更多的拓展内容。

技能训练

打开素材文件“技能训练 4-9-1.doc”，按照以下要求进行操作。

光盘素材：“光盘:\案例素材\Unit4\技能训练 4-9-1.doc”；
“光盘:\案例素材\Unit4\技能训练 4-9-2.xls”。

1. 创建主文档、数据源：套用“信函”的文档类型，使用当前文档，以素材文件“技能训练 4-9-2.xls”作为数据源；
2. 合并邮件：筛选出“所在部门”为“农业部”的记录，并将其进行邮件合并；
3. 文件保存：将合并结果以文件名“技能训练 4-9 待发邮件.doc”进行保存。

网络服务：您可以通过访问 http://www.bhp.com.cn 网站的“职业资格”栏目，查看本训练的讲解，同时，您还能看到更多的拓展内容。

根据实际操作，简略填写下表				
序号	操作内容		操作流程	
步骤一	创建主文档、数据源			
步骤二	邮件合并			
步骤三	文件保存			
	实训指导教师评分			
	基本概念	技能掌握	语言描述	综合得分
	□5 □4 □3 □2 □1	□5 □4 □3 □2 □1	□5 □4 □3 □2 □1	
	实训指导教师签字： 年 月 日			

实例任务 10 制作统一格式的信封

上一个任务中，杨星将合并好的信函打印出来之后，还需要制作统一格式的信封，然后将信函发给数学社中大学一年级的同学。利用 Word 提供的邮件合并功能，可以批量生成统一格式的信封。

本任务就讲述如何制作统一格式的信封。

任务展示

利用 Word 提供的邮件合并功能，进行如下的操作，制作统一格式的信封。

1. 设置信封版式：新建空白文档，调用【邮件合并】命令，套用“信封”文档类型，步骤 2 中选择“更改现有文档版式”，信封选项中，“信封尺寸”选择“普通 5（110×220 毫米）”。以随书光盘中的“数学社成员通讯录.xls”作为数据源。筛选出一年级社员的记录（方法同本模块实例任务 9）；

2. 输入寄件人地址：在信封的寄件人地址文本框中输入“校数学社统一制发”字样，字体为黑体，四号；
3. 输入收件人地址：样式为“东华大学东校区 901 信箱”。“东校区”和“901 信箱”利用插入合并域来输入。字体为宋体、加粗、小三；
4. 输入收件人姓名：利用插入合并域来输入。字体为楷体、三号；
5. 完成合并、保存文件：以文件名“案例素材 4-10 待发信封.doc”将合并生成的信封保存到素材文件夹中。

任务分解

序号	技能点分解	技能要求	技能提示	实训案例效果图
1	设置信封版式	能够正确选择设置信封版式	▲	东华大学　东　校区 901　信箱 张　军 校数学社统一制造发
2	输入寄件人地址	能够正确输入寄件人地址	▲	
3	输入收件人地址、姓名	能够利用合并域输入收件人地址和姓名	★	

注：★代表考试大纲所规定的技能考核点，▲代表在实际工作中需要掌握的技能考核点。

操作思路

本任务的重点在于准确理解制作信封的过程，难点是体会合并域的作用，读者可以通过反复的实践来理解和体会。

操作步骤

新建一个空白文档，然后按照下面的步骤进行操作。

光盘素材：“光盘:\案例素材\Unit4\数学社成员通讯录.xls”。

1 选择【工具】|【信函与邮件】|【邮件合并】命令，打开“邮件合并”任务窗格，在其中点选【信封】单选按钮。单击“下一步”。

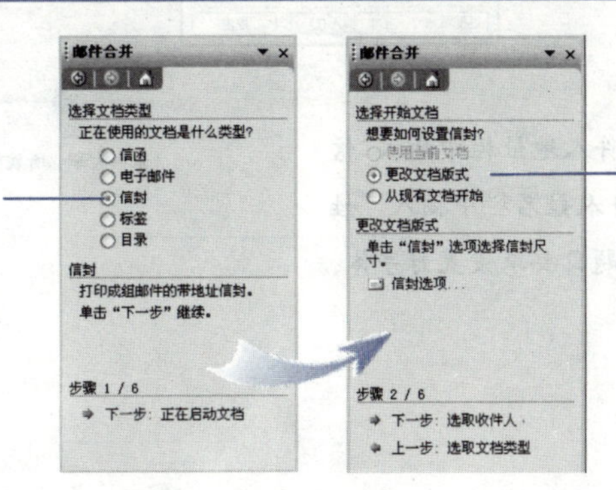

2 在步骤 2“选择开始文档”中，选择“更改文档版式”选项，单击【下一步】按钮。

3 在打开的“信封选项”对话框中选择信封尺寸为“普通5 (110×220毫米)”。单击【确定】按钮。

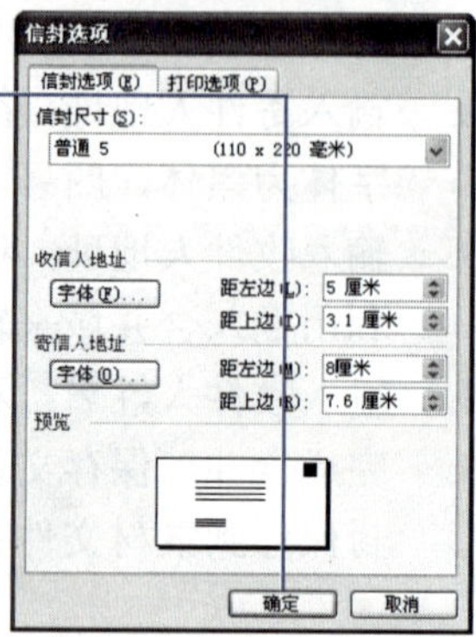

4 接下来首先按照题目要求，在寄件人地址栏中输入“校数学社统一制发”字样，并调整好字体、字号。

小提示：通过以上操作，读者可以看到，向导中的步骤2主要是对信封的版式进行设置，并且先将固定不变的寄件人地址栏设置好。

返回到任务窗格中，单击“下一步”，即进入到步骤3：选择收件人。由于选择数据源、选择收件人的步骤与实例任务9的相关操作基本一致，读者可参看，在此不再详述。

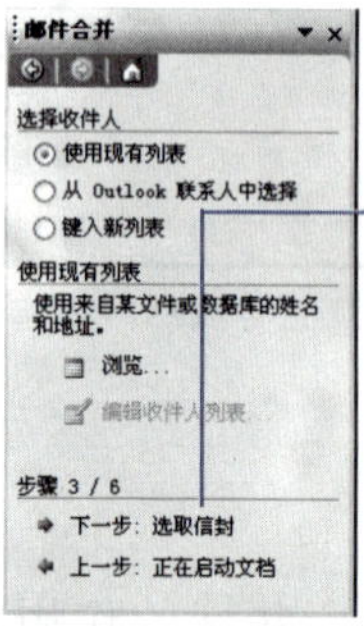

5 选择数据源、选择收件人。设置完成后单击“下一步”，进入步骤4：选取信封。

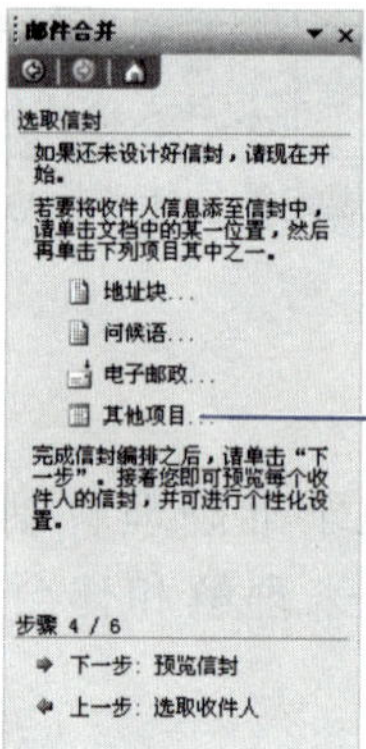

6 单击“其他项目”，打开“插入合并域”对话框。

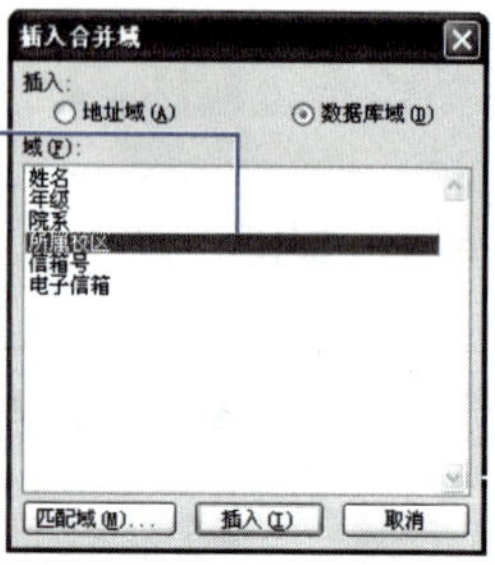

7 选择“所属校区域”，单击【插入】按钮，即可在收件人地址栏中插入合并域，如下图所示。

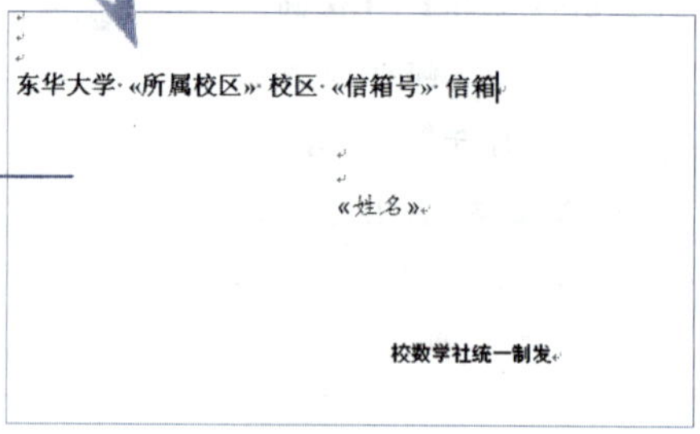

8 同样的方法，在收件人地址栏中插入“信箱号”域，在收件人姓名栏中插入“姓名”域，并且根据题目要求设置好字体、字号。

设置好信封之后，返回到任务窗格，单击“下一步”，进入到任务向导的步骤 5：预览信封。

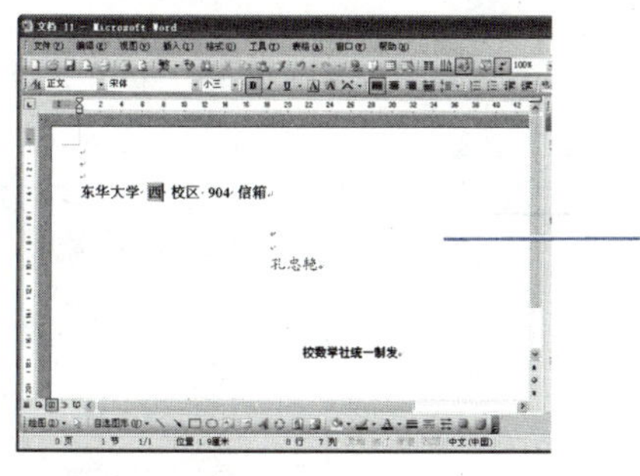

9 在预览窗口中，预览生成的信封，检查无误之后，单击【下一步】按钮，进入步骤 6：完成合并。

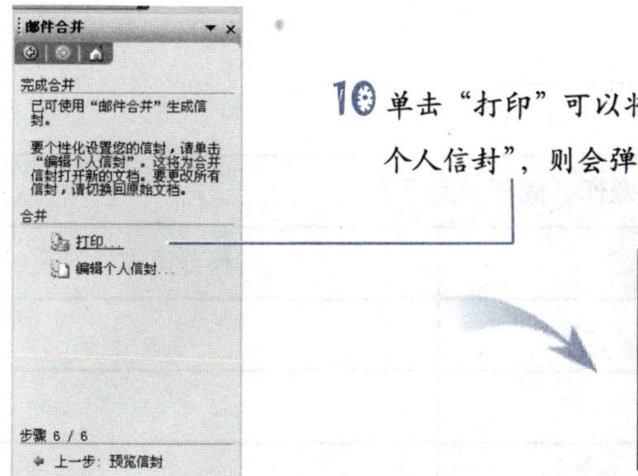

10 单击“打印”可以将合并好的信封打印出来，单击“编辑个人信封”，则会弹出“合并到新文档”对话框。

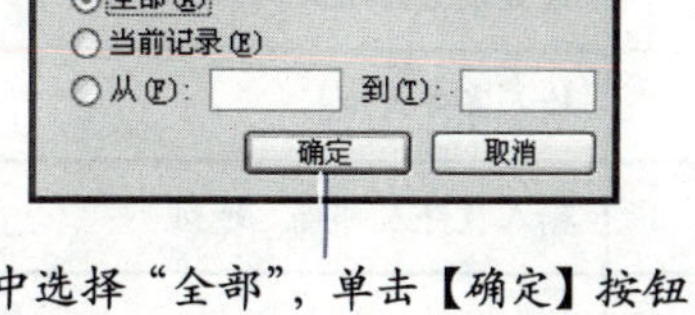

11 在“合并记录”选项中选择“全部”，单击【确定】按钮，Word 自动将生成的信封保存成缺省名称。只需选择【文件】|【另存为】命令，将结果文件按照题目要求的名称保存即可。

至此，杨星把统一格式的信封都制作好了，接着把简报内容也打印出来，就可以发信给社里大学一年级同学了。接下来我们通过“技能训练”来练习和巩固学习成果。

技能训练

利用 Word 提供的邮件合并功能，进行如下的操作，批量生成邮寄给客户的明信片。明信片的格式如图 4-23 所示。

 光盘素材：“光盘:\案例素材\Unit4\技能训练 4-10.xls”。

1. 设置明信片版式：新建空白文档，调用【邮件合并】命令，套用“信封”文档类型，在步骤 2 中选择“更改现有文档版式”，选择“航空 2 （110×176 毫米）”。以“技能训练 4-10.xls”作为数据源，选择全部的记录；
2. 输入寄件人地址：在信封的寄件人地址文本框中输入“北京天正科技有限公司销售部　100305”字样，字体为黑体，三号；
3. 输入收件人邮编、地址：利用插入合并域来输入。字体为宋体、加粗、小三；
4. 输入收件人姓名：利用插入合并域来输入。字体为楷体、三号；

5. 完成合并、保存文件：以文件名“技能训练 4-10 客户明信片.doc”将合并生成的信封保存到素材文件夹中。

网络服务：您可以通过访问 http://www.bhp.com.cn 网站的“职业资格”栏目，查看本训练的讲解，同时，您还能看到更多的拓展内容。

410000
湖南省长沙理工大学机械系

张 辉

北京天正科技有限公司销售部
100305

图 4-23 明信片格式示意图

根据实际操作，简略填写下表		
序号	操作内容	操作流程
步骤一	设置明信片版式	
步骤二	输入寄件人地址	
步骤三	输入收件人邮编、地址	
步骤四	输入收件人姓名	
步骤五	完成合并、保存文件	

	实训指导教师评分			
	基本概念	技能掌握	语言描述	综合得分
	□5 □4 □3 □2 □1	□5 □4 □3 □2 □1	□5 □4 □3 □2 □1	
	实训指导教师签字： 年 月 日			

本模块仿真试题

通过上面的实训案例，我们把本模块的技能考核点都实际演练了一遍，下面用一道本模块的仿真试题再来练习一遍，这道题可是能帮助你顺利地通过考试哦！

1. 本题分值：20分。
2. 考核时间：20分钟。
3. 考核形式：实操。
4. 具体考核要求：打开“仿真题4-1A.doc”，将其以“仿真题4-1A-2.doc”为文件名保存至桌面上，进行以下操作，最终版面效果如图4-24所示。

光盘素材：“光盘：\仿真题素材\Unit4\仿真题 4-1A.doc”；
“光盘：\仿真题素材\Unit4\仿真题 4-1B.doc”；
“光盘：\仿真题素材\Unit4\仿真题 4-1C.xls”。

（1） 内容查找与替换：查找出文档中所有的“微积分方程”文本，并将其全部替换为“微分方程”。

（2） 文档格式化处理

a. 特殊格式设置：将正文的第一段设置为“首字下沉”格式，下沉行数为2行，字体为黑体。

b. 边框、底纹设置：将文档背景填充为“画布”纹理效果。

（3）文档内容高级编辑

a. 设置中文版式：将最后一段的前三个字添加汉字拼音，要求对齐方式为“1-2-1”，字体为黑体，字号为10磅。

b. 域的插入：在文档的结尾处插入域，将其右对齐，设置域的类别为“日期和时间”，域名为Date，日期格式为“yyyy年M月d日”，要求在更新时保留原格式。

（4）表格高级处理

a. 绘制表格：在文档的结尾处插入一个5行4列的表格。

b. 样式设置：将表格自动套用“列表型4”的表格样式。

c. 属性设置：指定表格的行高为固定值、16磅，单元格的对齐方式为垂直居中。

（5）对象高级处理

a. 如图4-24所示，在最后一段后插入公式：

$$\int_0^1 xe^x \mathrm{d}x = [xe^x - e^x]_0^1$$

b. 艺术字的设置：将文档的标题设置为第4行第5列的艺术字样式，字体为华文中宋、40磅，艺术字形状为“朝鲜鼓”，环绕方式为“嵌入型”，字符间距为“稀疏”。

（6）信函合并

a. 创建主文档、数据源：打开素材文件“仿真题4-1B.doc”，套用“信函”文档类型，使用当前文档，以素材文件“仿真题4-1C.xls”作为数据源。

b. 合并邮件：筛选出所在部门为“教研部”的记录，并将其进行邮件合并。

c. 文件保存：将合并结果以“仿真题4-1B-2.doc”为文件名保存至桌面上。

网络服务：您可以通过访问 http://www.bhp.com.cn 网站的“职业资格”栏目，查看本模块仿真试题的讲解，同时，您还能看到更多的拓展内容。

微积分的现代发展

人类对自然的认识永远不会止步，微积分这门学科在现代也一直在发展着。以下列举了几个例子，足以说明人类认识微积分的水平在不断深化。

在 Riemann 将 Cauchy 的积分含义扩展之后，Lebesgue 又引进了测度的概念，进一步将 Riemann 积分的含义扩展。例如著名的 Dirichilet 函数在 Riemann 积分下不可积，而在 Lebesgue 积分下便可积。

前苏联著名数学大师所伯列夫为了确定偏微分方程解的存在性和唯一性，建立了广义函数和广义导数的概念。这一概念的引入不仅赋予微分方程的解以新的含义，更重要的是，它使得泛函分析等现在数学工具得以应用到微分方程理论中，从而开辟了微分方程理论的新天地。

我国的数学泰斗陈省身先生所研究的微分几何领域，便是利用微积分的理论来研究几何，这门学科对人类认识时间和空间的性质发挥巨大的作用。并且这门学科至今仍然很活跃。前不久由我国数学家朱熹平、曹怀东完成最后封顶的庞加莱猜想便属于这一领域。

在多元微积分学中，Newton—Leibniz 公式的对照物是 Green 公式、Ostrogradsky—Gauss 公式以及经典的 Stokes 公式。无论在观念上或者在技术层次上，他们都是 Newton—Leibniz 公式的推广。随着数学本身发展的需要和解决问题的需要，仅仅考虑欧式空间中的微积分是不够的。有必要把微积分的演出舞台从欧式空间进一步拓展到一般的微分流形。在微分流形上，外微分式扮演着重要的角色。于是，外微分式的积分和微分流形上的 Stokes 公式产生了。而经典的 Green 公式、Ostrogradsky—Gauss 公式以及 Stokes 公式也得到了统一。

微积分(wēijīfēn)的发展历史表明了人的认识是从生动的直观开始，进而达到抽象思维，也就是从感性认识到理性认识的过程。人类对客观世界的规律性的认识具有相对性，受到时代的局限。随着人类认识的深入，认识将一步一步地由低级到高级、由不全面到比较全面地发展。人类对自然的探索永远不会有终点。

$$\int_0^1 xe^x \mathrm{d}x = [xe^x - e^x]_0^1$$

2010 年 2 月 24 日

图 4-24　仿真试题最终版面效果图

实训模块5 电子表格处理

篇头语

Excel 拥有强大的自由制表和数据处理等功能，因而被广泛应用于管理、统计、金融等众多领域。通过对 Excel 里电子表格处理知识的学习，读者不仅能够掌握制作通讯录、销售报表、成绩单、财务报表、会计对账表、现金日记表、现金流量表、工资表等常用工作表格，轻松完成各种数据运算，还能够根据需要对表格进行装饰美化，令表格层次分明、内容丰富、数据清晰。

在计算机操作员（中级）的电子表格处理模块中包括了“数据输入与编辑处理”、“数据查找与替换”、“表格高级格式化处理”、“对象基本处理”、“综合计算处理”及“高级统计分析”六项考核内容。计算机操作员的技能操作考核部分对此有较高的要求，这一部分占到了技能操作考核总分的 20%，是名副其实的重点模块。

为了更好地帮助读者掌握这一重点模块，我们设计了名为“制作‘数码汇商城相机部门销售报表’”的实训案例，它涵盖了本模块技能操作考核所要求的全部技能考核点。在具体讲解过程中，我们将按照实际操作过程将该案例分解成 13 项实例任务。希望读者通过实训案例的学习，能够掌握计算机操作员（中级）技能操作考核所要求的技能考核点。

特别提示：本模块的所有任务均配有视频讲解，请在配套光盘或 http://www.bhp.com.cn 网站的“职业资格”栏目中观看教学视频。

实训案例——制作“数码汇商城相机部门销售报表”

案例背景与效果展示

每年五一、国庆黄金周都是李莉最忙碌的时候，因为她是一家数码商城相机部门的销售助理。黄金周期间，她每天都要制作类似图 5-1 的“数码汇商城相机部门销售报表”，整理当天商城内各大品牌相机的销售量，并进行统计处理，为商城进货、补货提供数据依据。转眼，又是国庆黄金周了，李莉照例开始了例行的销售报表制作。现在我们就来看看她是怎么制作的吧！

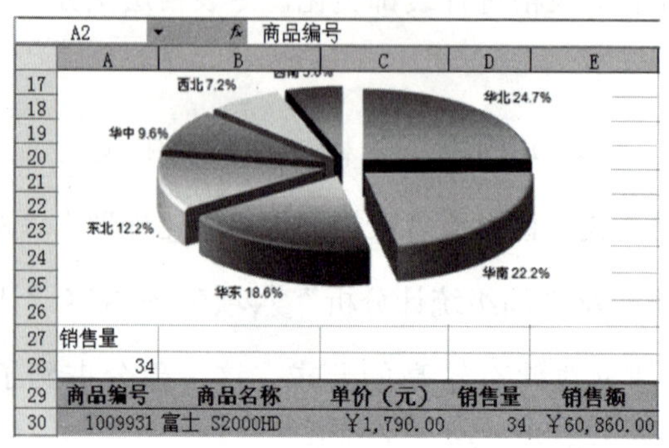

图 5-1　制作“数码汇商城相机部门销售报表”示意图

案例技能点示意图

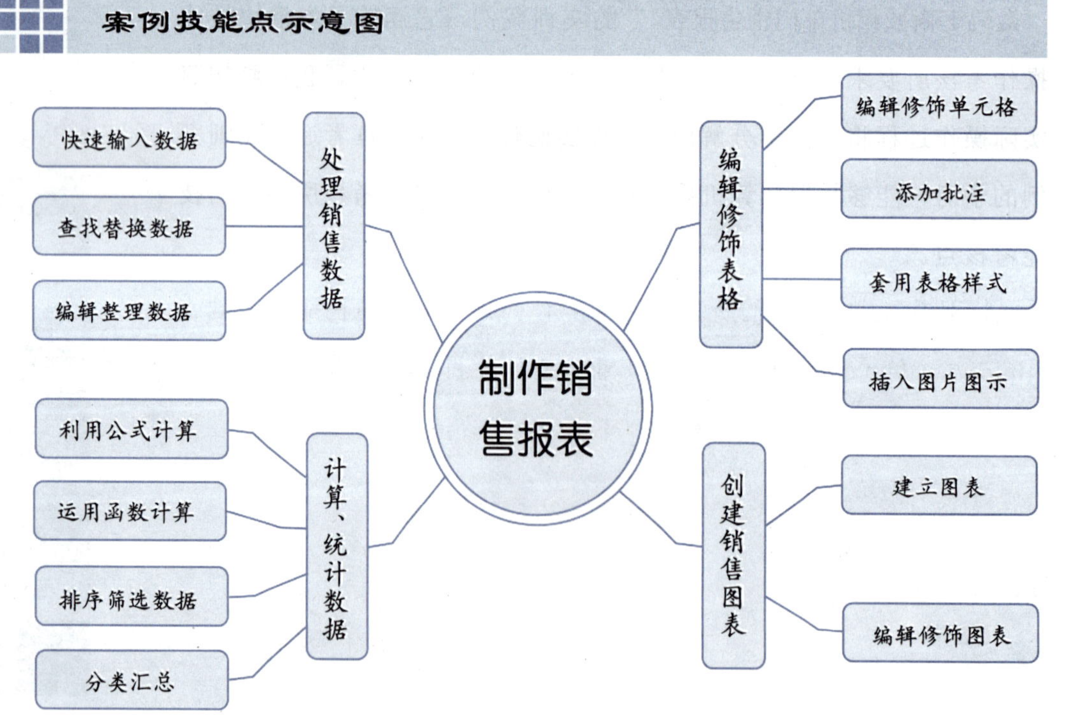

实训技能1 处理销售数据

Excel 是数据处理方面应用最广泛的软件之一，要运用它完成对日常数据的处理，首先要掌握的便是数据的基本操作，如输入数据、查找/替换数据、编辑/整理数据等，只有熟练地掌握了这些基本操作才可以将 Excel 强大的数据统计功能发挥到极致。

数据输入是处理电子表格的前提，只有将要处理的数据输入到工作表中，才可以对其进行查看、统计等处理。Excel 的查找/替换功能与 Word 类似，在繁杂的数据中通过该功能可以快速定位到要查看的数据，并对其进行准确的替换操作，从而省去一一查看的麻烦。输入数据时，发生漏输、输错的情况在所难免，因此掌握编辑整理数据的方法也是必不可少的。图 5-2 展示了在 Excel 中处理数据时涉及到的基本操作思路。

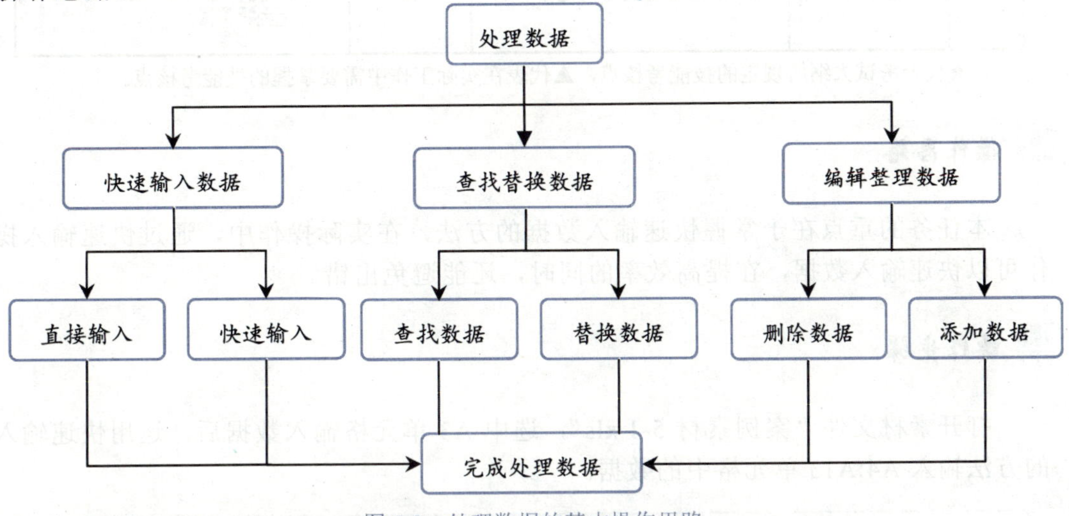

图 5-2　处理数据的基本操作思路

实例任务1 数据的快速输入

在 Excel 中，文本、数字和字母等统称为数据。直接输入数据的方法很简单，选中要输入数据的单元格，在编辑栏中输入数据后按 Enter 键即可。快速输入即通过相同复制或有规律复制来快速完成数据的输入操作。

数码汇商城的所有产品都会按照命名规则进行编号，数码相机也不例外。如果手动输入所有编号，无疑会花费很多时间，李莉知道一种快速输入的方法，它能够快速完成数据的输入，这无疑会大大提高工作效率。

小提示：当需要在工作表中输入一些特殊符号时，可选择【插入】|【特殊符号】命令，在打开的“插入特殊符号”对话框中双击选择需要的符号即可完成插入。

任务展示

打开素材文件“案例素材 5-1.xls”，按以下要求在该素材文件中快速输入数据。

1. 直接输入数据“1009923”；
2. 使用快速方法输入其余数据。

任务分解

序号	技能点分解	技能要求	技能提示	实训案例效果图
1	直接输入	掌握直接输入数据的方法	▲	
2	快速输入	能够根据需要使用快速输入法	★	

注：★代表考试大纲所规定的技能考核点，▲代表在实际工作中需要掌握的技能考核点。

操作思路

本任务的重点在于掌握快速输入数据的方法，在实际操作中，通过快速输入操作可以快速输入数据，在提高效率的同时，还能避免出错。

操作步骤

打开素材文件“案例素材 5-1.xls”，选中 A3 单元格输入数据后，运用快速输入的方法输入 A4:A13 单元格中的数据。

光盘素材：“光盘:\案例素材\Unit5\案例素材 5-1.xls”。

1 选中 A3 单元格。

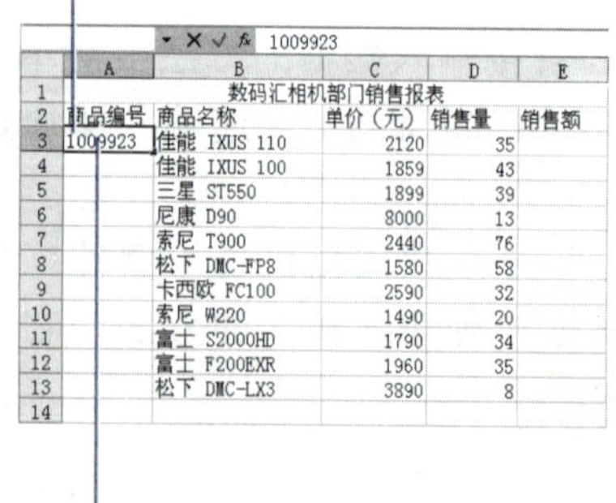

	A	B	C	D	E
1		数码汇相机部门销售报表			
2	商品编号	商品名称	单价（元）	销售量	销售额
3	1009923	佳能 IXUS 110	2120	35	
4		佳能 IXUS 100	1859	43	
5		三星 ST550	1899	39	
6		尼康 D90	8000	13	
7		索尼 T900	2440	76	
8		松下 DMC-FP8	1580	58	
9		卡西欧 FC100	2590	32	
10		索尼 W220	1490	20	
11		富士 S2000HD	1790	34	
12		富士 F200EXR	1960	35	
13		松下 DMC-LX3	3890	8	
14					

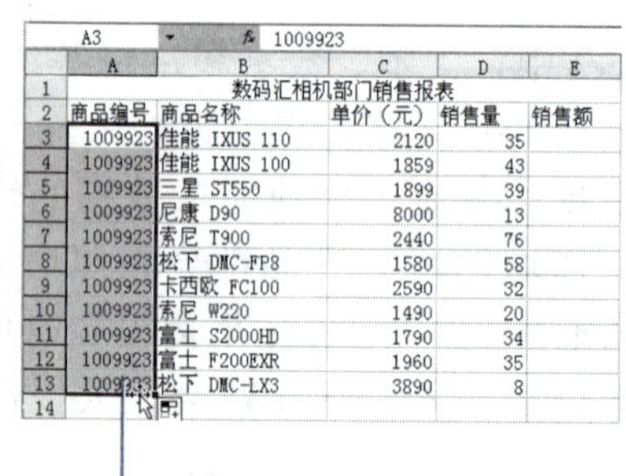

	A	B	C	D	E
1		数码汇相机部门销售报表			
2	商品编号	商品名称	单价（元）	销售量	销售额
3	1009923	佳能 IXUS 110	2120	35	
4	1009923	佳能 IXUS 100	1859	43	
5	1009923	三星 ST550	1899	39	
6	1009923	尼康 D90	8000	13	
7	1009923	索尼 T900	2440	76	
8	1009923	松下 DMC-FP8	1580	58	
9	1009923	卡西欧 FC100	2590	32	
10	1009923	索尼 W220	1490	20	
11	1009923	富士 S2000HD	1790	34	
12	1009923	富士 F200EXR	1960	35	
13	1009923	松下 DMC-LX3	3890	8	
14					

2 在编辑栏中输入数据“1009923”，按 Enter 键确定输入。

3 将鼠标光标移至 A3 单元格右下角，当其变为✚形状时，按住鼠标左键并拖动至 A13 单元格释放。

A3 | 1009923

	A	B	C	D	E
1	数码汇相机部门销售报表				
2	商品编号	商品名称	单价（元）	销售量	销售额
3	1009923	佳能 IXUS 110	2120	35	
4	1009924	佳能 IXUS 100	1859	43	
5	1009925	三星 ST550	1899	39	
6	1009926	尼康 D90	8000	13	
7	1009927	索尼 T900	2440	76	
8	1009928	松下 DMC-FP8	1580	58	
9	1009929	复制单元格(C)	2590	32	
10	1009930	以序列方式填充(S)	1490	20	
11	1009931	仅填充格式(F)	1790	34	
12	1009932		1960	35	
13	1009933	不带格式填充(O)	3890	8	

4 单击 A13 单元格右侧的按钮。

5 在弹出的列表框中点选【以序列方式填充】单选按钮，完成输入。

小提示：单击按钮，在弹出的列表框中点选【复制单元格】单选按钮，将在引用单元格区域中快速输入相同内容；点选【仅填充格式】单选按钮，表示关联输入将仅复制数据的字体、字号等格式；点选【不带格式填充】单选按钮则与之相反。

不到两分钟，李莉就把商品编号快速地输入到表格里了。接下来我们来多学一手，掌握一些这项技能的拓展知识，然后通过“技能训练”来练习和巩固学习成果。

技能拓展

当运用快速输入操作，单击按钮时，在弹出的列表框中除了点选【以序列方式填充】单选按钮按升序的方式输入数据外，还可以通过点选【复制单元格】、【仅填充格式】和【不带格式填充】单选按钮，以不同的方式来输入数据，其最终效果如图 5-3 所示。

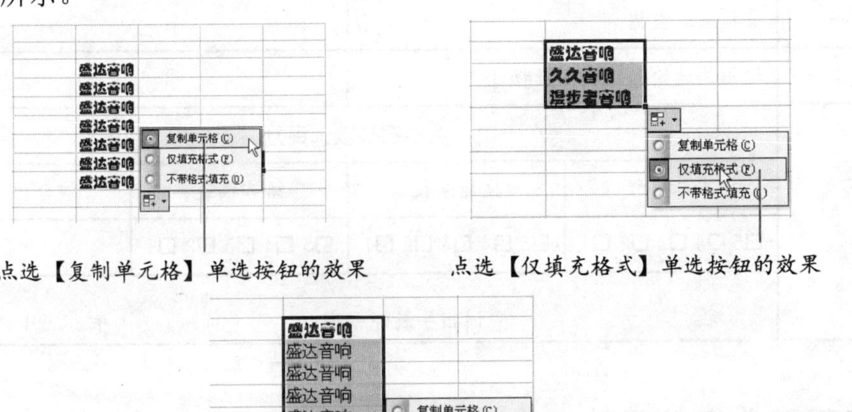

图 5-3　快速输入的其他方法

技能训练

打开素材文件“技能训练 5-1 日程安排表.xls”，按以下要求在素材文件中输入数据，效果如图 5-4 所示。

光盘素材：“光盘:\案例素材\Unit5\技能训练 5-1 日程安排表.xls”。

1. 在 A1:D1 单元格区域中输入表格的标题“日程安排表”；
2. 在 A3 单元格中输入数据“星期一”；
3. 运用“以序列方式填充”的方法，在 A4:A9 单元格区域中填充“星期二”至“星期日”的数据。

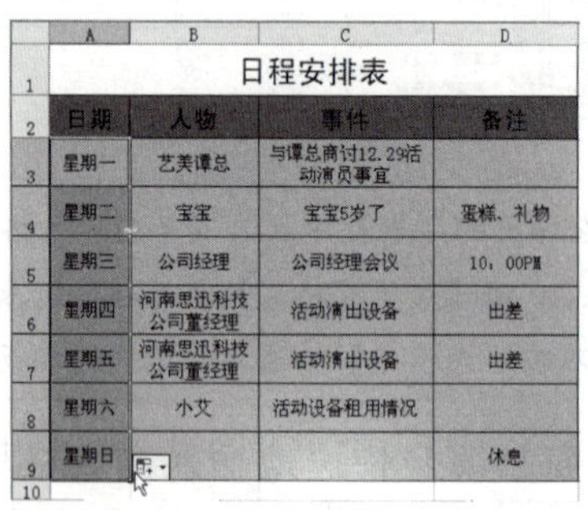

日程安排表			
日期	人物	事件	备注
星期一	艺美谭总	与谭总商讨12.29活动演员事宜	
星期二	宝宝	宝宝5岁了	蛋糕、礼物
星期三	公司经理	公司经理会议	10：00PM
星期四	河南思迅科技公司董经理	活动演出设备	出差
星期五	河南思迅科技公司董经理	活动演出设备	出差
星期六	小艾	活动设备租用情况	
星期日			休息

图 5-4 技能训练效果图

网络服务：您可以通过访问 http://www.bhp.com.cn 网站的“职业资格”栏目，查看本训练的讲解，同时，您还能看到更多的拓展内容。

根据实际操作，简略填写下表			
序号	操作内容	操作流程	
步骤一	直接输入数据		
步骤二	运用快速输入法输入数据		
	实训指导教师评分		
基本概念	技能掌握	语言描述	综合得分
□5 □4 □3 □2 □1	□5 □4 □3 □2 □1	□5 □4 □3 □2 □1	
实训指导教师签字：		年 月 日	

实例任务 2 数据的查找与替换

在数据繁多的表格中，当需要查找一些数据时，利用“查找”功能，可以快速地找到想要的内容，而使用替换功能，可以方便地对已查找到的数据进行修改，准确快速且能避免遗漏。

当李莉将数据全部输入后，部门同事突然通知她表格中的某个数据还需要修改，为了以防万一，李莉询问清楚需要修改的数据后，首先查看已输入的数据是否正确，如果确定需要修改，则将利用 Excel 的替换功能来完成操作。

任务展示

打开素材文件“案例素材 5-2.xls”，按以下要求在该文件查找并替换数据。

1. 在工作表中查找数据“58”；
2. 使用替换功能，将“58”替换为“63”。

任务分解

序号	技能点分解	技能要求	技能提示	实训案例效果图
1	查找数据	能熟练使用查找数据功能	▲	
2	替换数据	掌握替换数据的方法	★	

	A	B	C	D	E
1	数码汇相机部门销售报表				
2	商品编号	商品名称	单价（元）	销售量	销售额
3	1009923	佳能 IXUS 110	2120	35	
4	1009924	佳能 IXUS 100	1859	43	
5	1009925	三星 ST550	1899	39	
6	1009926	尼康 D90	8000	13	
7	1009927	索尼 T900	2440	76	
8	1009928	松下 DMC-FP8	1580	63	
9	1009929	卡西欧 FC100	2590	32	
10	1009930	索尼 W220	1490	20	
11	1009931	富士 S2000HD	1790	34	
12	1009932	富士 F200EXR	1960	35	
13	1009933	松下 DMC-LX3	3890	8	
14					

注：★代表考试大纲所规定的技能考核点，▲代表在实际工作中需要掌握的技能考核点。

操作思路

本任务的重点在于查找与替换数据，在日常操作中，这两种操作都相当实用，用户还可以指定查找与替换的范围，即只在指定范围内搜索要查看或替换的数据，相当便捷。

操作步骤

打开素材文件“案例素材 5-2.xls”，查看工作表中的销售量一列中的数据“58”，运用替换功能将该列中的“58”全部替换为“63”。

光盘素材：“光盘:\案例素材\Unit5\案例素材 5-2.xls”。

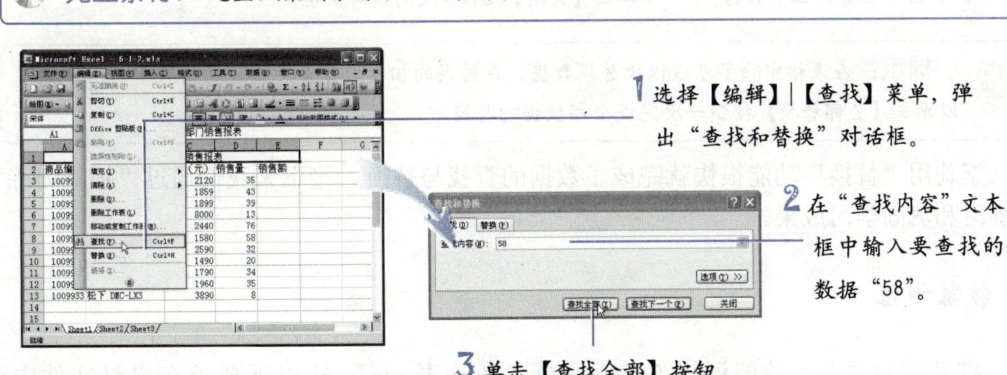

小提示：选择【编辑】|【替换】菜单命令或按Ctrl+H组合键，可以直接打开“查找和替换”对话框的【替换】选项卡。

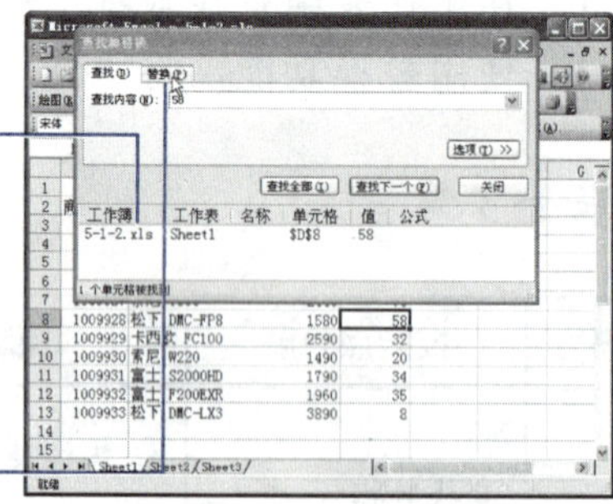

4 在随即展开的窗口中可以查看到查找数据所在的全部单元格。

5 核实数据有误后，单击“替换”选项卡，进行替换操作。

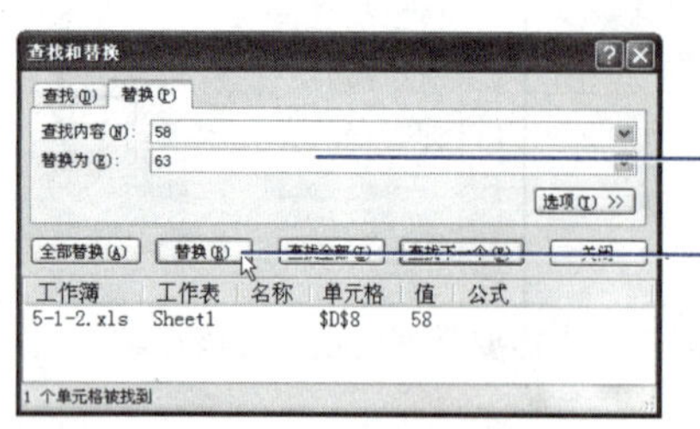

6 在“替换为”文本框中输入正确数据“63”。

7 单击【替换】按钮。

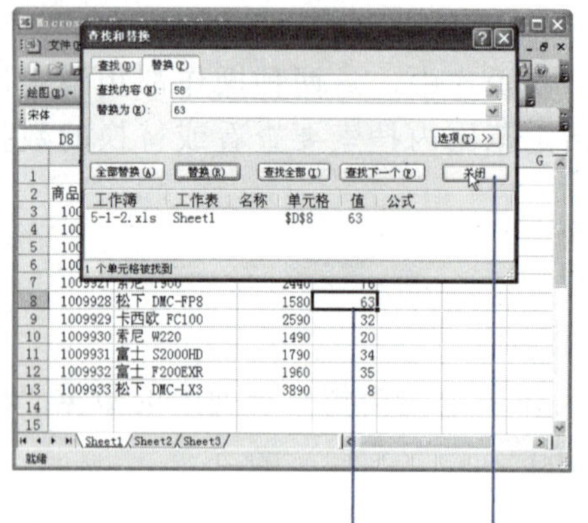

在“查找和替换”对话框中单击【选项】按钮，在展开的窗口中可以详细设置查找的内容，如选中“区分大小写”复选框可设置区分查找内容的大小写。

8 表格中已替换正确数据。

9 单击【关闭】按钮。关闭该对话框。

小提示：在表格中除了可以依次替换数据，在错误的相同数据多处出现的情况下，用户还可以单击【全部替换】按钮一次完成全部数据的替换。

李莉用“替换”功能很快就完成了数据的查找与替换。接下来我们通过“技能训练”来练习和巩固学习成果。

技能训练

打开素材文件“技能训练 5-2 新晋员工考评表.xls”，按以下要求在素材文件中进行操作，效果如图 5-5 所示。

光盘素材：“光盘:\案例素材\Unit5\技能训练 5-2 新晋员工考评表.xls”。

1. 在工作表中查找数据“销售部”；
2. 将“销售部”全部替换为“营销部”。

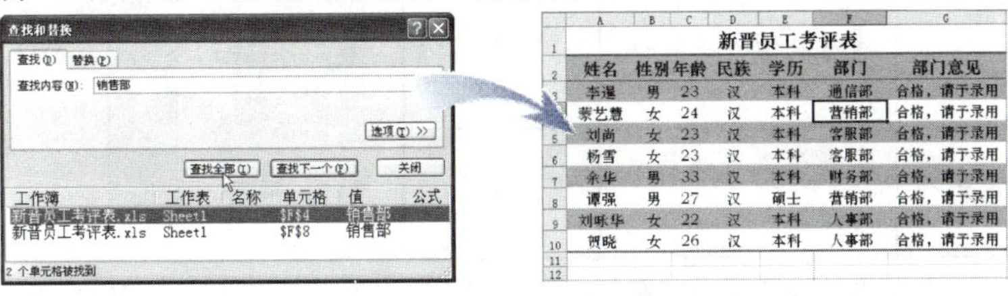

图 5-5 技能训练效果图

网络服务：您可以通过访问 http://www.bhp.com.cn 网站的“职业资格”栏目，查看本训练的讲解，同时，您还能看到更多的拓展内容。

<table>
<tr><th colspan="5">根据实际操作，简略填写下表</th></tr>
<tr><td>序号</td><td colspan="2">操作内容</td><td colspan="2">操作流程</td></tr>
<tr><td>步骤一</td><td colspan="2">查找表格数据</td><td colspan="2"></td></tr>
<tr><td>步骤二</td><td colspan="2">替换表格数据</td><td colspan="2"></td></tr>
<tr><td rowspan="4"></td><td colspan="4">实训指导教师评分</td></tr>
<tr><td>基本概念</td><td>技能掌握</td><td>语言描述</td><td>综合得分</td></tr>
<tr><td>□5 □4 □3 □2 □1</td><td>□5 □4 □3 □2 □1</td><td>□5 □4 □3 □2 □1</td><td></td></tr>
<tr><td colspan="4">实训指导教师签字：　　　　年　　月　　日</td></tr>
</table>

实例任务 3 数据的编辑与整理

由于工作表数据对准确性要求甚高，李莉输入完数据后，按惯例进行检查。果不其然，由于输入时不小心，她将“佳能 IXUS200”误写为“卡西欧 FC100”，接下来她就需要对数据进行修改操作。除此之外，为了让工作表数据看起来更清晰，李莉还决定设置“单价”一列的数据格式为“货币”格式。

任务展示

打开素材文件“案例素材 5-3.xls”，按以下要求在该素材文件中执行数据的编辑整理操作。

1. 清除 B9 单元格中的数据；
2. 重新输入正确数据“佳能 IXUS200”；
3. 选中 C3:C13 单元格区域，将其数据格式设置为“货币”。

任务分解

序号	技能点分解	技能要求	技能提示	实训案例效果图
1	修改数据	能够熟练修改数据	★	
2	设置数据格式	掌握设置数据格式的方法	▲	

	A	B	C	D	E	F
1	旭日超市日化销售表					
2	商品编号	商品名称	组别	单价（元）	销售量	销售额
3	1009923	金星纯棉毛巾	日化一组	17	435	
4	1009924	卡通儿童方巾	日化一组	6	543	
5	1009925	卡通儿童浴巾	日化一组	21	239	
6	1009926	彩虹牌牛奶沐浴露	日化一组	18	53	
7	1009927	采阳洗衣粉	日化二组	18	176	
8	1009928	青花柔顺剂	日化二组	22	589	
9	1009929	长洲卷发梳	日化二组	6	322	
10	1009930	长洲直发梳	日化二组	8	280	
11	1009931	梦田嘟哩膏	日化二组	9	94	
12	1009932	营养护发素	日化二组	12	325	
13						
14						

注：★代表考试大纲所规定的技能考核点，▲代表在实际工作中需要掌握的技能考核点。

操作思路

本任务的重点在于修改数据，在实际应用中输入错误在所难免，因此修改数据操作也使用得十分频繁。难点则在于数据格式的设置，用户可以根据实际需要将数据设置为“货币”、“时间”、“日期”、“分数”、“文本”等格式，让数据表达得更加清楚明了。

操作步骤

打开素材文件“案例素材 5-3.xls”，选中要修改的 B9 单元格，接下来按照下面的步骤来编辑整理数据。

光盘素材：“光盘:\案例素材\Unit5\案例素材 5-3.xls”。

1 选择 B9 单元格，单击鼠标右键。

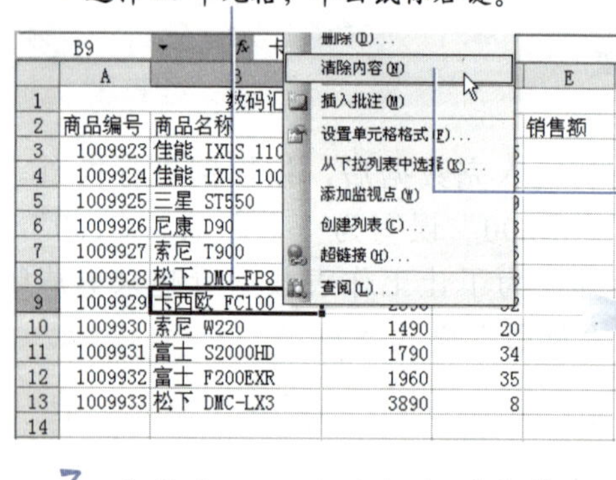

2 在弹出的快捷菜单中选择【清除内容】命令。

3 重新输入正确的数据“佳能 IXUS200”，按【Enter】键确定输入。

	A	B	C	D	E
1	数码汇相机部门销售报表				
2	商品编号	商品名称	单价（元）	销售量	销售额
3	1009923	佳能 IXUS 110	2120	35	
4	1009924	佳能 IXUS 100	1859	43	
5	1009925	三星 ST550	1899	39	
6	1009926	尼康 D90	8000	13	
7	1009927	索尼 T900	2440	76	
8	1009928	松下 DMC-FP8	1580	63	
9	1009929	佳能 IXUS200	2590	32	
10	1009930	索尼 W220	1490	20	
11	1009931	富士 S2000HD	1790	34	
12	1009932	富士 F200EXR	1960	35	
13	1009933	松下 DMC-LX3	3890	8	
14					

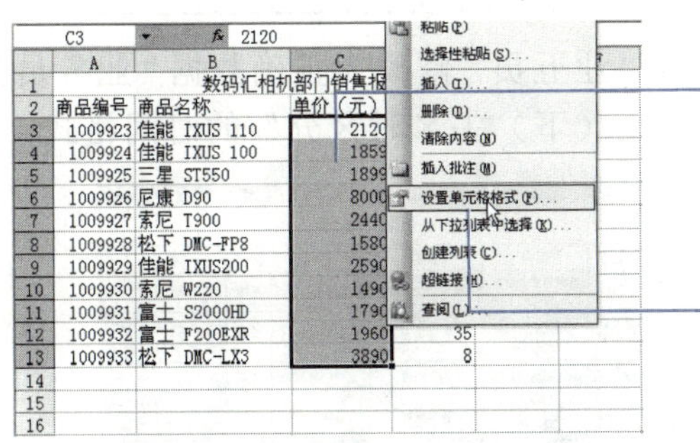

4 单击C3单元格，按住Shift键再单击C13单元格，选中C3:C13单元格区域。

5 在选中区域单击鼠标右键，在弹出的快捷菜单中选择【设置单元格格式】命令，弹出“单元格格式”对话框。

小提示：若只想更改单元格的部分数据，可以选中该单元格，在编辑栏中将鼠标光标定位在要修改的内容处，删除错误的内容，再输入新的内容即可。

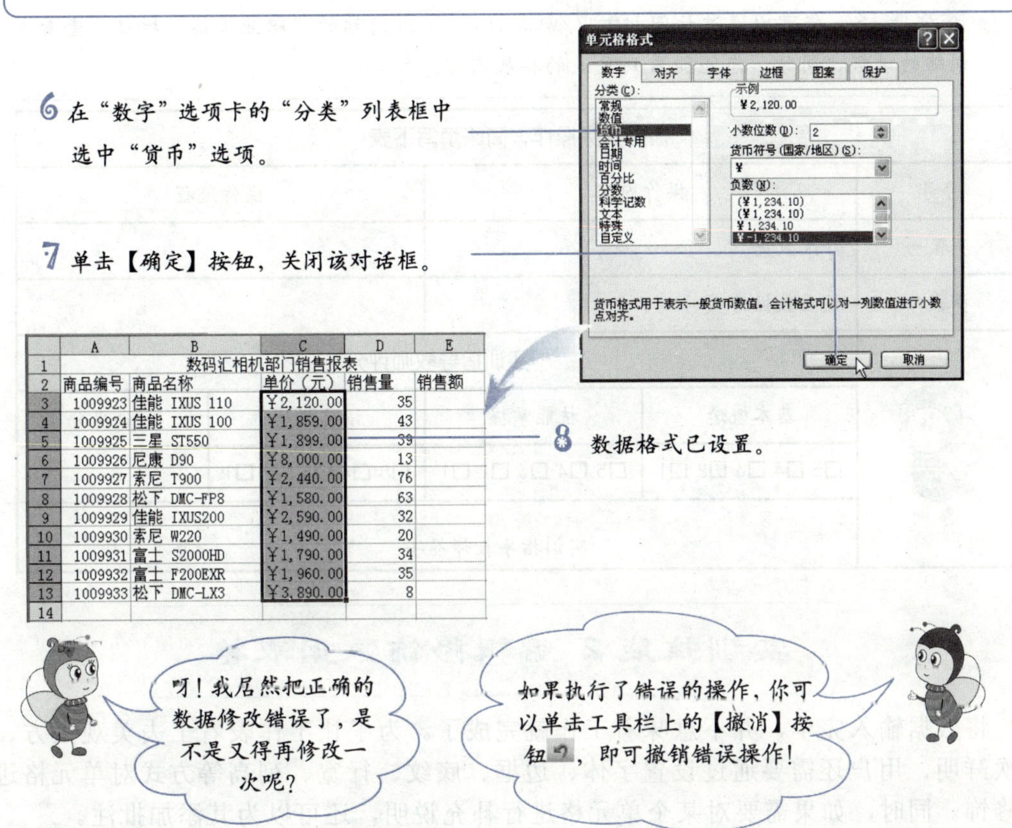

6 在“数字”选项卡的“分类”列表框中选中“货币”选项。

7 单击【确定】按钮，关闭该对话框。

	A	B	C	D	E
1	数码汇相机部门销售报表				
2	商品编号	商品名称	单价（元）	销售量	销售额
3	1009923	佳能 IXUS 110	￥2,120.00	35	
4	1009924	佳能 IXUS 100	￥1,859.00	43	
5	1009925	三星 ST550	￥1,899.00	39	
6	1009926	尼康 D90	￥8,000.00	13	
7	1009927	索尼 T900	￥2,440.00	76	
8	1009928	松下 DMC-FP8	￥1,580.00	63	
9	1009929	佳能 IXUS200	￥2,590.00	32	
10	1009930	索尼 W220	￥1,490.00	20	
11	1009931	富士 S2000HD	￥1,790.00	34	
12	1009932	富士 F200EXR	￥1,960.00	35	
13	1009933	松下 DMC-LX3	￥3,890.00	8	
14					

8 数据格式已设置。

李莉仔细地检查了今天的销售数据，并把查出来的错误顺手就修改了。接下来我们通过“技能训练”来练习和巩固学习成果。

技能训练

打开素材文件“技能训练5-3访客登记表.xls”，按以下要求对表格中的数据进行设置，效果如图5-6所示。

光盘素材：“光盘:\案例素材\Unit5\技能训练 5-3 访客登记表.xls”。

1. 修改数据，将 B7 单元格中的错误数据“业五员”修改为正确数据“业务员”；
2. 将 D3:D8 单元格区域的数据设置为“上（下）午×时×分”的时间格式。

访客登记表					
姓名	职务	事由	时间	接待	备注
邓炎	艾普网络公司推广员	销售推广艾普宽带	9:30 AM	吴晴	
李宁	天虹区街道企业科	企业调查	10:12 AM	吴晴	留下资料让我们填写，30日将上门收取
何一鸣	人才招聘网客服	客户回访	10:30 AM	吴晴	
李主任	国际大厦物业管理主任	停水通知	12:40 PM	吴晴	周末7：00-11：00停水
谢丹	五色印务公司业五员	月底结账	2:30 PM	吴晴	
谭主任	新思维印务公司业务主管	月底结账	4:45 PM	吴晴	

访客登记表					
姓名	职务	事由	时间	接待	备注
邓炎	艾普网络公司推广员	销售推广艾普宽带	上午9时30分	吴晴	
李宁	天虹区街道企业科	企业调查	上午10时12分	吴晴	留下资料让我们填写，30日将上门收取
何一鸣	人才招聘网客服	客户回访	上午10时30分	吴晴	
李主任	国际大厦物业管理主任	停水通知	下午12时40分	吴晴	周末7：00-11：00停水
谢丹	五色印务公司业务员	月底结账	下午2时30分	吴晴	
谭主任	新思维印务公司业务主管	月底结账	下午4时45分	吴晴	

图 5-6　技能训练效果图

网络服务：您可以通过访问 http://www.bhp.com.cn 网站的“职业资格”栏目，查看本训练的讲解，同时，您还能看到更多的拓展内容。

根据实际操作，简略填写下表				
序号	操作内容		操作流程	
步骤一	修改数据			
步骤二	设置数据格式			
	实训指导教师评分			
	基本概念	技能掌握	语言描述	综合得分
	□5 □4 □3 □2 □1	□5 □4 □3 □2 □1	□5 □4 □3 □2 □1	
	实训指导教师签字：　　年　　月　　日			

实训技能 2　编辑修饰数据表格

将数据输入完毕，并不意味着工作就完成了。为了让工作表看上去美观大方、层次鲜明，用户还需要通过设置字体、边框、底纹、行宽、列高等方式对单元格进行修饰。同时，如果需要对某个单元格进行补充说明，还可以为其添加批注。

为了提高工作效率，用户可以快速套用 Excel 自带的表格样式，省去了自己逐一设置工作表的字体、边框的时间。

跟 Word 一样，在工作表中同样可以插入图片、图示，通过图片、图示可以更加清晰地传达制作者的意图，并让表格内容变得更加丰富。

在本案例中，我们将“编辑与修饰数据表格”这一技能划分为“编辑修饰单元格”、“添加批注”、“自动套用表格样式”和“插入图片、图示”四项任务，图 5-7 展示了在编辑修饰数据表格时的基本操作思路。

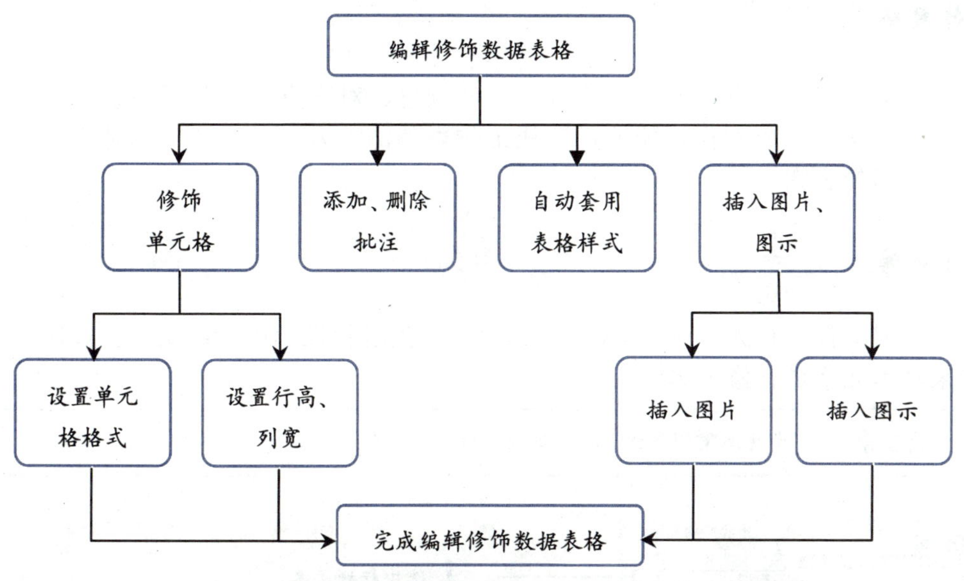

图 5-7 编辑与修饰数据表格的常用操作思路

实例任务 4 编辑修饰单元格

好的工作表就如同好的文章，应该主次分明、条理清晰，只有这样才算得上是一张完整的工作表，才能令阅读者看起来赏心悦目。碰巧李莉的上司谭总对下属的工作要求颇高，因此，再三检查过表格中的数据后，李莉又开始了表格的修饰工作。

本任务中，表格的修饰包括设置单元格格式，即字体、字号、颜色、对齐方式及底纹和设置行高、列宽两个部分进行。

任务展示

打开素材文件“案例素材 5-4.xls”，按以下要求对该文件进行设置。

1. 设置标题文本的字体为“黑体”、字号为“18”，字体颜色为“红色”，底纹为“灰色-25%”；
2. 设置 A2:E13 单元格区域中的字体为“华文中宋”并居中对齐；
3. 将第 1 行行高设置为“26”，将 C 列列宽设置为“14”。

任务分解

序号	技能点分解	技能要求	技能提示	实训案例效果图
1	设置单元格格式	掌握设置字体、字号、字体颜色等的方法	★	（见下图）
2	设置行高、列宽	掌握根据表格内容调整行高、列宽的方法	★	

	A	B	C	D	E
1	数码汇相机部门销售报表				
2	商品编号	商品名称	单价（元）	销售量	销售额
3	1009923	佳能 IXUS 110	￥2,120.00	35	
4	1009924	佳能 IXUS 100	￥1,859.00	43	
5	1009925	三星 ST550	￥1,899.00	39	
6	1009926	尼康 D90	￥8,000.00	13	
7	1009927	索尼 T900	￥2,440.00	76	
8	1009928	松下 DMC-FP8	￥1,580.00	63	
9	1009929	佳能 IXUS200	￥2,590.00	32	
10	1009930	索尼 W220	￥1,490.00	20	
11	1009931	富士 S2000HD	￥1,790.00	34	
12	1009932	富士 F200EXR	￥1,960.00	35	
13	1009933	松下 DMC-LX3	￥3,890.00	8	

注：★代表考试大纲所规定的技能考核点。

操作思路

本任务的重点在于设置字体、字号、字体颜色、对齐方式等单元格设置操作，它们常用于表格标题的制作，能够迅速让工作表整洁大方、主次分明，是美化工作表时不可忽略的步骤。

操作步骤

打开素材文件“案例素材 5-4.xls”，选中要首先进行操作的标题文本，按照下面的步骤来对单元格进行修饰。

 光盘素材：“光盘:\案例素材\Unit5\案例素材 5-4.xls”。

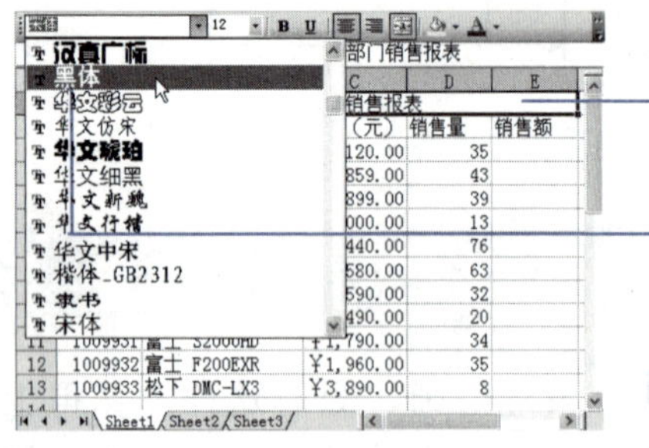

1 选中标题文本。

2 单击工具栏中的“字体”列表框，在弹出的列表中选择“黑体”选项。

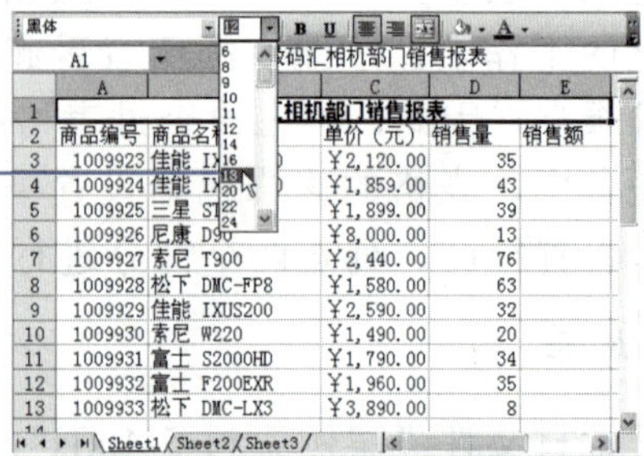

3 单击“字号”列表框，在弹出的列表中选择“18”选项。

4 单击【字体颜色】按钮，在弹出的列表框中选择“红色”选项。

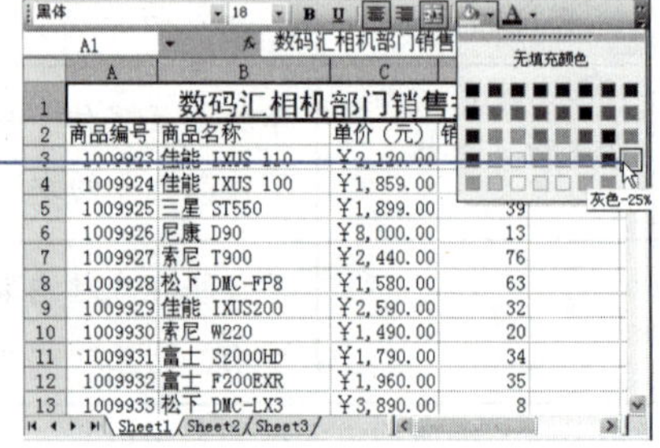

5 单击【填充颜色】按钮，在弹出的列表框中选择“灰色-25%”选项。

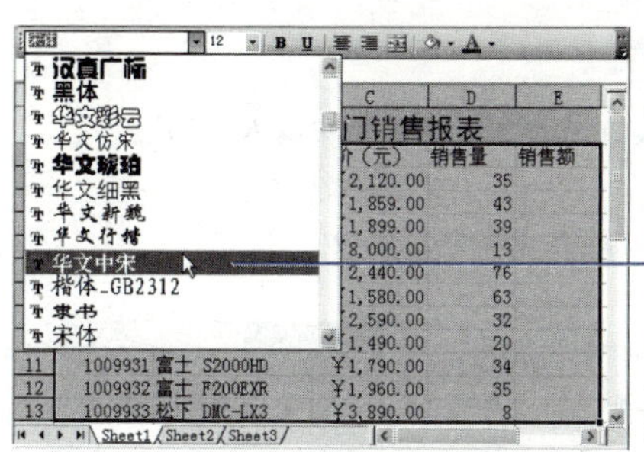

6 选中 A2:E13 单元格区域，单击“字体”列表框，在弹出的列表框中选择“华文中宋”选项。

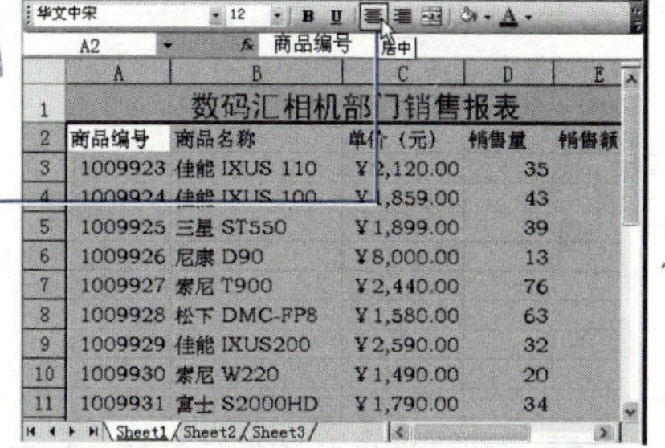

7 单击工具栏中的【居中】按钮。

小提示：除了在工具栏中进行操作外，用户还可以选中要设置的单元格，单击鼠标右键，在弹出的快捷菜单中选择【设置单元格格式】命令，弹出“单元格格式”对话框，在【字体】选项卡中同样可以设置单元格的字体、字号和颜色，在【对齐】选项卡中设置单元格对齐方式，在【图案】选项卡中则可以设置单元格的底纹。

我发现当为标题文本设置字号之后，单元格的行高发生了变化呢！

是的，在默认情况下，对数据的字号进行设置后，数据所在的单元格会自动调整行高。

8 在第 1 行行标上单击鼠标右键，在弹出的快捷菜单中选择【行高】命令，弹出“行高”对话框。

9 在“行高”文本框中输入“26”。

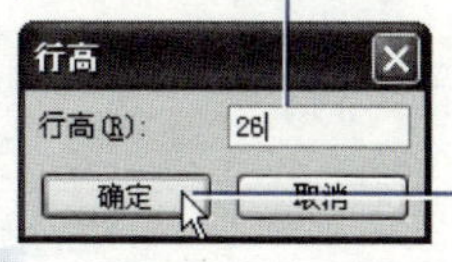

10 单击【确定】按钮。

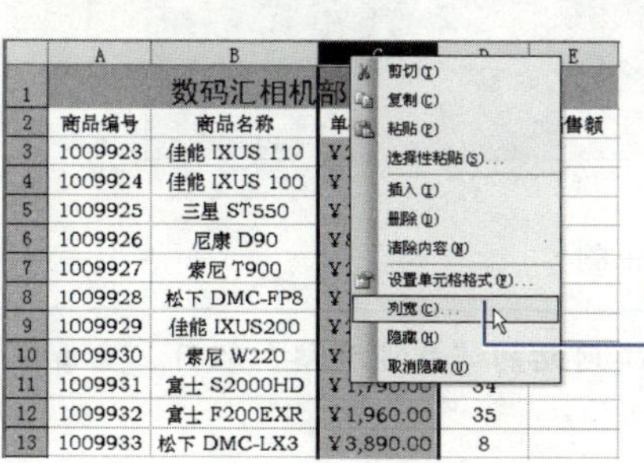

11 在 C 列列标上单击鼠标右键，在弹出的快捷菜单中选择【列宽】命令，弹出“列宽”对话框。

12 在“列宽”文本框中输入“14”。

13 单击【确定】按钮。

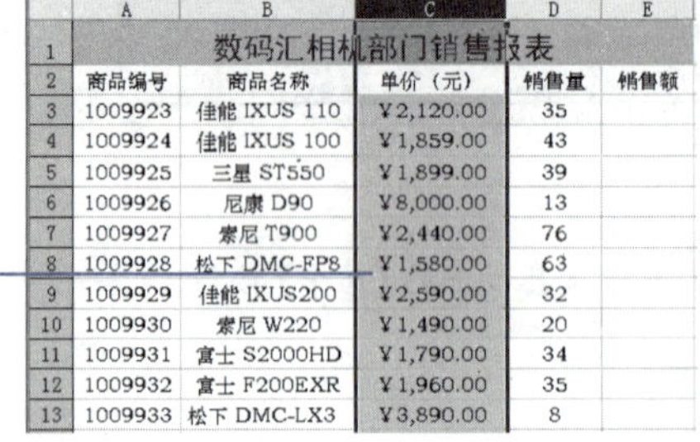

	A	B	C	D	E
1	数码汇相机部门销售报表				
2	商品编号	商品名称	单价（元）	销售量	销售额
3	1009923	佳能 IXUS 110	￥2,120.00	35	
4	1009924	佳能 IXUS 100	￥1,859.00	43	
5	1009925	三星 ST550	￥1,899.00	39	
6	1009926	尼康 D90	￥8,000.00	13	
7	1009927	索尼 T900	￥2,440.00	76	
8	1009928	松下 DMC-FP8	￥1,580.00	63	
9	1009929	佳能 IXUS200	￥2,590.00	32	
10	1009930	索尼 W220	￥1,490.00	20	
11	1009931	富士 S2000HD	￥1,790.00	34	
12	1009932	富士 F200EXR	￥1,960.00	35	
13	1009933	松下 DMC-LX3	￥3,890.00	8	

14 设置行高和列宽后的效果。

小提示：除了通过对话框设置行高和列宽，用户还可以将鼠标停留在要设置的行标线或列宽线上，当鼠标变为╪或╫形状时，拖动行标线或列宽线至合适的位置释放鼠标，通过手动调整达到设置行高和列宽的目的。

修饰完单元格，工作表看起来也比较美观了。接下来我们来多学一手，掌握一些这项技能的拓展知识，然后通过“技能训练”来练习和巩固学习成果。

技能训练

打开素材文件“技能训练 5-4 一周工作日志.xls”，按以下要求对表格中的数据进行设置，效果如图 5-8 所示。

光盘素材：“光盘:\案例素材\Unit5\技能训练 5-4 一周工作日志.xls”。

1. 设置标题文本的字体为“黑体”，字号为“20”，选中 A3:G8 单元格区域，将其底纹设置为“灰色-25%”，选中 A2:G8 单元格区域，为其设置边框；
2. 将第 4 行至第 8 行的行高设置为“65”。

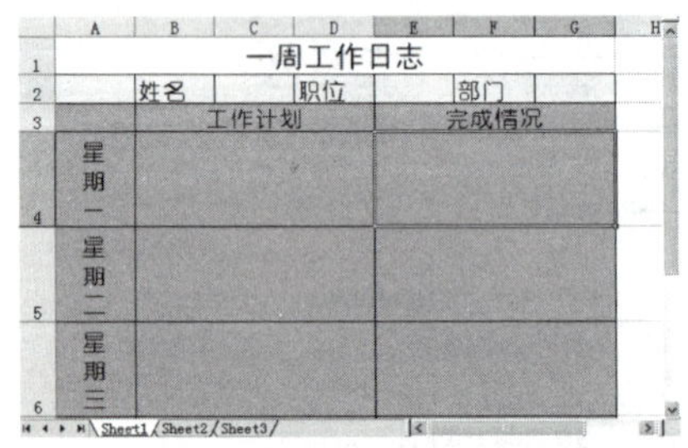

图 5-8　技能训练效果图

网络服务：您可以通过访问 http://www.bhp.com.cn 网站的“职业资格”栏目，查看本训练的讲解，同时，您还能看到更多的拓展内容。

根据实际操作，简略填写下表				
序号	操作内容		操作流程	
步骤一	设置单元格格式，包括字体、字号、边框、底纹、对齐方式等			
步骤二	设置行高和列宽			
	实训指导教师评分			
	基本概念	技能掌握	语言描述	综合得分
	□5 □4 □3 □2 □1	□5 □4 □3 □2 □1	□5 □4 □3 □2 □1	
	实训指导教师签字： 年 月 日			

实例任务5 添加批注

李莉遇上麻烦了，当表格已经大致制作完毕，她才想起来工作表中一款佳能相机是配置了专业三角架的，同时商场还有未配置三角架的相机出售，如果不加以备注说明，很容易混淆。正当李莉一筹莫展时，同事小吴提醒她使用Excel的批注功能。通过对单元格中的数据进行批注，可以在不影响工作表格局的情况下对数据进行补充说明，非常便捷。

任务展示

打开素材文件“案例素材5-5.xls”，按以下要求进行设置。

1. 在B4单元格执行添加批注操作；
2. 输入批注内容“已配置专业三角架”。

任务分解

序号	技能点分解	技能要求	技能提示	实训案例效果图
1	添加批注	掌握添加批注的方法	★	
2	删除批注	了解删除或显示批注的方法	▲	

注：★代表考试大纲所规定的技能考核点，▲代表在实际工作中需要掌握的技能考核点。

操作思路

本任务的重点在于批注的添加，需要提醒的是，若是隐藏了添加的批注，那么该单元格右上角会有一个红色三角标记，将鼠标移至该单元格上即查看到批注内容。

操作步骤

打开素材文件“案例素材 5-5.xls”，选中要进行操作的 B4 单元格，按照下面的步骤来进行操作。

光盘素材：“光盘:\案例素材\Unit5\案例素材 5—5.xls”。

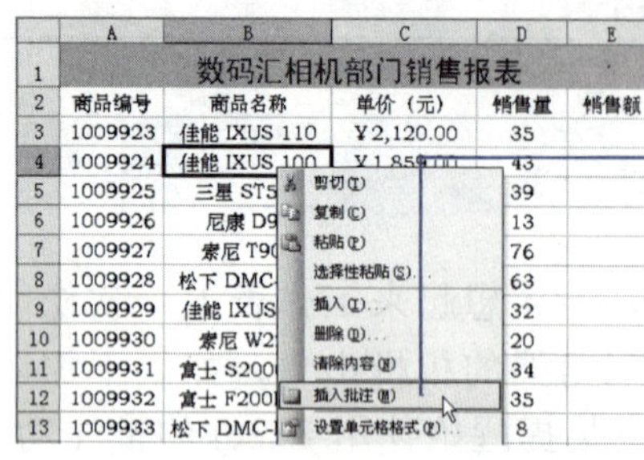

1 选中 B4 单元格，单击鼠标右键，在弹出的快捷菜单中选择【插入批注】命令。

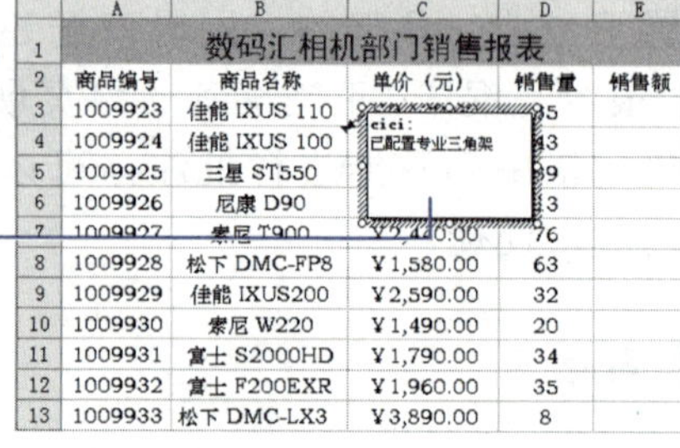

	A	B	C	D	E
1	数码汇相机部门销售报表				
2	商品编号	商品名称	单价（元）	销售量	销售额
3	1009923	佳能 IXUS 110	[illegible]	35	
4	1009924	佳能 IXUS 100	cici: 已配置专业三角架	43	
5	1009925	三星 ST550		39	
6	1009926	尼康 D90		13	
7	1009927	索尼 T900	[illegible]	76	
8	1009928	松下 DMC-FP8	¥1,580.00	63	
9	1009929	佳能 IXUS200	¥2,590.00	32	
10	1009930	索尼 W220	¥1,490.00	20	
11	1009931	富士 S2000HD	¥1,790.00	34	
12	1009932	富士 F200EXR	¥1,960.00	35	
13	1009933	松下 DMC-LX3	¥3,890.00	8	

2 在批注文本框中输入要备注的内容“已配置专业三角架”。

小提示：若要删除已添加的批注，可以在该单元格上单击鼠标右键，在弹出的快捷菜单中选择【删除批注】命令即可。

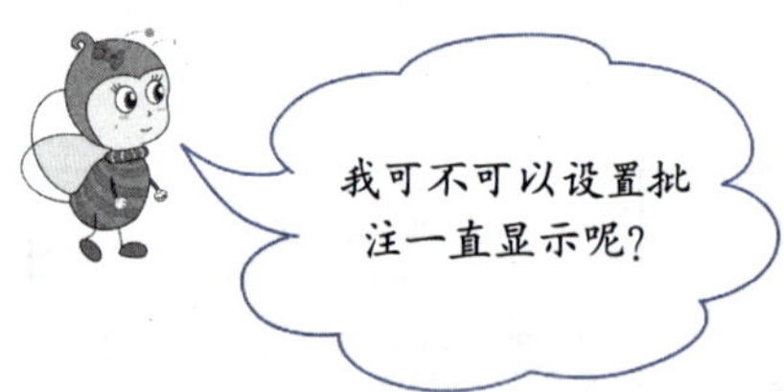

当然可以，在已添加批注的单元格单击鼠标右键，在弹出的快捷菜单中选择【显示/隐藏批注】命令即可始终显示批注。

李莉用“批注”功能弥补了之前的疏忽，以后在做表前真的要考虑周到一些才成。接下来我们通过“技能训练”来练习和巩固学习成果。

技能训练

打开素材文件“技能训练 5-5 十月图书销售表.xls”，按以下要求对表格中的数据进行设置，效果如图 5-9 所示。

光盘素材：“光盘:\案例素材\Unit5\技能训练 5-5 十月图书销售表.xls”。

1. 选择 D5 单元格，添加批注内容“单价最贵”，并设置始终显示批注内容；
2. 选择 E3 单元格，添加批注内容“销售量最高”。

	A	B	C	D	E
1	10月图书销售表				
2	书名	上架时间	类别	单价	销售量
3	《卡梅拉的故事》	2007年	启蒙读物	28	325
4	《追汽球的人》	2007年	小说	21	70
5	《小王子》精装版	2009年	小说/童话	32	145
6	《身心灵-修炼家》	2009年	保健	19	29
7	《上下》结局版	2009年	小说	22	27
8	《最正宗牛津腔》	2009年	教辅	24	7

	A	B	C	D	E
1	10月图书销售表				
2	书名	上架时间	类别	单价	销售量
3	《卡梅拉的故事》	2007年	启蒙读物	28	325
4	《追汽球的人》	2007年	小说	21	70
5	《小王子》精装版	2009年	小说/童话	32	cici: 单价最贵
6	《身心灵-修炼家》	2009年	保健	19	
7	《上下》结局版	2009年	小说	22	27
8	《最正宗牛津腔》	2009年	教辅	24	7

图 5-9 技能训练效果图

网络服务：您可以通过访问 http://www.bhp.com.cn 网站的“职业资格”栏目，查看本训练的讲解，同时，您还能看到更多的拓展内容。

根据实际操作，简略填写下表				
序号	操作内容		操作流程	
步骤一	添加批注及内容			
步骤二	设置显示/隐藏批注			
	实训指导教师评分			
	基本概念	技能掌握	语言描述	综合得分
	□5 □4 □3 □2 □1	□5 □4 □3 □2 □1	□5 □4 □3 □2 □1	
	实训指导教师签字： 年 月 日			

实例任务 6 自动套用表格样式

黄金周就要到了，时间紧迫，李莉还有许多事情要做，来不及再一一设置表格样式了，但销售报表是要呈报给上级审阅的，不能马虎。李莉灵机一动，决定套用表格样式，快速完成对表格的美化操作。

在 Excel 中自带了“简单”、“古典”、“彩色”等不同的表格样式，在“自动套用格式”对话框中选择合适的样式，即可为表格快速应用该样式。

任务展示

打开素材文件“案例素材 5-6.xls”，选中 A2:E13 单元格区域，为其套用“序列1”的表格样式。

任务分解

序号	技能点分解	技能要求	技能提示	实训案例效果图
1	套用表格样式	掌握套用表格样式的方法	★	
2	撤销套用样式	了解撤销表格样式的方法	▲	

注：★代表考试大纲所规定的技能考核点，▲代表在实际工作中需要掌握的技能考核点。

操作思路

本任务的重点在于掌握自动套用格式的操作方法，需要注意的是，在选择应用格式的表格区域时，不应包括标题栏，这样才能让表格主次分明。

操作步骤

打开素材文件“案例素材 5-6.xls”，选中要进行操作的 A2:E13 单元格区域，按照下面的步骤来进行操作。

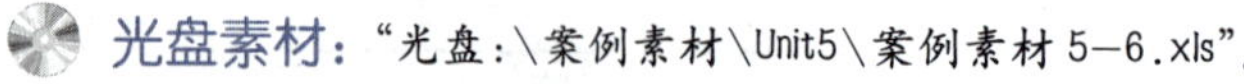

光盘素材：“光盘:\案例素材\Unit5\案例素材 5—6.xls”。

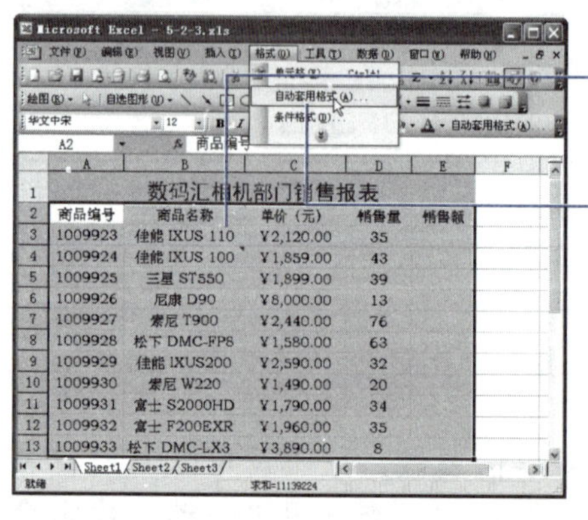

1 选中 A2:E13 单元格。

2 选择【格式】|【自动套用格式】命令，弹出“自动套用格式”对话框。

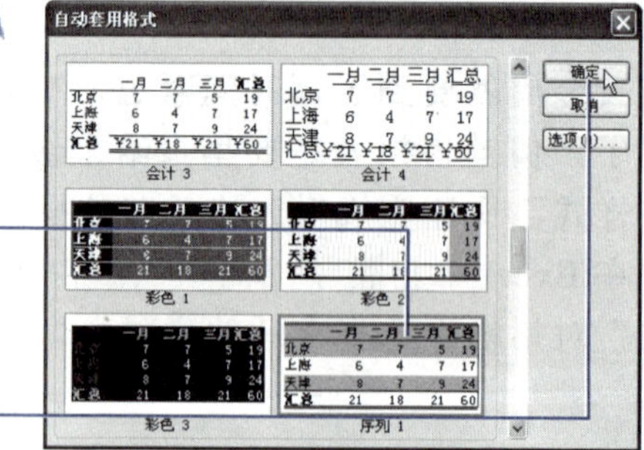

3 在中间的列表框中选择“序列 1”样式。

4 单击【确定】按钮。

	A	B	C	D	E
1	数码汇相机部门销售报表				
2	商品编号	商品名称	单价（元）	销售量	销售额
3	1009923	佳能 IXUS 110	¥2,120.00	35	
4	1009924	佳能 IXUS 100	¥1,859.00	43	
5	1009925	三星 ST550	¥1,899.00	39	
6	1009926	尼康 D90	¥8,000.00	13	
7	1009927	索尼 T900	¥2,440.00	76	
8	1009928	松下 DMC-FP8	¥1,580.00	63	
9	1009929	佳能 IXUS200	¥2,590.00	32	
10	1009930	索尼 W220	¥1,490.00	20	
11	1009931	富士 S2000HD	¥1,790.00	34	
12	1009932	富士 F200EXR	¥1,960.00	35	
13	1009933	松下 DMC-LX3	¥3,890.00	8	

5 套用表格样式后的效果。

当套用了表格样式后，之前对单元格格式进行的一些设置可能会改变，用户可以根据套用后的效果进一步设置格式。

小提示： 若对套用的表格样式不满意，用户还可以再次选择【格式】|【自动套用格式】命令，在弹出的“自动套用格式”对话框中选择“无”样式，即可取消表格的所有样式，以便重新设置。

至此，李莉已选好他喜欢的表格样式，并应用到销售报表里了。接下来我们通过“技能训练”来练习和巩固学习成果。

技能训练

打开素材文件“技能训练 5-6 图书销售报表.xls”，按以下要求对表格中的数据进行设置，效果如图 5-10 所示。

光盘素材：“光盘:\案例素材\Unit5\技能训练 5–6 图书销售报表.xls”。

1. 选中 A2:F11 单元格区域，通过“自动套用格式”对话框取消单元格格式；
2. 为其套用“古典 3”表格样式。

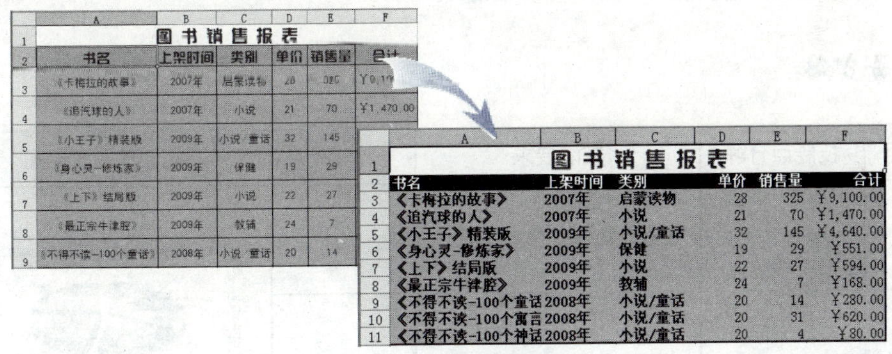

	A	B	C	D	E	F
1	图书销售报表					
2	书名	上架时间	类别	单价	销售量	合计
3	《卡梅拉的故事》	2007年	启蒙读物	28	[illegible]	¥9,10[illegible]
4	《追汽球的人》	2007年	小说	21	70	¥1,470.00
5	《小王子》精装版	2009年	小说 童话	32	145	
6	《身心灵–修炼家》	2009年	保健	19	29	
7	《上下》结局版	2009年	小说	22	27	
8	《最正宗牛津腔》	2009年	教辅	24	7	
9	《不得不读–100个童话》	2008年	小说 童话	20	14	

	A	B	C	D	E	F
1	图书销售报表					
2	书名	上架时间	类别	单价	销售量	合计
3	《卡梅拉的故事》	2007年	启蒙读物	28	325	¥9,100.00
4	《追汽球的人》	2007年	小说	21	70	¥1,470.00
5	《小王子》精装版	2009年	小说/童话	32	145	¥4,640.00
6	《身心灵–修炼家》	2009年	保健	19	29	¥551.00
7	《上下》结局版	2009年	小说	22	27	¥594.00
8	《最正宗牛津腔》	2009年	教辅	24	7	¥168.00
9	《不得不读–100个童话	2008年	小说/童话	20	14	¥280.00
10	《不得不读–100个寓言	2008年	小说/童话	20	31	¥620.00
11	《不得不读–100个神话	2008年	小说/童话	20	4	¥80.00

图 5-10　技能训练效果图

网络服务： 您可以通过访问 http://www.bhp.com.cn 网站的“职业资格”栏目，查看本训练的讲解，同时，您还能看到更多的拓展内容。

根据实际操作，简略填写下表				
序号	操作内容		操作流程	
步骤一	取消单元格格式			
步骤二	套用表格样式			
	实训指导教师评分			
	基本概念	技能掌握	语言描述	综合得分
	□5 □4 □3 □2 □1	□5 □4 □3 □2 □1	□5 □4 □3 □2 □1	
	实训指导教师签字：		年 月 日	

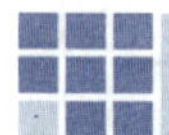

实例任务 7 插入图片、图示

李莉在同事们交给她的资料中发现一张名为“市场分析”的图片，为了丰富表格的内容，让表格更有可读性和指示性，李莉决定在表格中插入该图片，一起交给谭总查阅。

在表格中除了可以插入计算机中的图片，用户还可以选择 Excel 自带的组织结构图、循环图、射线图、棱锥图、维恩图和目标图六种图示方式，这些图示能清晰地反应出数据间的关系，非常直观。

任务展示

打开素材文件“案例素材 5-7.xls”，按以下要求在文件中插入图片。

1. 插入图片“案例素材 5-7 市场分布.gif”；
2. 将图片移至表格下方，大小设置为 88%。

任务分解

序号	技能点分解	技能要求	技能提示	实训案例效果图
1	插入图片	能熟练插入需要的图片	★	
2	插入图示	掌握插入图示的方法	★	

注：★代表考试大纲所规定的技能考核点。

操作思路

本任务的重点在于图片的插入和编辑。当插入图片后，其位置、大小都是需要用户重新设置和调整的。难点则在于图示的运用，当选择了合适的图示后，用户需要结合实际情况在图示中添加文字说明，同时还可以删除多余的图示形状，或增加形状。

操作步骤

打开素材文件“案例素材 5-7.xls”，按照下面的步骤来进行操作。

> 光盘素材：“光盘:\案例素材\Unit5\案例素材 5-7.xls”；
> “光盘:\案例素材\Unit5\案例素材 5-7 市场分布.gif”。

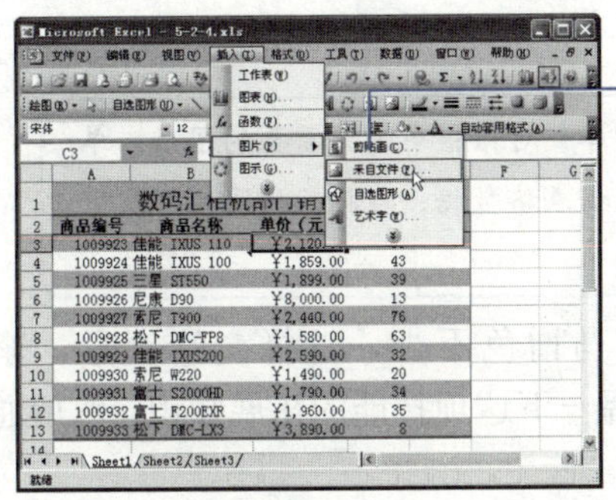

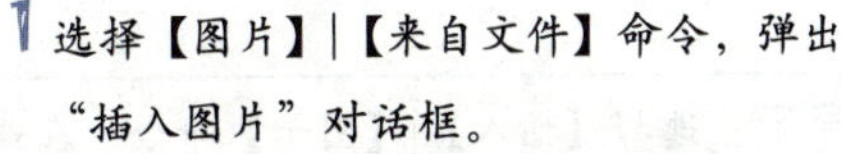

1 选择【图片】|【来自文件】命令，弹出“插入图片”对话框。

2 选择图片在计算机中的保存位置。

3 选中要插入的图片。

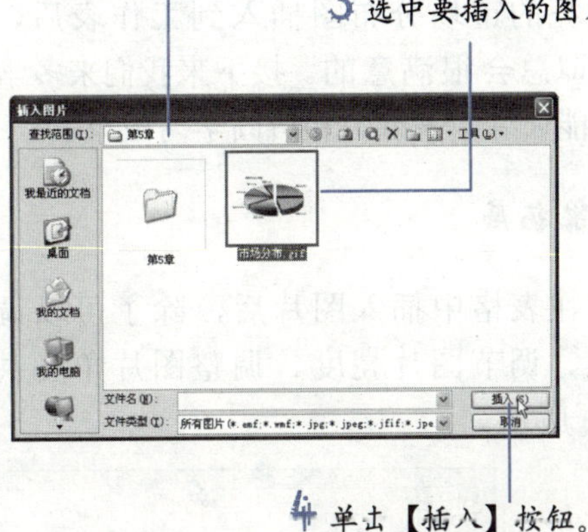

4 单击【插入】按钮。

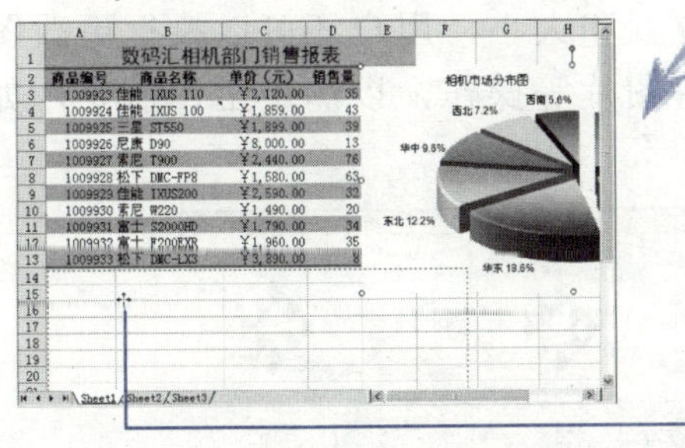

5 在插入的图片上按住鼠标左键不放，当其变为✣形状时，拖动图片虚线框至表格下方后释放，完成图片的移动。

> 小提示：如不小心插入了错误的图片，可以选中图片后，直接按 Delete 键将其删除。

6 在图片上单击鼠标右键，在弹出的快捷菜单中选择【设置图片格式】命令，弹出“设置图片格式”对话框。

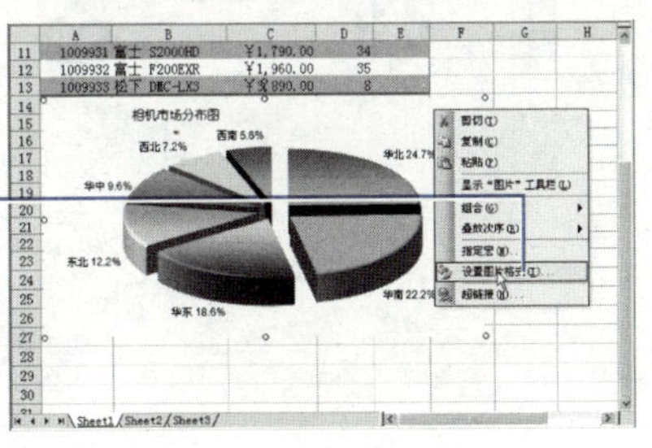

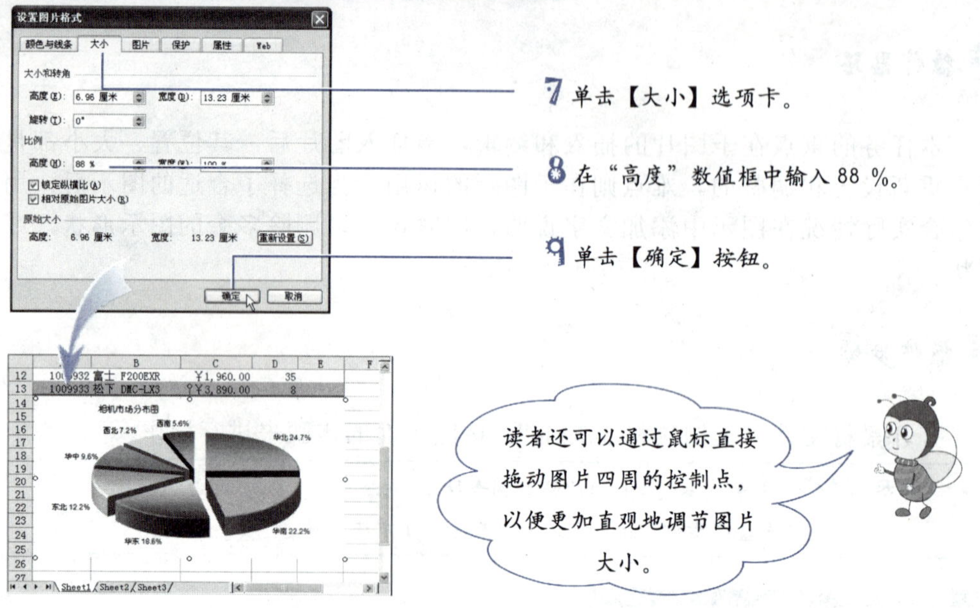

小提示：选择【插入】|【图示】命令，在弹出的"图示库"对话框中选择需要的图示，单击【确定】按钮。用与编辑图片相同的方法设置图示，根据表格数据，在插入的图示形状中输入内容即可。

漂亮的市场分布图插入到工作表后，工作表立马增色不少，这样交给领导，李莉相信谭总会很满意的。接下来我们来多学一手，掌握一下这项技能的拓展知识，然后通过"技能训练"来练习和巩固学习成果。

技能拓展

当在表格中插入图片后，除了可以调整其位置和大小，用户还可以执行更改图片颜色、调节图片亮度、调整图片角度甚至裁剪图片等操作，以满足工作需要，如图 5-11 所示。

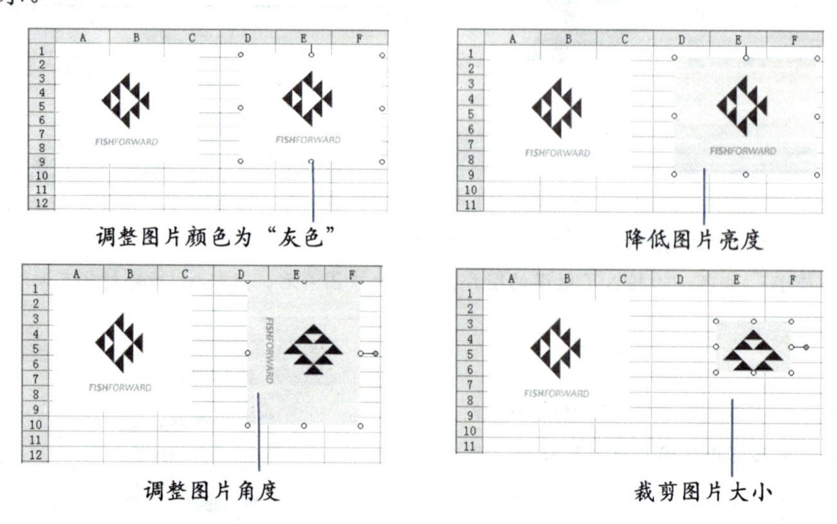

图 5-11　调整图片

> 网络服务：您可以通过访问 http://www.bhp.com.cn 网站的“职业资格”栏目，查看本案例的讲解，同时，您还能看到更多的拓展内容。

技能训练

打开素材文件“技能训练 5-7 公司通讯录.xls”，按以下要求对表格中的数据进行设置，效果如图 5-12 所示。

> 光盘素材：“光盘:\案例素材\Unit5\技能训练 5—7 公司通讯录.xls”。

1. 插入图示“组织结构图”，将图示拖至表格下方，并调整图示大小；
2. 在图示第二排插入形状，依次在形状中输入内容。

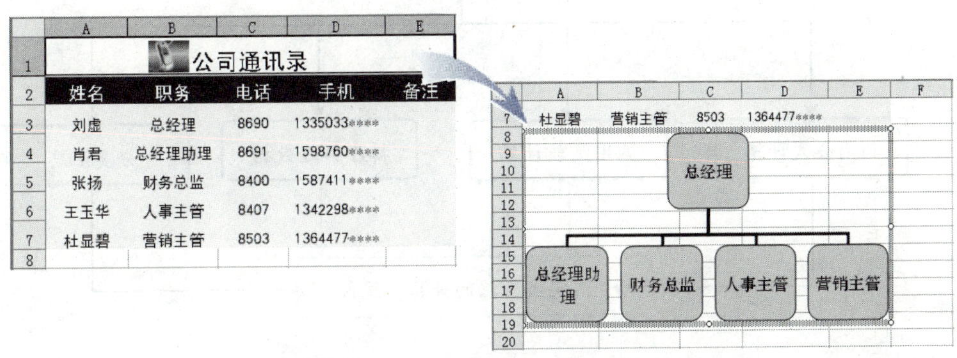

图 5-12 技能训练效果图

> 网络服务：您可以通过访问 http://www.bhp.com.cn 网站的“职业资格”栏目，查看本训练的讲解，同时，您还能看到更多的拓展内容。

<table>
<tr><th colspan="5">根据实际操作，简略填写下表</th></tr>
<tr><td>序号</td><td colspan="2">操作内容</td><td colspan="2">操作流程</td></tr>
<tr><td>步骤一</td><td colspan="2">插入并编辑图示</td><td colspan="2"></td></tr>
<tr><td>步骤二</td><td colspan="2">插入图示形状并输入内容</td><td colspan="2"></td></tr>
<tr><td rowspan="4"></td><td colspan="4">实训指导教师评分</td></tr>
<tr><td>基本概念</td><td>技能掌握</td><td>语言描述</td><td>综合得分</td></tr>
<tr><td>□5 □4 □3 □2 □1</td><td>□5 □4 □3 □2 □1</td><td>□5 □4 □3 □2 □1</td><td></td></tr>
<tr><td colspan="4">实训指导教师签字： 年 月 日</td></tr>
</table>

实训技能 3 销售数据的计算、统计与分析

作为强大的表格数据处理软件，Excel 拥有良好的操作界面，在处理数据方面的功能更是不容小看。在 Excel 中，通过输入简单的计算公式，用户可以轻松地对表格数据执行求和、求差、求积等常用操作。当表格中的数据无法通过公式完成计算，如“财务统计表”、“银行利息表”等，还可以运用 Excel 自带的上百个函数，通过这些函数可以完成复杂的运算。同时，还可以在表格中执行排序、分类汇总等操作，让查阅数据变得更加轻松简单。

在本案例中，我们将“计算、统计数据”这一技能划分为“利用公式计算”、“运用函数计算”、“排序筛选数据”和“分类汇总”四项任务，图 5-13 展示了计算、统计数据的基本操作思路。

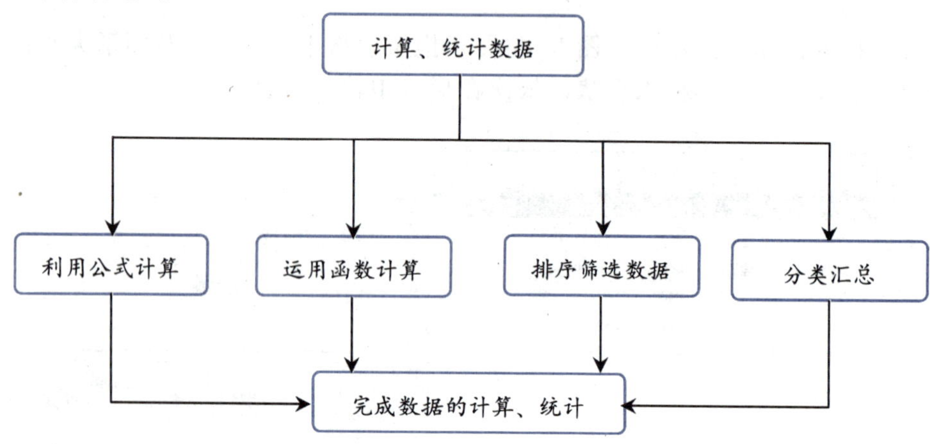

图 5-13 计算、统计数据的基本操作思路

实例任务 8 利用公式进行数据计算

公式是一种对工作表中的数据进行计算的方法，可以帮助用户快速完成各种复杂的数据运算。公式以等号“=”开始，其后为公式的表达式，如“=A1+A2”即表示求 A1 与 A2 单元格数据之和。

对表格进行了一系列美化操作后，李莉接下来要做的就是对表格中的数据进行计算，完成操作。

任务展示

打开素材文件“案例素材 5-8.xls”，按以下要求对文件进行设置。

1. 在 E3 单元格中输入公式“=C3*D3”，按 Enter 键计算结果；
2. 引用公式至 E4:E13 单元格区域。

任务分解

序号	技能点分解	技能要求	技能提示	实训案例效果图
1	输入公式	掌握运用公式计算数据的方法	★	
2	编辑公式	掌握引用公式、修改公式的方法	★	

注：★代表考试大纲所规定的技能考核点。

操作思路

本任务的重点在于掌握公式的使用方法。在实际应用中，可能需要完成求差、求积等计算，用户应该结合具体情况，灵活输入公式完成计算。

操作步骤

打开素材文件“案例素材 5-8.xls”，选中要输入公式的 E3 单元格，按照下面的步骤来输入并编辑公式。

光盘素材：“光盘:\案例素材\Unit5\案例素材 5-8.xls”。

E3 =C3*D3

	A	B	C	D	E
1	数码汇相机部门销售报表				
2	商品编号	商品名称	单价（元）	销售量	销售额
3	1009923	佳能 IXUS 110	￥2,120.00	35	￥74,200.00
4	1009924	佳能 IXUS 100	￥1,859.00	43	
5	1009925	三星 ST550	￥1,899.00	39	
6	1009926	尼康 D90	￥8,000.00	13	
7	1009927	索尼 T900	￥2,440.00	76	
8	1009928	松下 DMC-FP8	￥1,580.00	63	
9	1009929	佳能 IXUS200	￥2,590.00	32	
10	1009930	索尼 W220	￥1,490.00	20	
11	1009931	富士 S2000HD	￥1,790.00	34	
12	1009932	富士 F200EXR	￥1,960.00	35	
13	1009933	松下 DMC-LX3	￥3,890.00	8	

1 选中 E3 单元格，在编辑栏中输入“=C3*D3”，按 Enter 键，完成计算。

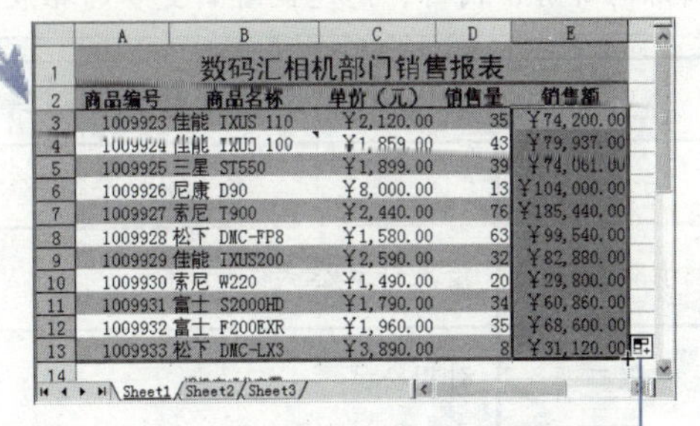

	A	B	C	D	E
1	数码汇相机部门销售报表				
2	商品编号	商品名称	单价（元）	销售量	销售额
3	1009923	佳能 IXUS 110	￥2,120.00	35	￥74,200.00
4	1009924	佳能 IXUS 100	￥1,859.00	43	￥79,937.00
5	1009925	三星 ST550	￥1,899.00	39	￥74,061.00
6	1009926	尼康 D90	￥8,000.00	13	￥104,000.00
7	1009927	索尼 T900	￥2,440.00	76	￥185,440.00
8	1009928	松下 DMC-FP8	￥1,580.00	63	￥99,540.00
9	1009929	佳能 IXUS200	￥2,590.00	32	￥82,880.00
10	1009930	索尼 W220	￥1,490.00	20	￥29,800.00
11	1009931	富士 S2000HD	￥1,790.00	34	￥60,860.00
12	1009932	富士 F200EXR	￥1,960.00	35	￥68,600.00
13	1009933	松下 DMC-LX3	￥3,890.00	8	￥31,120.00

Sheet1 / Sheet2 / Sheet3

2 选中 E3 单元格，将鼠标光标移至该单元格右下角，当其变为+形状时，拖动至 E13 单元格释放鼠标，即可完成引用公式计算的操作。

小提示：修改公式的方法与修改单元格数据的方法类似，选中要修改的公式，在编辑栏中进行修改即可。

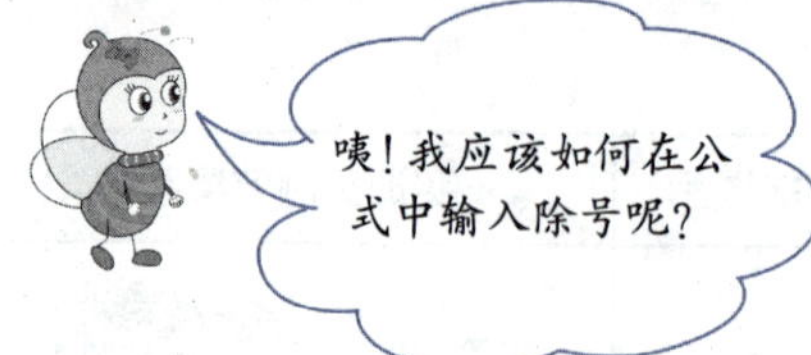

使用公式来计算数据，省事很多，并且保证了数据计算的准确性。接下来通过“技能训练”来练习和巩固学习成果。

技能训练

打开素材文件“技能训练 5-8 建材报价单.xls”，按以下要求设置文件，效果如图 5-14 所示。

 光盘素材：“光盘:\案例素材\Unit5\技能训练 5—8 建材报价单.xls”。

1. 在 E3 单元格中输入公式 “=C3*D3”，将公式复制至 E4:E12 单元格区域；
2. 在 E14 单元格中输入计算公式“=E3+E4+E5+E6+E7+E8+E9+E10+E11+E12”。

	A	B	C	D	E	F
1	建材报价单					
2	货物名称	规格	单价	数量	应付金额	签
3	刨花板	1220*2440*9	30.00	70.00		丁晓
4	水曲贴面刨花板	1220*2440*3	45.00	100.00		丁晓
5	进口水曲板	1220*2440	30.00	746.00		丁晓
6	胶合板夹板	1220*2440*8	73.00	376.00		丁晓
7	枫木贴面板	1220*2440*3.6	67.00	9.00		丁晓
8	碎粒板	1220*2440*9	60.00	30.00		丁晓
9	进口微粒板	1220*2440*15	78.00	20.00		丁晓
10	望铝板（吉祥）	1220*2440*3	399.00	20.00		丁晓
11	榉木皮	m2	75.00	14.00		丁晓
12	机织羊毛地毯	4000*25mm	197.00	5.00		丁晓

	A	B	C	D	E	F
2	货物名称	规格	单价	数量	应付金额	签收人
3	刨花板	1220*2440*9	30.00	70.00	2,100.00	丁晓
4	水曲贴面刨花板	1220*2440*3	45.00	100.00	4,500.00	丁晓
5	进口水曲板	1220*2440	30.00	746.00	22,380.00	丁晓
6	胶合板夹板	1220*2440*8	73.00	376.00	27,448.00	丁晓
7	枫木贴面板	1220*2440*3.6	67.00	9.00	603.00	丁晓
8	碎粒板	1220*2440*9	60.00	30.00	1,800.00	丁晓
9	进口微粒板	1220*2440*15	78.00	20.00	1,560.00	丁晓
10	望铝板（吉祥）	1220*2440*3	399.00	20.00	7,980.00	丁晓
11	榉木皮	m2	75.00	14.00	1,050.00	丁晓
12	机织羊毛地毯	4000*25mm	197.00	5.00	985.00	丁晓
13						
14	合计金额				70,406.00	

图 5-14　技能训练效果图

网络服务：您可以通过访问 http://www.bhp.com.cn 网站的“职业资格”栏目，查看本训练的讲解，同时，您还能看到更多的拓展内容。

<table>
<tr><th colspan="5">根据实际操作，简略填写下表</th></tr>
<tr><td>序号</td><td colspan="2">操作内容</td><td colspan="2">操作流程</td></tr>
<tr><td>步骤一</td><td colspan="2">输入计算公式</td><td colspan="2"></td></tr>
<tr><td>步骤二</td><td colspan="2">引用公式</td><td colspan="2"></td></tr>
<tr><td rowspan="4"></td><td colspan="4">实训指导教师评分</td></tr>
<tr><td>基本概念</td><td>技能掌握</td><td>语言描述</td><td>综合得分</td></tr>
<tr><td>□5 □4 □3 □2 □1</td><td>□5 □4 □3 □2 □1</td><td>□5 □4 □3 □2 □1</td><td></td></tr>
<tr><td colspan="4">实训指导教师签字：　　　　年　　月　　日</td></tr>
</table>

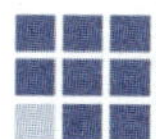

实例任务9 利用函数进行数据计算

“李莉，你最好在表格中将销售量和销售额的最大值明显标记出来，这样可以更方便谭总查看喔！”同事小吴善意提醒。李莉笑着点头称是，没错，她下一步要进行的操作就是利用函数计算最大值。

函数是一些预先定义好的公式，通过一些称之为参数的数值按特定的顺序或结构处理数据，可以达到简化公式的目的，并能完成一些常规公式无法进行的运算。

任务展示

打开“案例素材 5-9.xls”，按以下要求对文件进行设置。

1. 在 D14 单元格中输入函数“=MAX（D3:D13）”，按 Enter 键求得结果；
2. 将 D14 单元格中的函数引用至 E14 单元格。

任务分解

序号	技能点分解	技能要求	技能提示	实训案例效果图
1	认识常用函数	认识常用的 SUM、MIN、MAX、AVERAGE 等函数	▲	
2	输入函数	掌握运用函数计算数据的方法	★	

注：★代表考试大纲所规定的技能考核点，▲代表在实际工作中需要掌握的技能考核点。

操作思路

本任务的重点在于掌握函数的使用方法，由于 Excel 提供的函数类型很多，要记住所有的函数名和参数并不容易，因此用户可以着重掌握常用的求和函数 SUM、求平均值函数 AVERAGE、求最小值函数 MIN 和求最大值函数 MAX。

操作步骤

打开素材文件“案例素材 5-9.xls”，按照下面的步骤来输入并编辑公式。

光盘素材：“光盘:\案例素材\Unit5\案例素材 5–9.xls”。

1 选中 A14:C14 单元格区域，合并单元格，并设置为水平垂直都居中。

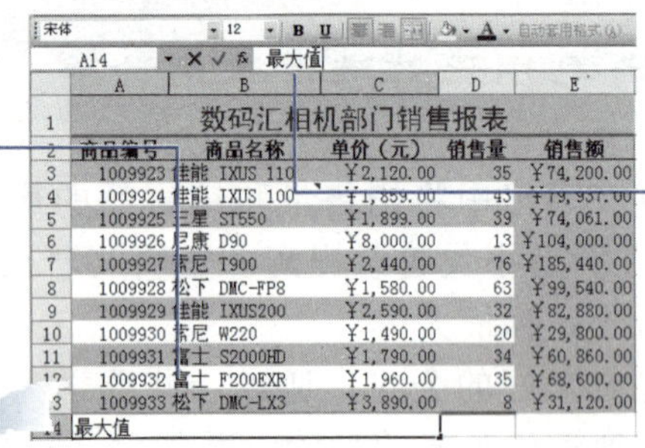

A14 最大值

	A	B	C	D	E
1	数码汇相机部门销售报表				
2	商品编号	商品名称	单价（元）	销售量	销售额
3	1009923	佳能 IXUS 110	¥2,120.00	35	¥74,200.00
4	1009924	佳能 IXUS 100	¥1,859.00	43	¥79,937.00
5	1009925	三星 ST550	¥1,899.00	39	¥74,061.00
6	1009926	尼康 D90	¥8,000.00	13	¥104,000.00
7	1009927	索尼 T900	¥2,440.00	76	¥185,440.00
8	1009928	松下 DMC-FP8	¥1,580.00	63	¥99,540.00
9	1009929	佳能 IXUS200	¥2,590.00	32	¥82,880.00
10	1009930	索尼 W220	¥1,490.00	20	¥29,800.00
11	1009931	富士 S2000HD	¥1,790.00	34	¥60,860.00
12	1009932	富士 F200EXR	¥1,960.00	35	¥68,600.00
13	1009933	松下 DMC-LX3	¥3,890.00	8	¥31,120.00
14	最大值				

2 在编辑栏中输入文本“最大值”。

3 选中 D14 单元格。

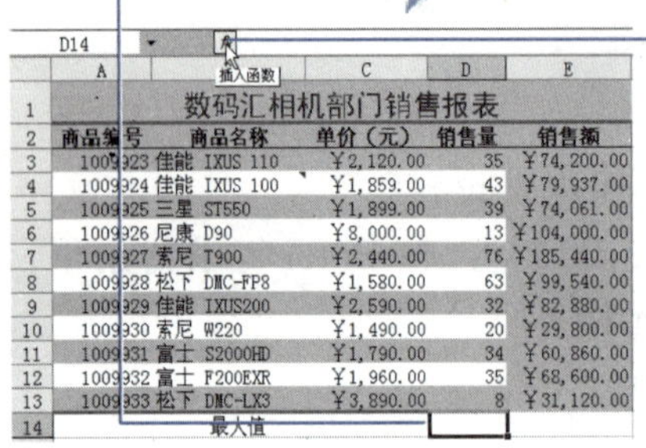

D14 插入函数

	A	B	C	D	E
1	数码汇相机部门销售报表				
2	商品编号	商品名称	单价（元）	销售量	销售额
3	1009923	佳能 IXUS 110	¥2,120.00	35	¥74,200.00
4	1009924	佳能 IXUS 100	¥1,859.00	43	¥79,937.00
5	1009925	三星 ST550	¥1,899.00	39	¥74,061.00
6	1009926	尼康 D90	¥8,000.00	13	¥104,000.00
7	1009927	索尼 T900	¥2,440.00	76	¥185,440.00
8	1009928	松下 DMC-FP8	¥1,580.00	63	¥99,540.00
9	1009929	佳能 IXUS200	¥2,590.00	32	¥82,880.00
10	1009930	索尼 W220	¥1,490.00	20	¥29,800.00
11	1009931	富士 S2000HD	¥1,790.00	34	¥60,860.00
12	1009932	富士 F200EXR	¥1,960.00	35	¥68,600.00
13	1009933	松下 DMC-LX3	¥3,890.00	8	¥31,120.00
14	最大值				

4 单击【插入函数】按钮。

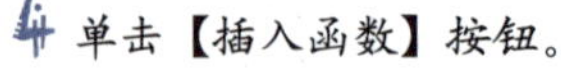

5 弹出“插入函数”对话框，在“选择函数”列表框中选择“MAX”选项。

6 单击【确定】按钮。

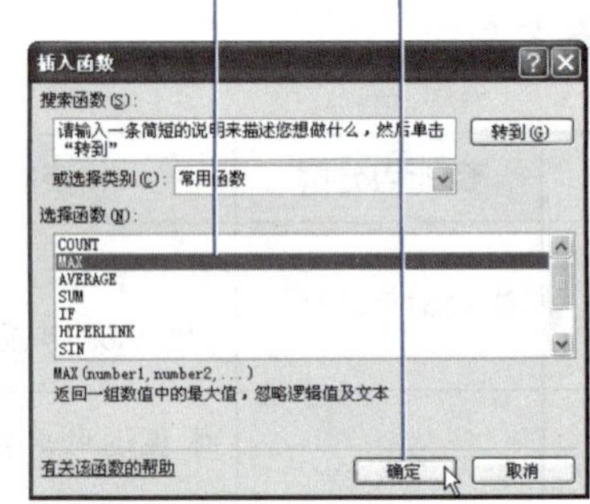

7 在“函数参数”对话框的“Number1”文本框中输入“D3:D13”。

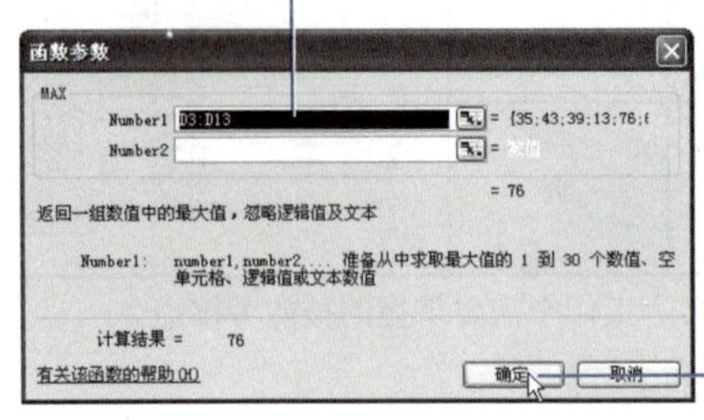

8 单击【确定】按钮。

9 系统自动求出最大值，将鼠标移至该单元格右下角，当其变为+形状时，拖动鼠标至 E14 单元格释放，即可为 E14 单元格引用函数得出答案。

E14 =MAX(E3:E13)

	A	B	C	D	E
1	数码汇相机部门销售报表				
2	商品编号	商品名称	单价（元）	销售量	销售额
3	1009923	佳能 IXUS 110	¥2,120.00	35	¥74,200.00
4	1009924	佳能 IXUS 100	¥1,859.00	43	¥79,937.00
5	1009925	三星 ST550	¥1,899.00	39	¥74,061.00
6	1009926	尼康 D90	¥8,000.00	13	¥104,000.00
7	1009927	索尼 T900	¥2,440.00	76	¥185,440.00
8	1009928	松下 DMC-FP8	¥1,580.00	63	¥99,540.00
9	1009929	佳能 IXUS200	¥2,590.00	32	¥82,880.00
10	1009930	索尼 W220	¥1,490.00	20	¥29,800.00
11	1009931	富士 S2000HD	¥1,790.00	34	¥60,860.00
12	1009932	富士 F200EXR	¥1,960.00	35	¥68,600.00
13	1009933	松下 DMC-LX3	¥3,890.00	8	¥31,120.00
14	最大值			76	¥185,440.00

对于函数的参数，我还是有些糊涂呢！

在填写参数时，你可以根据对话框下方的提示来进行，参数可以是数字、文本、单元格地址、数组等。

小提示：在“插入函数”对话框中，用户选中某个函数后，即可在列表框下方查看到该函数的用途，非常方便。在使用函数的过程中，如果对该函数有任何疑问，还可以单击“有关该函数的帮助”超链接，打开 Excel 帮助对话框详细查看该函数的语法及操作方法。

公式需要手动选择单元格来进行计算，而对于连续的单元格就可以用函数来计算了，李莉按照工作需要快速地完成了任务。接下来我们通过“技能训练”来练习和巩固学习成果。

技能训练

打开“技能训练 5-9 成绩单.xls”，按要求设置文件，效果如图 5-15 所示。

光盘素材：“光盘:\案例素材\Unit5\技能训练 5-9 成绩单.xls”。

1. 在 E3 单元格输入函数“=SUM(B3:D3)”，按 Enter 键完成计算，并将函数引用至 E4:E13 单元格区域。
2. 在 F3 单元格输入函数“=AVERAGE（B3:D3）”，按 Enter 键完成计算，并将函数引用至 E4:E13 单元格区域。

E3

	A	B	C	D	E	F	G
1	成绩单						
2	姓名	语文	数学	外语	总分	平均分	
3	伍宾	70	77	79			
4	刘华英	75	90	80			
5	何安安	92	80	81			
6	梁皓然	90	89	89			
7	蒋理	94	90	78			
8	朱盼	79	94	90			
9	杨风帆	83	80	88			
10	何苗	88	99	91			
11	杜纤	89	91	87			
12	李宗江	84	84	86			
13	肖晴	87	78	88			

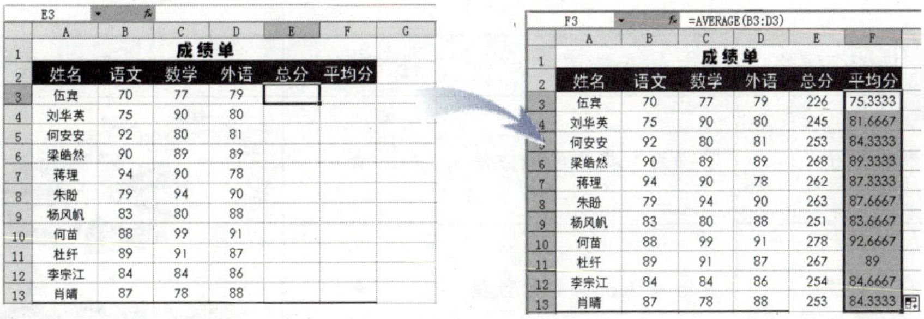

F3 =AVERAGE(B3:D3)

	A	B	C	D	E	F
1	成绩单					
2	姓名	语文	数学	外语	总分	平均分
3	伍宾	70	77	79	226	75.3333
4	刘华英	75	90	80	245	81.6667
5	何安安	92	80	81	253	84.3333
6	梁皓然	90	89	89	268	89.3333
7	蒋理	94	90	78	262	87.3333
8	朱盼	79	94	90	263	87.6667
9	杨风帆	83	80	88	251	83.6667
10	何苗	88	99	91	278	92.6667
11	杜纤	89	91	87	267	89
12	李宗江	84	84	86	254	84.6667
13	肖晴	87	78	88	253	84.3333

图 5-15 技能训练效果图

网络服务：您可以通过访问 http://www.bhp.com.cn 网站的“职业资格”栏目，查看本训练的讲解，同时，您还能看到更多的拓展内容。

根据实际操作，简略填写下表				
序号	操作内容		操作流程	
步骤一	输入函数			
步骤二	引用公式			
	实训指导教师评分			
	基本概念	技能掌握	语言描述	综合得分
	□5 □4 □3 □2 □1	□5 □4 □3 □2 □1	□5 □4 □3 □2 □1	
	实训指导教师签字：　　年　月　日			

实例任务10 数据的排序筛选

在编辑表格的过程中，经常会遇到要对其中的数据进行升序或降序排列的情况，如在成绩表中按总分进行排序，在销售表中按销售业绩进行排序等。在Excel中可以对单元格中的数字、文本、日期等数据进行排序，以便直观地查看、理解数据。当表格中的数据繁多时，要查找出某一个或几个符合条件的数据是件非常麻烦的事情，这时候，可以用筛选的方式筛选出符合条件的数据，达到快速查看的目的。接下来，李莉就要在表格中依次执行排序和筛选数据的操作了。

任务展示

打开素材文件“案例素材5-10.xls”，按以下要求对文件进行设置。

1. 按“销售额”进行升序排列；
2. 运用高级筛选功能，筛选出销售量等于34的商品信息。

任务分解

序号	技能点分解	技能要求	技能提示	实训案例效果图
1	数据排序	掌握为数据排序的方法	★	
2	筛选数据	灵活筛选出需要的数据	★	

注：★代表考试大纲所规定的技能考核点。

操作思路

本任务的难点在于筛选功能的运用，在Excel中，用户可以通过自定义筛选和高级筛选两种方式来完成筛选操作。相比之下，使用高级筛选能使筛选结果显示位置、对筛选区域和条件区域进行详细设置，而自定义筛选则简便灵活。

操作步骤

打开素材文件“案例素材5-10.xls”，按照下面的步骤来输入并编辑公式。

光盘素材：“光盘:\案例素材\Unit5\案例素材5—10.xls”。

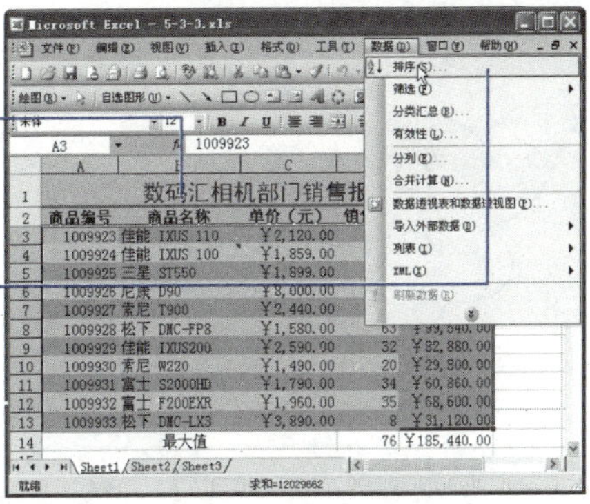

1 选中 A2:E13 单元格区域。

2 选择【数据】|【排序】命令，弹出“排序”对话框。

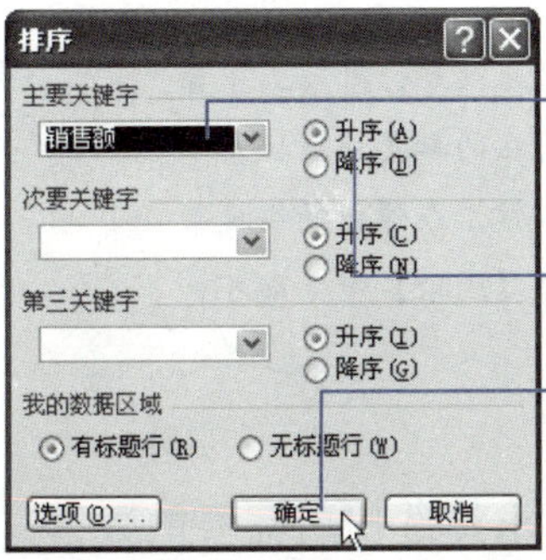

3 在“主要关键字”下拉列表框中选择“销售额”。

4 选中【升序】单选按钮。

5 单击【确定】按钮。

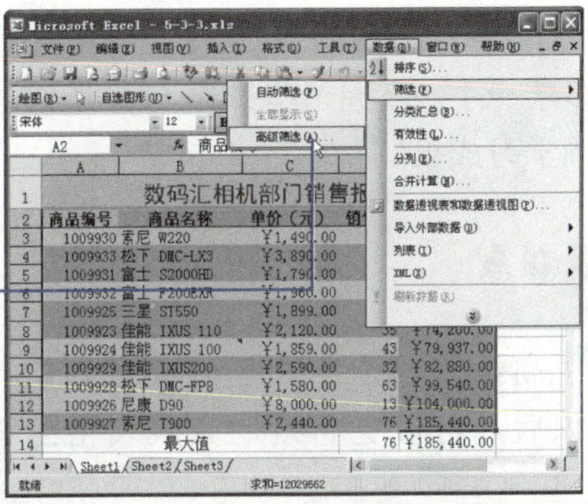

6 选择 A2:E13 单元格区域，选择【数据】|【筛选】|【高级筛选】命令，弹出“高级筛选”对话框。

小提示：当表格中的数据过多或者可能出现相同数据的情况下，用户还可以在“排序”对话框中设置“次要关键字”和“第三关键字”排序。

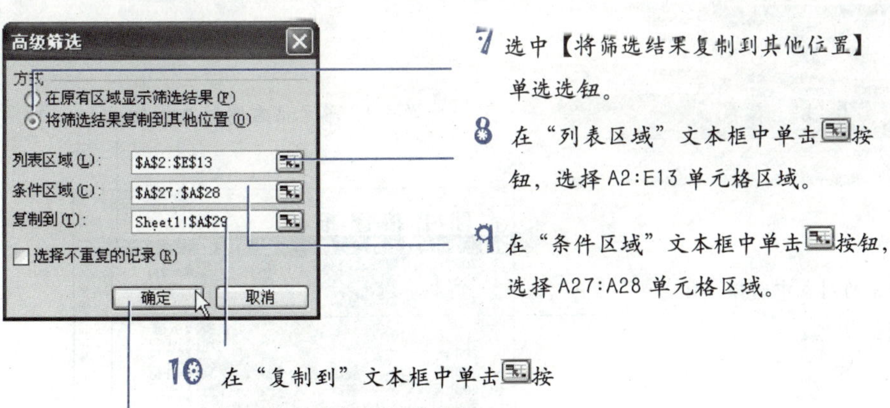

7 选中【将筛选结果复制到其他位置】单选选钮。

8 在“列表区域”文本框中单击按钮，选择 A2:E13 单元格区域。

9 在“条件区域”文本框中单击按钮，选择 A27:A28 单元格区域。

10 在“复制到”文本框中单击按钮，单击选择 A29 单元格。

11 单击【确定】按钮。

为什么在“条件区域”文本框中要选择A27:A28单元格区域呢?

A27:A28是条件区域,即包括了要寻找的数值“销售量”和“34”,下一次你在筛选其他数据时,也需要首先在单元格中列出寻找的条件再执行高级筛选操作喔!

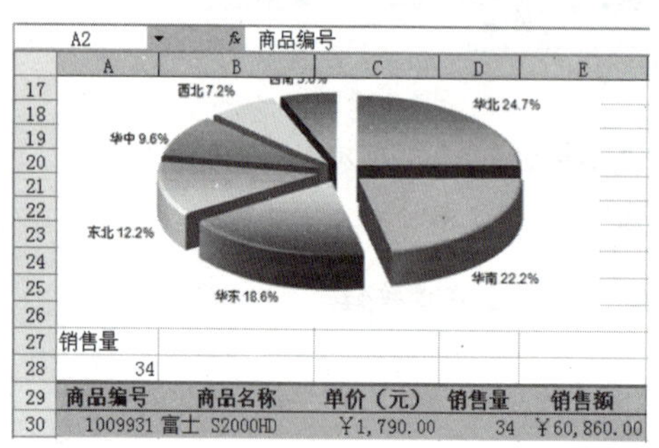

要删除筛选结果,可以选中筛选结果所在的单元格区域,单击鼠标右键,在弹出的快捷菜单中选择【删除】命令即可。

通过排序与筛选的命令,李莉很快就按照统计要求筛选出所需要的数据。接下来我们来多学一手,掌握一些排序与筛选这项技能的拓展知识,然后通过“技能训练”来练习和巩固学习成果。

技能拓展

除了高级筛选,用户还有必要对自定义筛选数据的方法有一定的了解,掌握了这些知识后,可以更高效地完成表格的编辑操作,其完成过程如下所示。

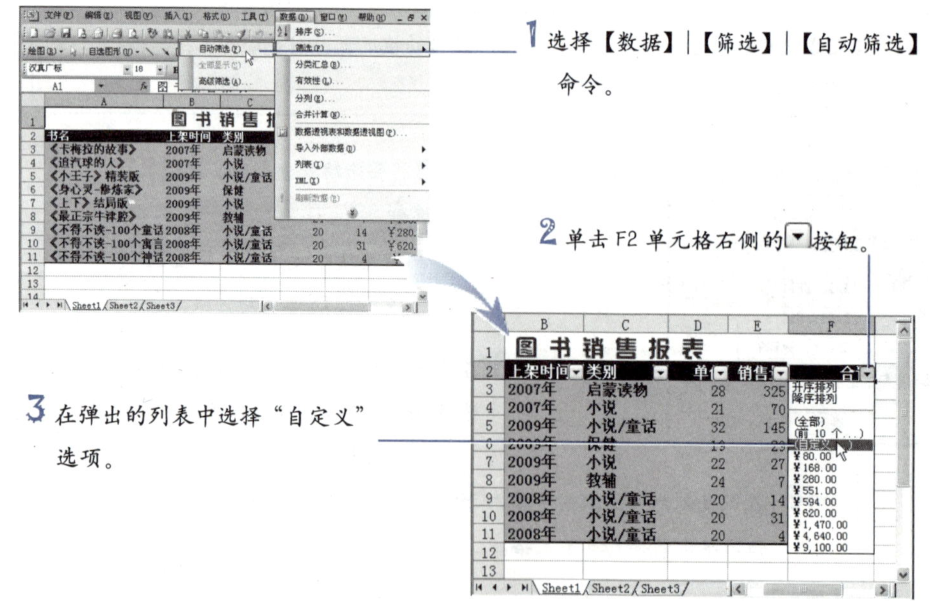

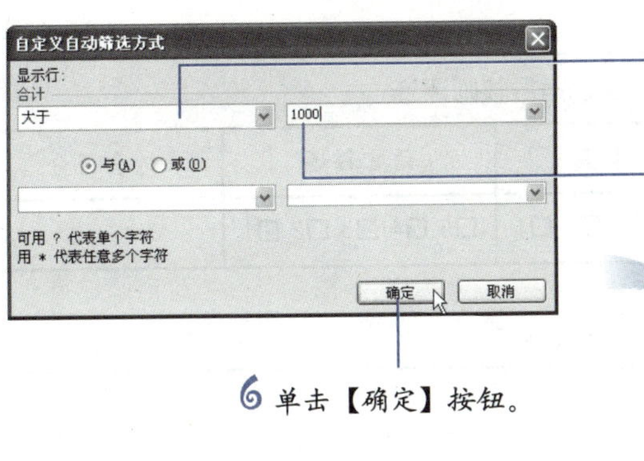

4 在“合计”下拉列表框中选择“大于”选项。

5 在右侧的下拉列表框中输入“1000”。

6 单击【确定】按钮。

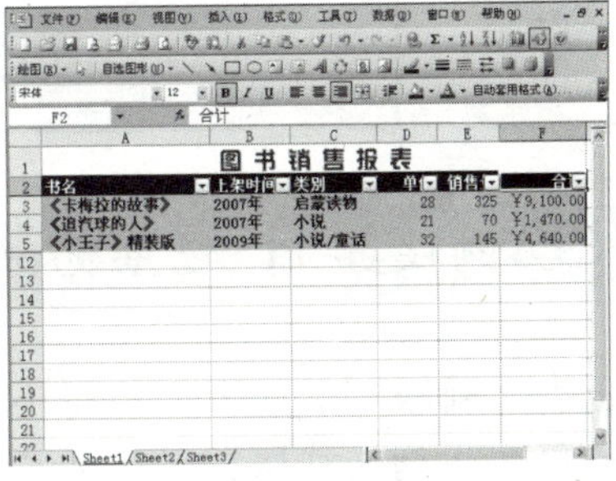

技能训练

打开“技能训练 5-10 期末成绩表.xls”，按照以下要求设置文件，效果如图 5-16 所示。

光盘素材：“光盘:\案例素材\Unit5\技能训练 5—10 期末成绩表.xls”。

1. 按总分的高低进行降序排列；
2. 运用自动筛选功能，筛选出总分在 260 分以上的同学名单。

期末成绩表

学号	姓名	语文	数学	外语	总分	平均分
2001	伍冀	70	77	79	226	75
2002	刘华英	75	90	80	245	[illegible]
2003	何安安	92	80	81	253	84
2004	梁皓然	90	89	89	268	89
2005	蒋理	94	90	78	262	87
2006	朱盼	79	94	90	263	88
2007	杨风帆	83	80	88	251	84
2008	何苗	88	99	91	278	93
2009	杜纤	89	91	87	267	89
2010	李宗江	84	84	86	254	85

期末成绩表

学号	姓名	语文	数学	外语	总分	平均分
2008	何苗	88	99	91	278	93
2004	梁皓然	90	89	89	268	89
2009	杜纤	89	91	87	267	89
2006	朱盼	79	94	90	263	88
2005	蒋理	94	90	78	262	87

图 5-16 技能训练效果图

网络服务：您可以通过访问 http://www.bhp.com.cn 网站的“职业资格”栏目，查看本训练的讲解，同时，您还能看到更多的拓展内容。

根据实际操作，简略填写下表		
序号	操作内容	操作流程
步骤一	为数据排序	
步骤二	筛选数据	

续表

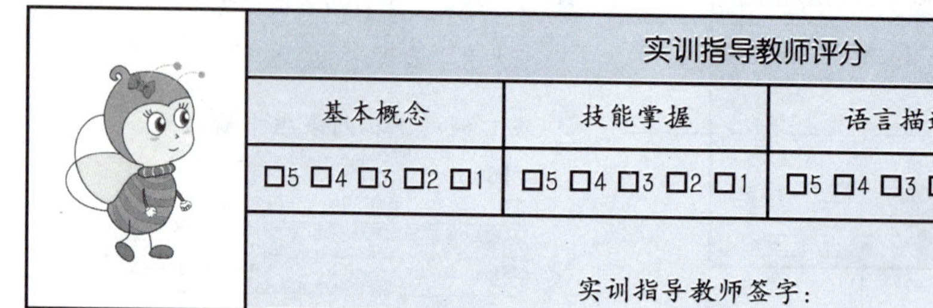

	实训指导教师评分			
	基本概念	技能掌握	语言描述	综合得分
	□5 □4 □3 □2 □1	□5 □4 □3 □2 □1	□5 □4 □3 □2 □1	
	实训指导教师签字：　　　年　　月　　日			

实例任务 11　数据的分类汇总

正当李莉跟一干同事们忙得不可开交时，同事小吴突然接到了家里的紧急电话，小吴的母亲生病送往医院了，看着小吴焦急的样子，李莉主动把小吴手中的活儿接了过来。今天有许多顾客在购买商品时都填写了调查问卷，小吴的工作就是在 Excel 中整理并分析问卷，然后呈给谭总。现在李莉需要接着完成的是分类汇总工作。

分类汇总是在 Excel 分析数据时常用的功能之一，通过它可以将表格中性质相同的内容汇总到一起，让表格的结构更清楚，以便读者查看。

任务展示

打开素材文件“案例素材 5-11.xls”，按以下要求对文件进行操作，效果如图 5-17 所示。

1. 对表格进行排序；
2. 以“最关注的 DC 品牌”为分类字段，以“计数”的方式进行分类汇总。

	A	B	C	D	E	F
1	DC市场分析表					
2	姓名	年龄	职业	最关注的DC品牌	最关注的机型	可接受价格（元）
3	邓飞	27	工程师	三星	三星 ST550	2000-5000
4	陈妙妙	21	学生	卡西欧	卡西欧 S12	1000-2000
5	方咏	42	律师	尼康	尼康 D90	5000-100000
6	杨乐心	20	学生	三星	三星 ST550	1000-2000
7	陈功	24	业务经理	佳能	佳能 IXUS 100	1000-2000
8	蒋非	22	学生	佳能	佳能 IXUS 110	1000-2000
9	许晴	32	教师	佳能	佳能 450D	2000-5000
10	吕霞	26	文员	奥林巴斯	奥林巴斯 FE5020	1000-2000
11	郑绛	23	学生	佳能	佳能 500D	2000-5000
12	张振司	31	营销总监	奥林巴斯	奥林巴斯 U9000	2000-5000
13	刘星	19	学生	卡西欧	卡西欧 H10	2000-5000
14	王可	26	学生	佳能	佳能 IXUS 95	1000-2000
15	米航	24	美术指导	佳能	佳能 IXUS 110	5000-10000
16	肖荷彤	28	公务员	尼康	尼康 D3000	2000-5000

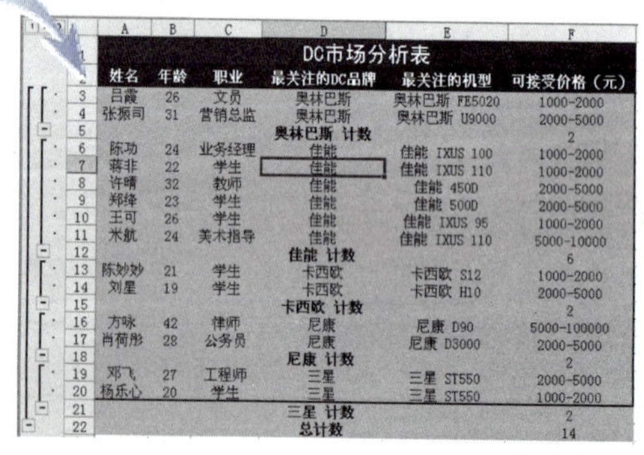

	A	B	C	D	E	F
1	DC市场分析表					
2	姓名	年龄	职业	最关注的DC品牌	最关注的机型	可接受价格（元）
3	吕霞	26	文员	奥林巴斯	奥林巴斯 FE5020	1000-2000
4	张振司	31	营销总监	奥林巴斯	奥林巴斯 U9000	2000-5000
5				奥林巴斯 计数		2
6	陈功	24	业务经理	佳能	佳能 IXUS 100	1000-2000
7	蒋非	22	学生	佳能	佳能 IXUS 110	1000-2000
8	许晴	32	教师	佳能	佳能 450D	2000-5000
9	郑绛	23	学生	佳能	佳能 500D	2000-5000
10	王可	26	学生	佳能	佳能 IXUS 95	1000-2000
11	米航	24	美术指导	佳能	佳能 IXUS 110	5000-10000
12				佳能 计数		6
13	陈妙妙	21	学生	卡西欧	卡西欧 S12	1000-2000
14	刘星	19	学生	卡西欧	卡西欧 H10	2000-5000
15				卡西欧 计数		2
16	方咏	42	律师	尼康	尼康 D90	5000-100000
17	肖荷彤	28	公务员	尼康	尼康 D3000	2000-5000
18				尼康 计数		2
19	邓飞	27	工程师	三星	三星 ST550	2000-5000
20	杨乐心	20	学生	三星	三星 ST550	1000-2000
21				三星 计数		2
22				总计数		14

图 5-17　分类汇总

任务分解

序号	技能点分解	技能要求	技能提示	实训案例效果图
1	创建分类汇总	掌握在表格中创建分类汇总的方法	★	
2	编辑分类汇总	能够清除、显示或隐藏分类汇总	▲	

注：★代表考试大纲所规定的技能考核点，▲代表在实际工作中需要掌握的技能考核点。

操作思路

本任务的重点在于掌握分类汇总的操作方法，尤其需要注意的是，在使用分类汇总前，一定要先对表格进行排序，否则会影响分类汇总操作的准确性。难点在于对数据进行了分类汇总后，若要返回表格原来的状态，则需要再次执行分类汇总操作，在弹出的“分类汇总”对话框中单击【全部删除】按钮方可删除分类汇总结果。

操作步骤

打开素材文件“案例素材 5-11.xls”，按要求进行操作，下面详细讲解操作方法。

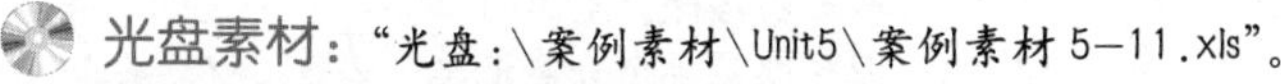

光盘素材：“光盘:\案例素材\Unit5\案例素材 5-11.xls”。

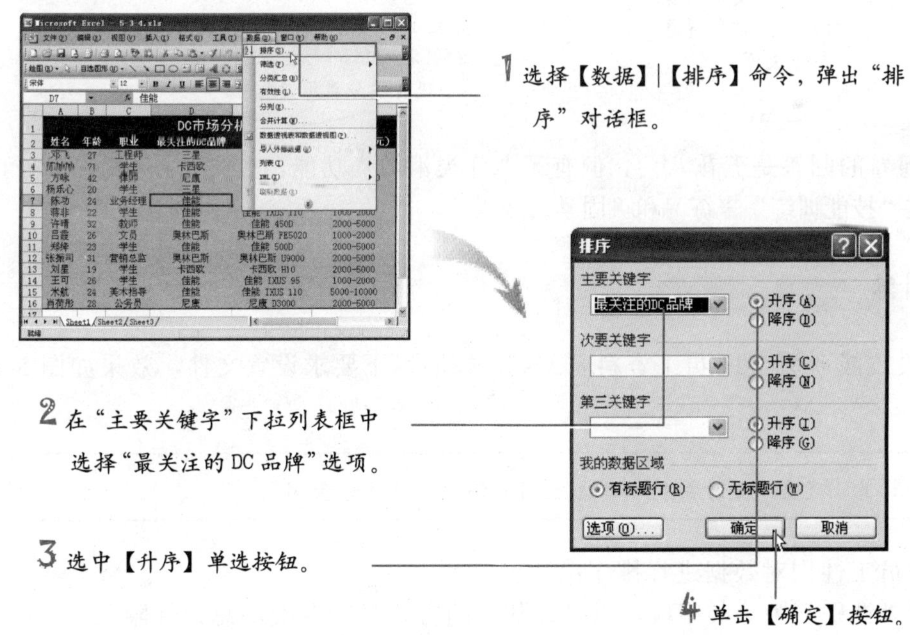

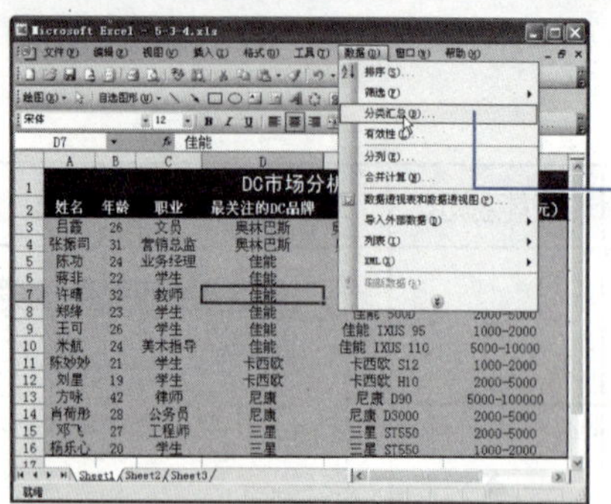

5 选择【数据】|【分类汇总】命令。

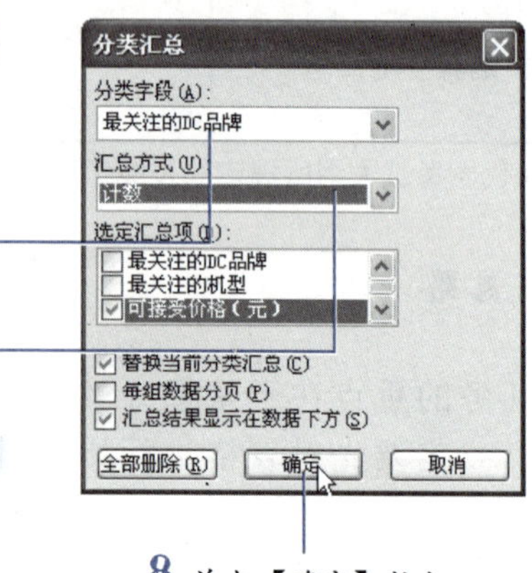

6 在"分类字段"下拉列表框中选择"最关注的DC品牌"选项。

7 在"汇总方式"下拉列表框中选择"计数"选项。

8 单击【确定】按钮。

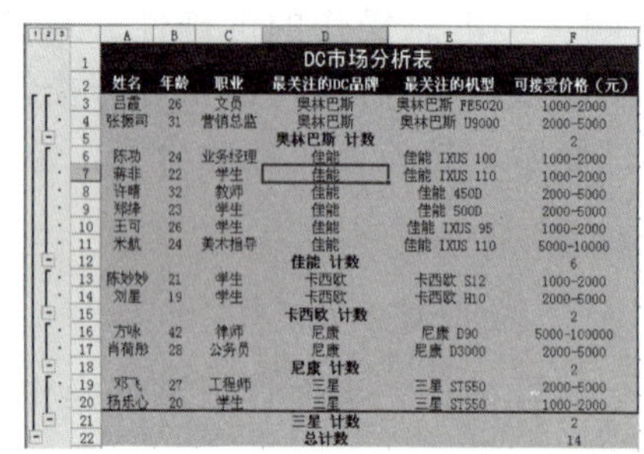

执行了分类汇总操作后，我该怎样隐藏分类汇总呢？

你可以单击表格行标左侧的[-]按钮，即可隐藏单个分类汇总明细行，单击[+]按钮则可再次将其显示，同时，单击列号最左侧的[1]、[2]和[3]按钮还可分级显示分类汇总!

调查问卷的回答是五花八门，但有了"分类汇总"功能，李莉的工作就省事多了。接下来通过"技能训练"来练习和巩固学习成果。

技能训练

打开"技能训练5-11员工资料表.xls"，按照以下要求设置文件，效果如图5-18所示。

光盘素材："光盘:\案例素材\Unit5\技能训练5-11员工资料表.xls"。

1. 按员工性别对数据进行排序；
2. 以"性别"为分类字段，以"计数"的方式进行分类汇总，并隐藏"男"明细项。

新晋员工考评表						
姓名	性别	年龄	民族	学历	部门	部门意见
李逦	男	23	汉	本科	通信部	合格，请予录用
蒙艺慧	女	24	汉	本科	营销部	合格，请予录用
刘尚	女	23	汉	本科	客服部	合格，请予录用
杨雪	女	23	汉	本科	客服部	合格，请予录用
余华	男	33	汉	本科	财务部	合格，请予录用
谭强	男	27	汉	硕士	营销部	合格，请予录用
刘咏华	女	22	汉	本科	人事部	合格，请予录用
贺晓	女	26	汉	本科	人事部	合格，请予录用

新晋员工考评表						
姓名	性别	年龄	民族	学历	部门	部门意见
李逦	男	23	汉	本科	通信部	合格，请予录用
余华	男	33	汉	本科	财务部	合格，请予录用
谭强	男	27	汉	硕士	营销部	合格，请予录用
	男 计数					3
蒙艺慧	女	24	汉	本科	营销部	合格，请予录用
刘尚	女	23	汉	本科	客服部	合格，请予录用
杨雪	女	23	汉	本科	客服部	合格，请予录用
刘咏华	女	22	汉	本科	人事部	合格，请予录用
贺晓	女	26	汉	本科	人事部	合格，请予录用
	女 计数					5
	总计数					8

图 5-18 技能训练效果图

网络服务： 您可以通过访问 http://www.bhp.com.cn 网站的“职业资格”栏目，查看本训练的讲解，同时，您还能看到更多的拓展内容。

根据实际操作，简略填写下表		
序号	操作内容	操作流程
步骤一	创建分类汇总	
步骤二	隐藏/显示分类汇总	

实训指导教师评分			
基本概念	技能掌握	语言描述	综合得分
□5 □4 □3 □2 □1	□5 □4 □3 □2 □1	□5 □4 □3 □2 □1	
实训指导教师签字： 年 月 日			

实训技能 4 创建销售图表

作为 Excel 最主要的数据分析工具之一，图表的重要性在众多 Excel 用户心目中是不言而喻的。它运用直观的形式来表现表格中抽象而枯燥的数据，具有良好的视觉效果，能一目了然地查看到数据间的关系，从而让数据更容易理解。

在 Excel 中共提供了柱形图、折线图、饼图、条形图、散点图、面积图等 14 种类型的图表供用户选择。通常，图表主要由图表区、绘图区、图例、坐标轴、图表标题和网格线等元素组成，用户可以根据需要添加或编辑图表元素。

在本案例中，将“创建销售图表”这一技能划分为“建立图表”、“编辑修饰图表”两项任务，图 5-19 展示了创建图表的基本操作思路。

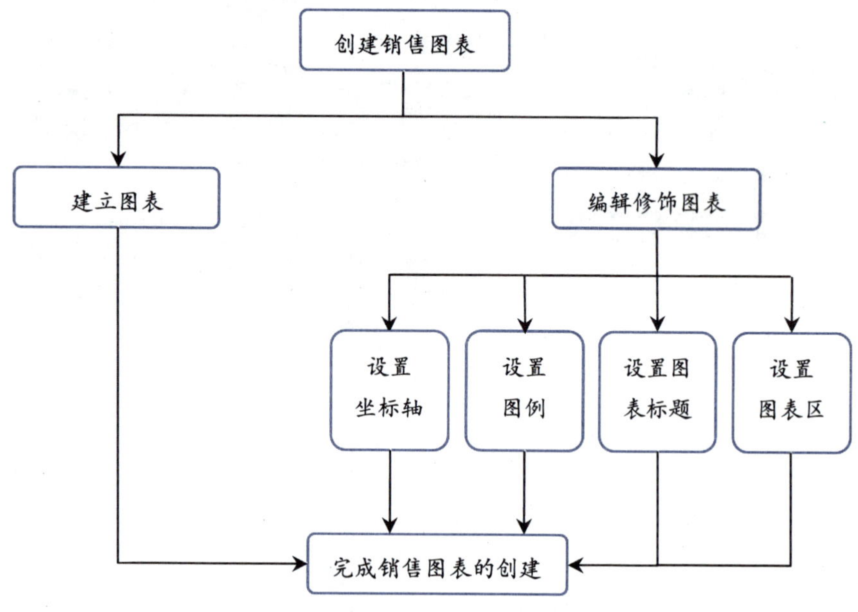

图 5-19　创建图表的基本操作思路

实例任务 12　利用销售数据建立销售图表

当李莉把做好的销售报表交给谭总审阅时，挑剔的谭总看了一眼，说还差一个分析图表。没办法，李莉接下来要做的工作就是再创建一个销售图表。

任务展示

打开素材文件“案例素材 5-12.xls”，选择 B2:B13 和 E2:E13 单元格区域，创建“簇状柱形图”。

任务分解

序号	技能点分解	技能要求	技能提示	实训案例效果图
1	建立图表	掌握建立图表的方法	★	

注：★代表考试大纲所规定的技能考核点。

操作思路

本任务的重点在于掌握建立图表的方法，由于表格中的数据繁杂，在建立图表前一定要理清楚思路，需要通过什么样的图表反映什么数据、什么关系。

操作步骤

打开素材文件“案例素材 5-12.xls”，按照下面的步骤来建立图表。

光盘素材：“光盘:\案例素材\Unit5\案例素材 5—12.xls”。

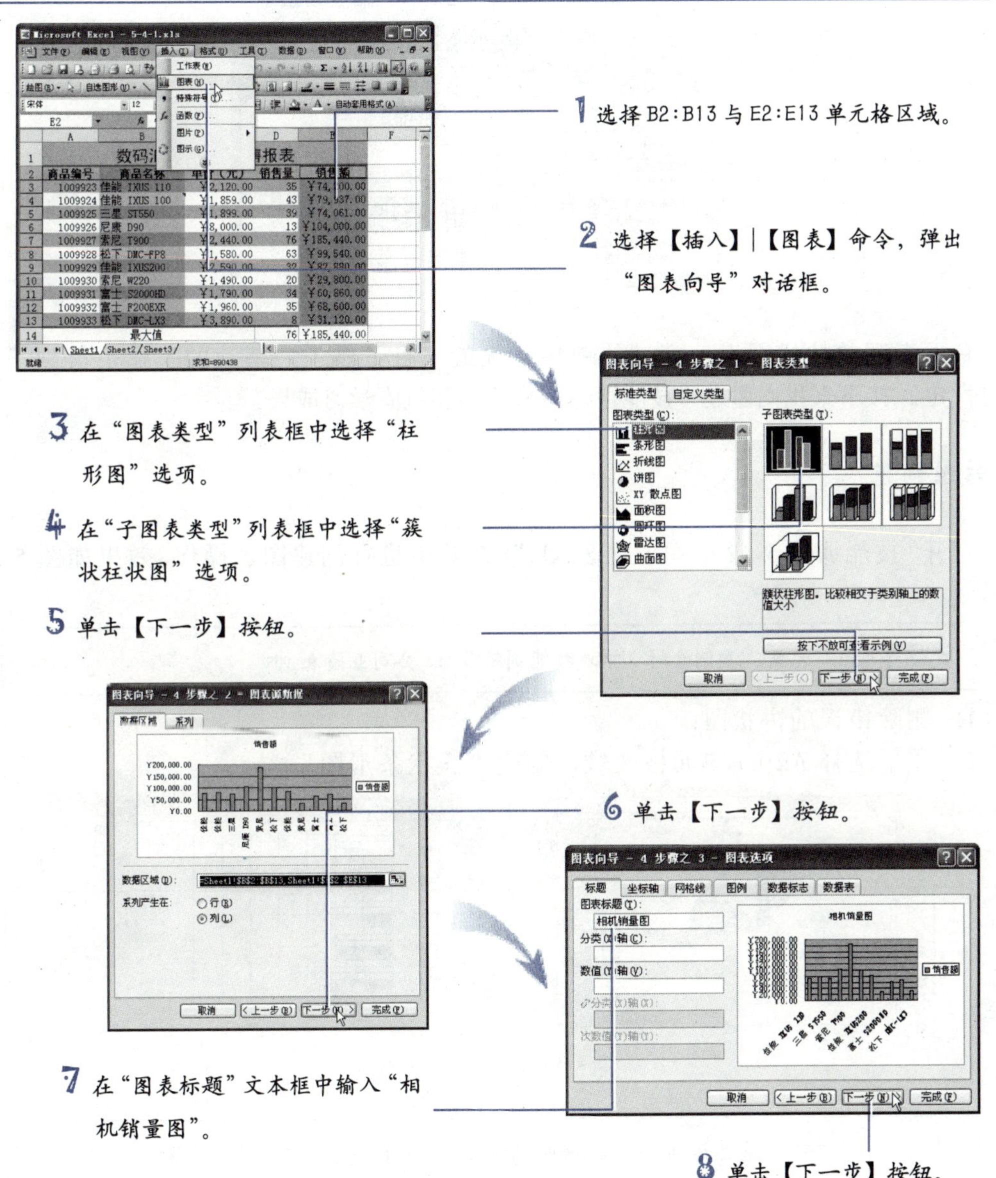

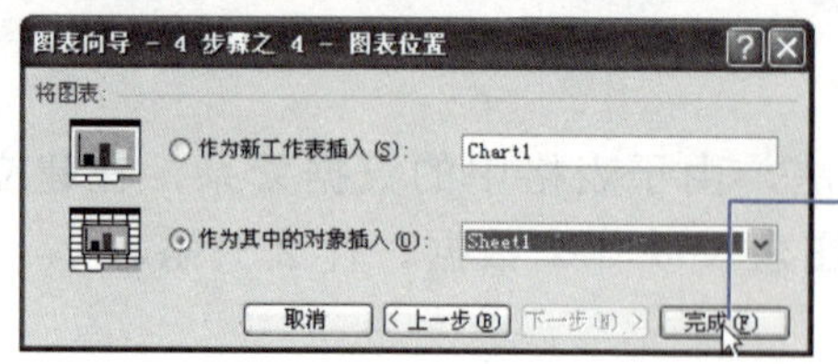

9 单击【完成】按钮。

小提示：当对创建的图表不满意时，可选中该图表，在图表的空白处单击鼠标右键，在弹出的快捷菜单中选择【图表类型】命令，即可弹出“图表类型”对话框，可重新选择合适的图表；选择【清除】命令，则可将图表删除。

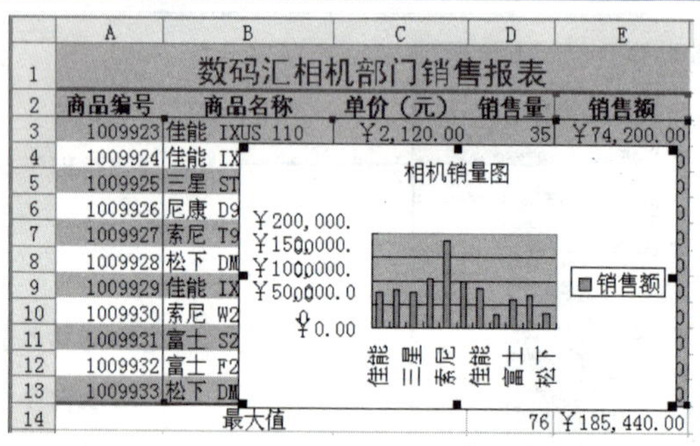

有了直观的柱线图表，商城的销售情况就一目了然了，李莉的工作也得到了谭总的肯定。接下来我们通过“技能训练”来练习和巩固学习成果。

技能训练

打开“技能训练 5-12 公司业绩表.xls”，在其中进行创建图表操作，效果如图 5-20 所示。

光盘素材：“光盘:\案例素材\Unit5\技能训练 5-12 公司业绩表.xls”。

1. 删除错误的饼状图；
2. 重新选择 A2:E7 单元格区域，创建“簇状条形图”。

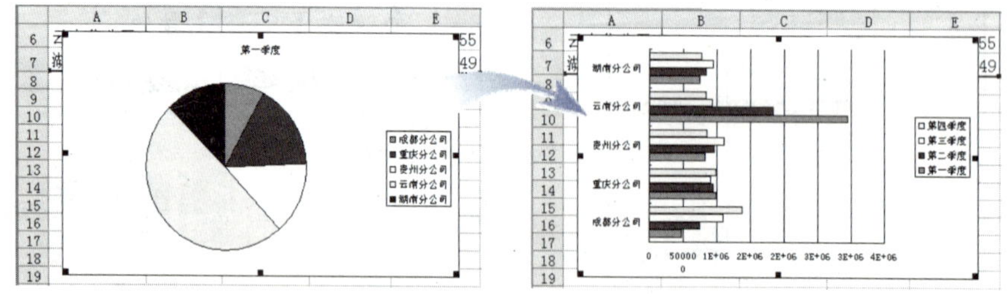

图 5-20　技能训练效果图

网络服务：您可以通过访问 http://www.bhp.com.cn 网站的“职业资格”栏目，查看本训练的讲解，同时，您还能看到更多的拓展内容。

根据实际操作，简略填写下表			
序号	操作内容	操作流程	
步骤一	删除错误图表		
步骤二	重新创建图表		

实训指导教师评分			
基本概念	技能掌握	语言描述	综合得分
□5 □4 □3 □2 □1	□5 □4 □3 □2 □1	□5 □4 □3 □2 □1	
实训指导教师签字： 年 月 日			

实例任务13 编辑修饰销售图表

有经验的读者都知道，新创建的图表是浮于表格上方的，它很可能会挡住表格，令其内容不能完全显示，这样既不利于查看，也不利于美化表格。因此，读者还需要根据实际情况进行一些编辑和装饰，如调整图表大小、位置等，最终达到让图表清晰说明数据的效果。

这不，李莉马上要完成的工作就是编辑修饰图表。

任务展示

打开素材文件“案例素材 5-13.xls”，按以下要求对文件进行设置。

1. 将图表移至表格右侧，调整其大小；
2. 设置图表标题字体为“黑体”、字号为“14”、字体颜色为“粉红”；
3. 将图片“案例素材 5-3 相机.jpg”设置为图表区的背景。

任务分解

序号	技能点分解	技能要求	技能提示	实训案例效果图
1	编辑图表	掌握更改图表位置、大小及设置图表元素的方法	★	
2	修饰图表	设置图表标题、图表区、绘图区的格式	★	

注：★代表考试大纲所规定的技能考核点。

操作思路

本任务的重点在于掌握各种编辑和美化图表的方法，在实际应用中，用户可以结合需要和喜好来灵活运用，如对图表标题格式的设置、对图表区背景的设置等，但注意在设置时不要选择与图表区相近的颜色，给查阅带来困难。

操作步骤

打开素材文件“案例素材 5-13.xls”，选中要编辑的图表，按照下面的步骤来编辑和美化该图表。

光盘素材：“光盘:\案例素材\Unit5\案例素材 5—13.xls”；
“光盘:\案例素材\Unit5\案例素材 5—13 相机.jpg”。

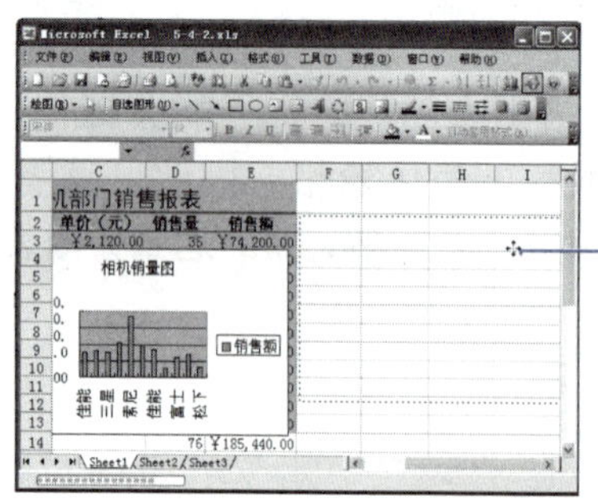

1 将鼠标光标移至图表的空白处，当其变为✣形状时，将其拖动至表格右侧后释放鼠标，完成图表位置的移动。

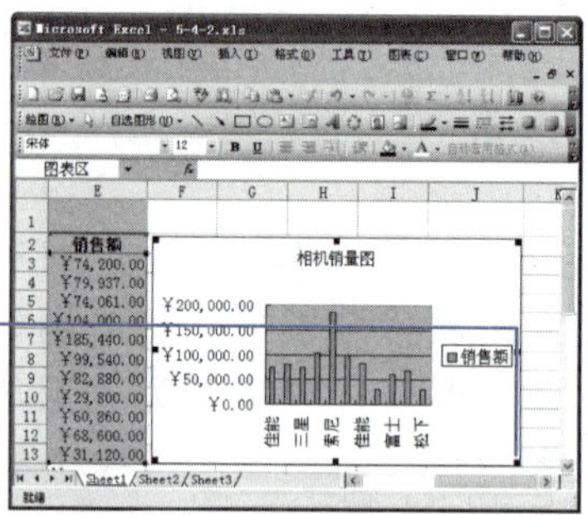

2 将鼠标光标移至图表四周的控点上，当其变为↘形状时，将其拖动至合适大小后释放鼠标，完成图表大小的调节。

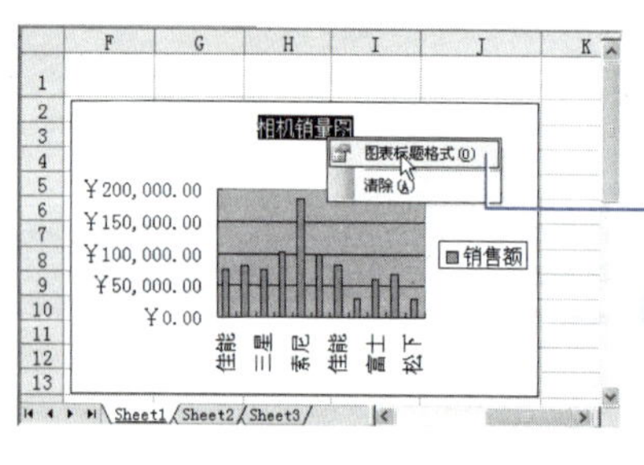

3 选中图表标题，单击鼠标右键，在弹出的快捷菜单中选择【图表标题格式】命令。

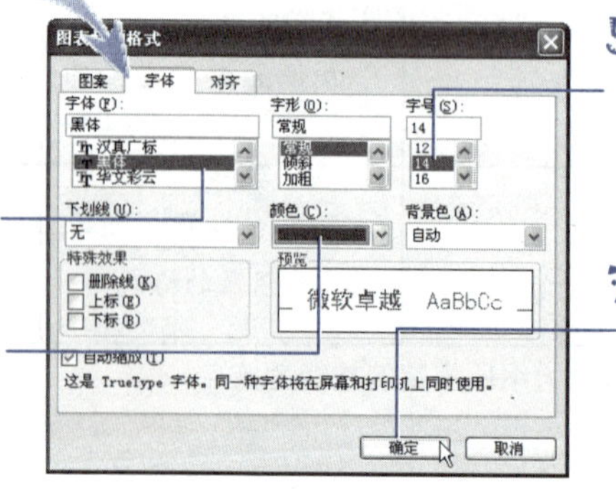

4 弹出“图表标题格式”对话框，在“字体”下拉列表框中选择“黑体”。

5 在“字号”下拉列表框中选择“14”。

6 在“颜色”下拉列表框中选择“粉红”。

7 单击【确定】按钮。

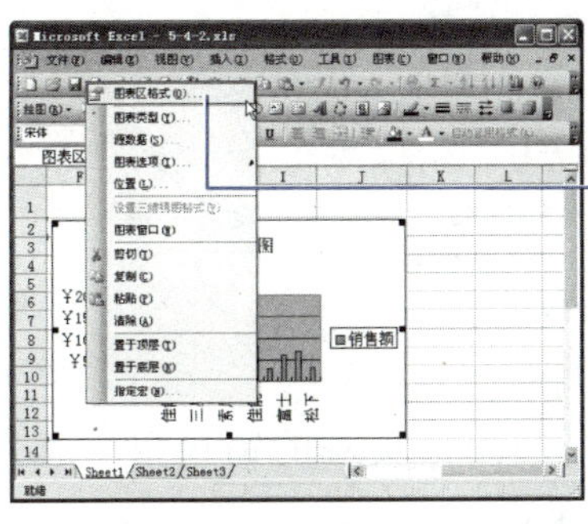

8 在图表区单击鼠标右键，在弹出的快捷菜单中选择【图表区格式】命令。

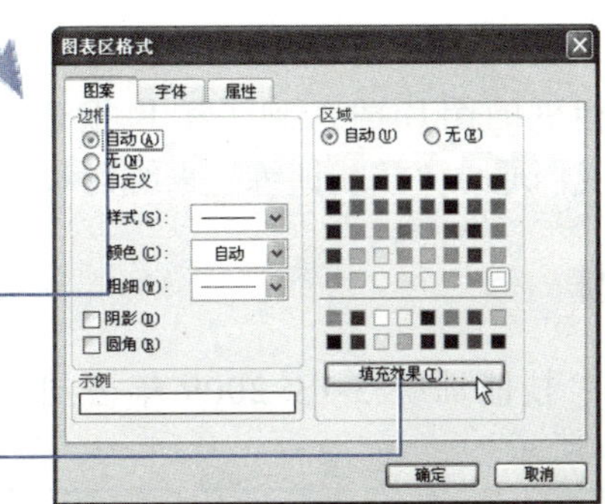

9 弹出“图表区格式”对话框，单击【图案】选项卡。

10 单击【填充效果】按钮，弹出“填充效果”对话框。

11 单击【图片】选项卡。

12 单击【选择图片】按钮。

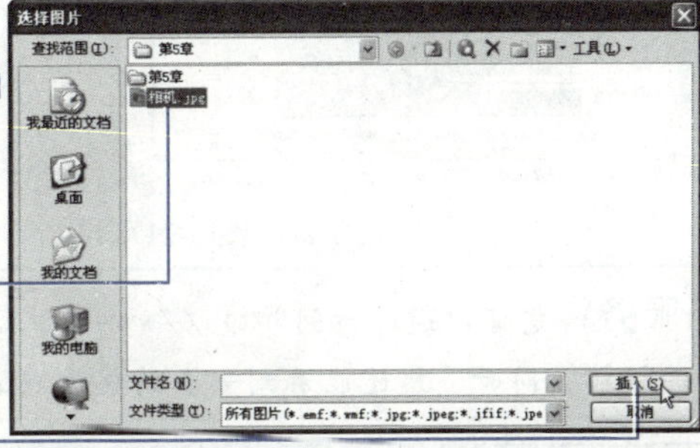

13 弹出“选择图片”对话框，选择要插入的图片“相机.jpg”。

14 单击【插入】按钮。

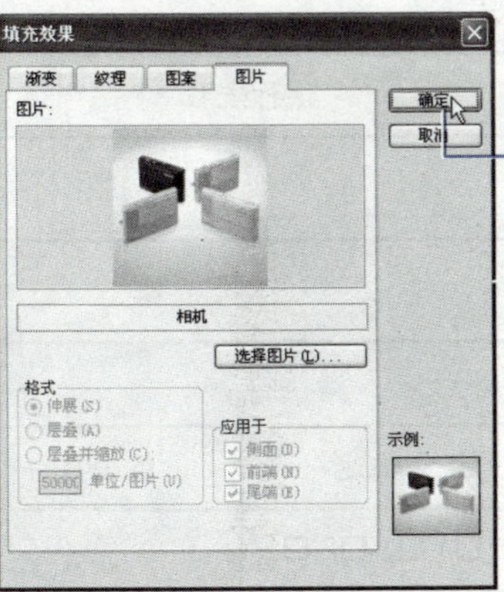

15 返回“填充效果”对话框，单击【确定】按钮。

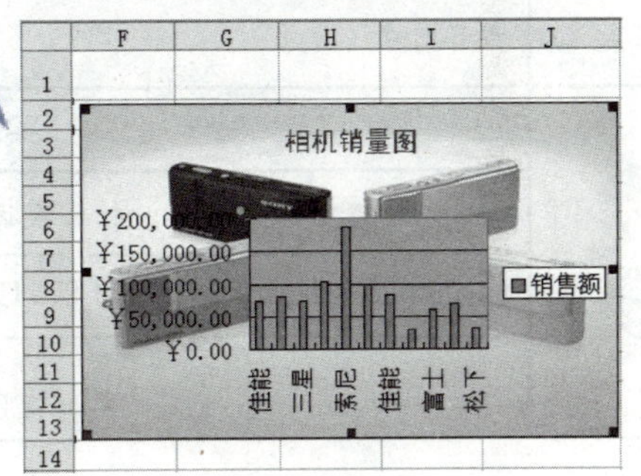

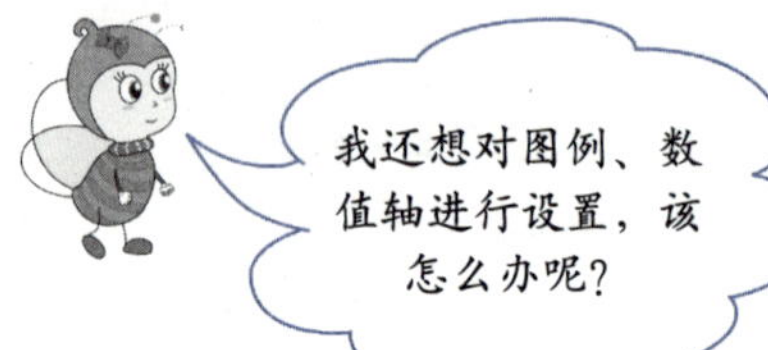

李莉把相机的图片插入到了销售报表里，一个既实用又美观的销售报表就完成了。接下来我们通过“技能训练”来练习和巩固学习成果。

技能训练

下面对“技能训练 5-13 2009 年公司业绩表.xls”进行设置，使其更加美观，效果如图 5-21 所示。

> 光盘素材：“光盘:\案例素材\Unit5\技能训练 5—13 2009 年公司业绩表.xls”。

1. 将图例的字体设置为“华文中宋”，并将其位置设置于图表底部；
2. 将图表区的背景设置为“新闻纸”的纹理样式。

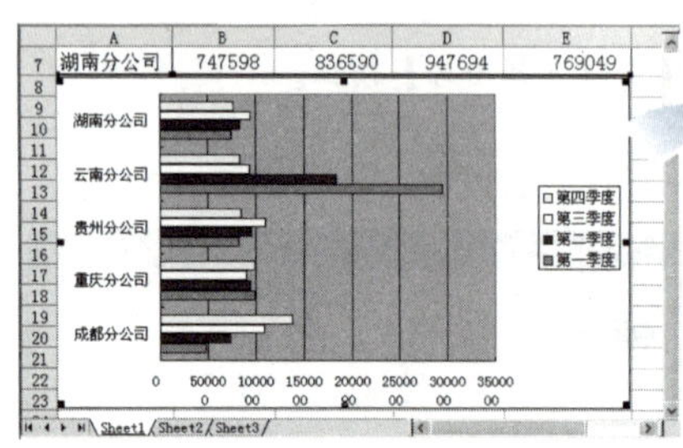

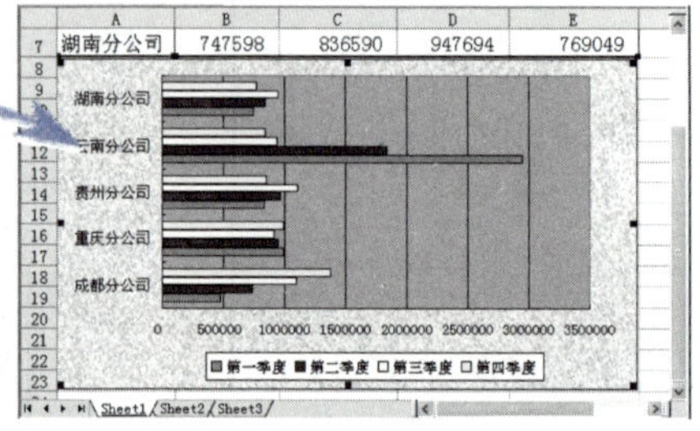

图 5-21　技能训练效果图

> 网络服务：您可以通过访问 http://www.bhp.com.cn 网站的“职业资格”栏目，查看本训练的讲解，同时，您还能看到更多的拓展内容。

根据实际操作，简略填写下表				
序号	操作内容		操作流程	
步骤一	设置图例格式			
步骤二	设置图表区背景			
	实训指导教师评分			
	基本概念	技能掌握	语言描述	综合得分
	□5 □4 □3 □2 □1	□5 □4 □3 □2 □1	□5 □4 □3 □2 □1	
	实训指导教师签字：		年　月　日	

本模块仿真试题

我们通过上面的实训案例把本模块的技能考核点都实际演练了一遍，下面就用一道本模块的仿真试题再练习一遍，这道题可是能帮助你顺利地通过考试哦！

1. 本题分值：20分。
2. 考核时间：25分钟。
3. 考核形式：实操。
4. 具体考核要求：打开“仿真题5-1.xls”，将文件保存至桌面，进行以下操作。

光盘素材：“光盘:\仿真题素材\Unit5\仿真题5－1.xls”。

（1） 编辑表格：首先将 Sheet1 工作表中表格内的空白列删除，设置标题文本的字体为华文琥珀、18 磅、加粗、梅红色。

（2） 处理数据：

a. 在Sheet1工作表中用快速输入的方法输入第一列的“产品编号”，如图5-22所示。

G19 =MAX(G3:G18)

	A	B	C	D	E	F	G
1	xx超市2009年上半年销售报表						
2	产品编号	产品名称	类别	销售地区	销售数量	销售价格	月平均销售额
3	T004	保鲜盒	餐饮用品	北京市	1034	64	11029
4	T008	咖啡器具	餐饮用品	青岛市	165	990	27225
5	T001	微波炉	厨房电器	北京市	98	548	8951
6	T010	饮水机	厨房电器	北京市	257	826	35380
7	T005	榨汁机	厨房电器	青岛市	1240	459	94860
8	T009	电磁炉	厨房电器	上海市	101	432	7272
9	T013	豆浆机	厨房电器	深圳市	540	460	41400
10	T003	登山包	户外用品	北京市	109	1298	23580
11	T007	帐篷	户外用品	青岛市	34	489	2771
12	T006	睡袋	户外用品	青岛市	56	682	6365
13	T011	移动硬盘	计算机配件	上海市	206	892	30625
14	T002	无线鼠标	计算机配件	上海市	256	790	33707
15	T014	无线路由器	计算机配件	深圳市	645	438	47085
16	T012	花洒	卫浴洁具	上海市	286	1560	74360
17	T015	浴缸	卫浴洁具	深圳市	165	5780	158950
18	T016	水龙头	卫浴洁具	深圳市	274	45	2055
19							158950

图 5-22 快速输入产品编号

b. 继续在Sheet1工作表中，查找出数据“135”，并将查找出的数据全部替换为数据“165”。

（3） 美化表格：

a. 将单元格区域A1:G1设置为合并居中的格式，并填充黄色底纹。

b. 在“1240”（E7）单元格插入批注“销售数量最多”，为“5780”（F17）单元格插入批注“销售价格最高”。

c. 在Sheet1工作表中，通过自动套用格式功能，为除标题行外的表格套用“彩色2”的表格样式。

d. Sheet1工作表中表格的下方，插入图片文件“仿真题5-2.jpg”，效果如图5-23所示，并设置图片的缩放比例为38%。

网络服务：您可以通过访问 http://www.bhp.com.cn 网站的“职业资格”栏目，查看本模块仿真试题的讲解，同时，您还能看到更多的拓展内容。

图 5-23 仿真题素材图片

（4） 计算、统计数据：

a. Sheet1工作表中，利用“月平均销售额=（销售数量×销售价格）/6个月”的关系建立公式，分别计算出每种产品的月平均销售额，将结果填在相应的单元格中。

b. 在Sheet1工作表G19单元格处，使用“最大值”函数计算出“月平均销售额”中的最大值，效果如图5-22所示。

c. 以“类别”为主要关键字，以“销售地区”为次要关键字，以“销售数量”为第三关键字，均以升序进行排序。

d. 在Sheet3工作表表格中利用高级筛选的方法，筛选出“类别”为“卫浴洁具”，“销售数量”大于等于“200”的相关信息，效果如图5-24所示。

A2 产品名称

	A	B	C	D	E
1	xx超市2009年上半年销售报表				
2	产品名称	类别	销售地区	销售数量	销售价格
14	花洒	卫浴洁具	上海市	286	1560
18	水龙头	卫浴洁具	深圳市	274	45
19					
20					
21					
22					
23					
24					
25					
26					

图 5-24 筛选数据

e. 在Sheet4工作表中以“销售地区”为分类字段，以“销售数量”为汇总项，进行求和的分类汇总，效果如图5-25所示。

	A	B	C	D	E	F
1	xx超市2009年上半年销售报表					
2	产品名称	类别	销售地区	销售数量	销售价格	
3	微波炉	厨房电器	北京市	98	548	
4	饮水机	厨房电器	北京市	257	826	
5	登山包	户外用品	北京市	109	1298	
6	保鲜盒	餐饮用品	北京市	1034	64	
7			**北京市 汇总**	1498		
8	榨汁机	厨房电器	青岛市	1240	459	
9	睡袋	户外用品	青岛市	56	682	
10	帐篷	户外用品	青岛市	34	489	
11	咖啡器具	餐饮用品	青岛市	135	990	
12			**青岛市 汇总**	1465		
13	电磁炉	厨房电器	上海市	101	432	
14	无线鼠标	计算机配件	上海市	256	790	
15	移动硬盘	计算机配件	上海市	206	892	
16	花洒	卫浴洁具	上海市	286	1560	
17			**上海市 汇总**	849		
18	豆浆机	厨房电器	深圳市	540	460	
19	无线路由器	计算机配件	深圳市	645	438	
20	浴缸	卫浴洁具	深圳市	135	5780	
21	水龙头	卫浴洁具	深圳市	274	45	
22			**深圳市 汇总**	1594		
23			**总计**	5406		

Sheet1 / Sheet2 / Sheet3 / Sheet4

图 5-25 汇总数据

实训模块6 演示文稿处理

篇头语

信息社会，瞬息万变。随着计算机技术的迅猛发展，如何清晰明了地阐述自己的见解，如何直观地将商务或产品展示到用户的面前，已成为商务办公成败的关键性因素之一。

微软公司的 PowerPoint 软件是当今最受欢迎并被广泛使用的演示文稿处理软件，利用该软件可以创建各种用途的演示文稿，如讲义、公司宣传资料、产品介绍等；可以将制作的演示文稿通过计算机显示器或投影仪来进行播放展示；还可以将演示文稿打印出来，制成胶片，以便应用到更广泛的领域中。

计算机操作员（中级）演示文稿处理模块，包含“幻灯片模版制作和版式设计”、“幻灯片效果处理”、“幻灯片按钮、图形图像应用及效果处理”、“幻灯片放映设置”、“幻灯片打印设置”和“幻灯片动画设置”六项考试内容，这一部分占到了技能操作考核总分的15%，分值比重较大，是重点模块之一。

为了帮助读者尽快掌握使用 PowerPoint 制作幻灯片的方法，我们设计了一个“为某科技公司制作‘公司简介’演示文稿”的实训案例，它涵盖了本模块六项考试内容的大部分技能考核点。我们按照实际操作过程将该案例拆分为九项实例任务，逐一进行讲解，希望读者通过实训案例的学习，能够掌握计算机操作员（中级）技能操作考核所要求的技能考核点。

特别提示：本模块的所有任务均配有视频讲解，请在配套光盘或 http://www.bhp.com.cn 网站的“职业资格”栏目中观看教学视频。

实训案例——为某科技公司制作“公司简介”演示文稿

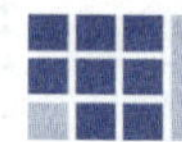

案例背景与效果展示

张萌萌是某软件公司的文员兼项目助理。公司最近要投标一个呼叫中心项目，为了达到宣传并提升企业形象的目的，决定交由张萌萌制作一个幻灯片形式的公司简介。张萌萌从网上下载了一个幻灯片模板，并运用平时积累的 PowerPoint 知识制作了一个如图 6-1 所示的幻灯片，下面我们来看看她是如何完成这项任务的。

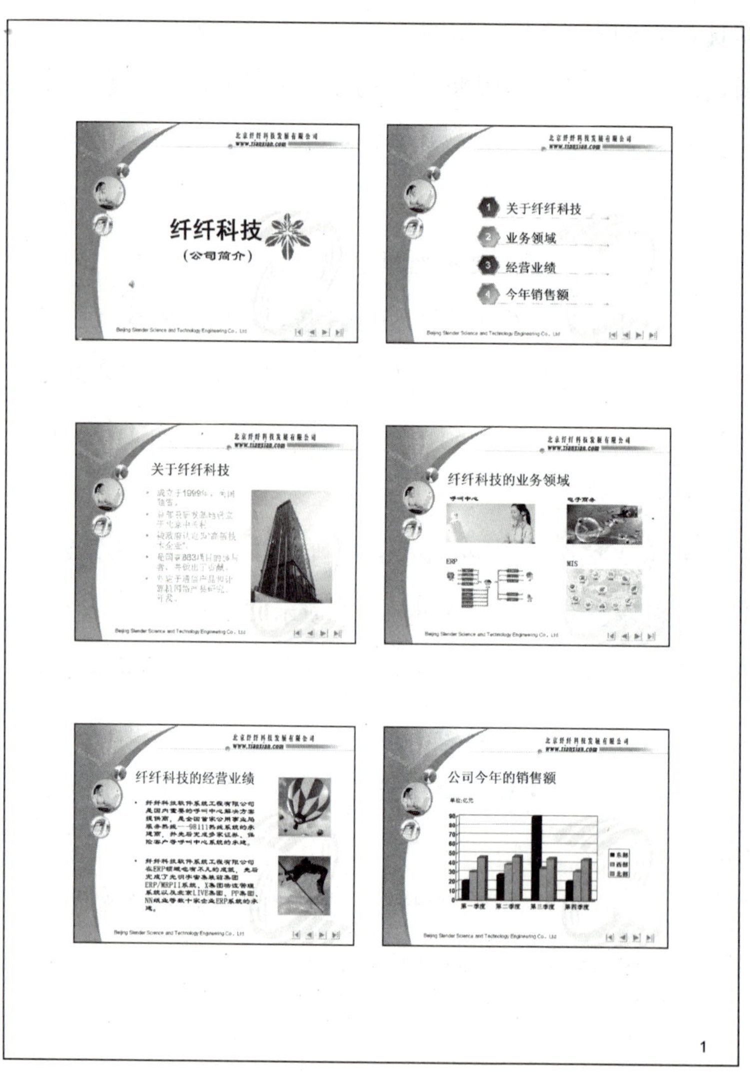

图 6-1　介绍公司情况的幻灯片

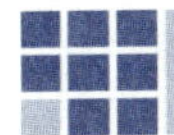

案例技能点示意图

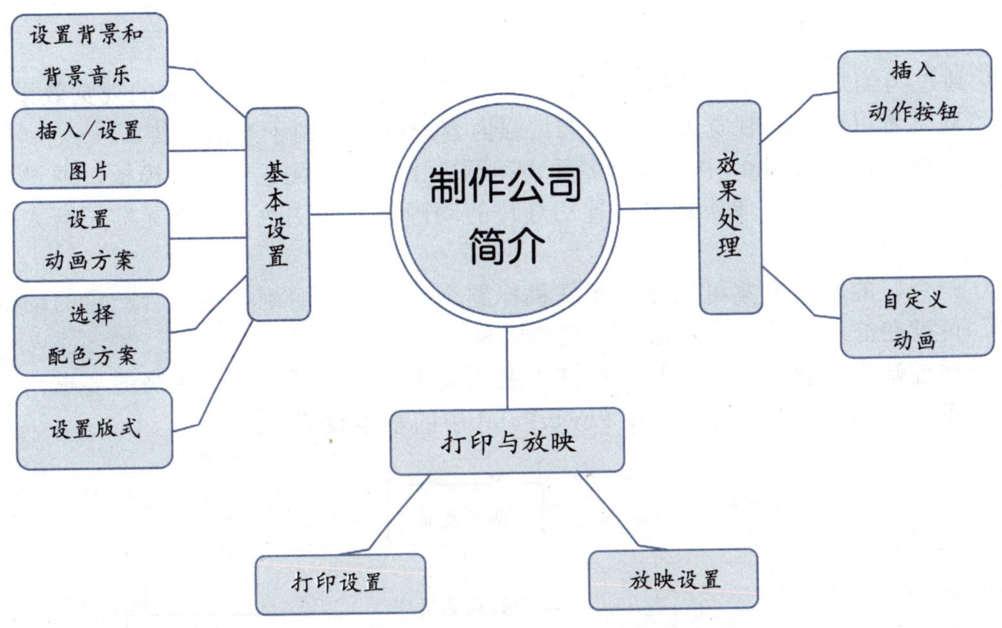

行业小知识

在设计幻灯片演示文稿“公司简介”时，幻灯片的界面和切换方式应尽量简洁，以能够详尽表达公司的主要业务和特点为主要目的，动画制作不要过于复杂。

本幻灯片的重点是设置图片和文本框的动画效果和幻灯片间的换片效果。图片的添加相对要简单一些，基本上无需进行特殊的处理。

刚开始学习制作幻灯片的读者，如果有条件，可以打印“讲义”稿给其他人进行点评，多采纳别人的宝贵建议，这样会进步很快。

实训技能 1 幻灯片的基本设置

通过为幻灯片设置背景和添加图形图像，可以令幻灯片具有华丽的视觉效果，从而给观赏者以强烈的视觉冲击力，能增强内容理解，有利于产品宣传。

另外，PowerPoint 中还自带多种“动画方案”和“配色方案”模板，通过使用这些方案模板可以方便快速地设置幻灯片的动画形式和主色调，而无需了解太多动画和色彩等专业知识。

一个好的配色方案可以令演示文稿标题突出、内容明确，再结合一定的动画效果，可以在演示时给观看者留下深刻的印象。

通过基本设置，一个幻灯片的基本要素就大体具备了，如无更高的要求，即可进行正常演示，图 6-2 展示了在 PowerPoint 中的基本设置。

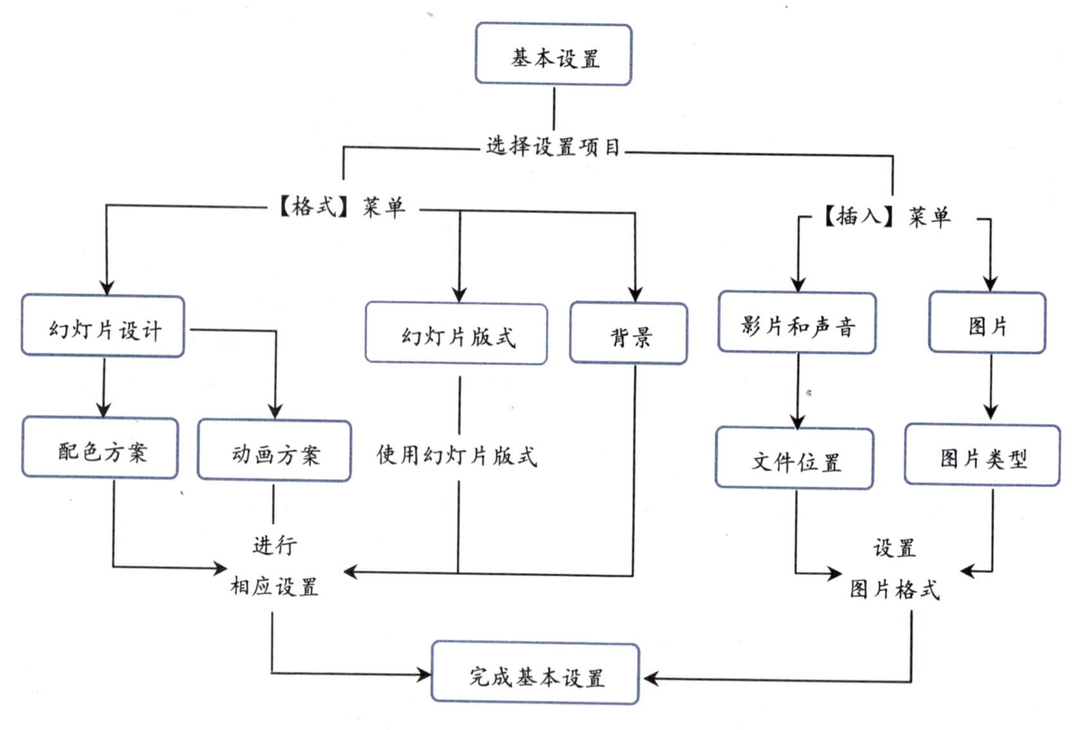

图 6-2　幻灯片操作的基本思路

实例任务 1 设置背景和背景音乐

为了能让“公司简介”演示稿给客户以良好的印象，张萌萌精心挑选了一个能够体现科技特色并且精美大方的图片作为演示文稿的背景。同时，为了能让它适用于展会，她还选择了一首乐曲作为背景音乐，以使演示文稿在自动展示时能够吸引观众注目。下面我们来看看她是如何做的！

任务展示

为图 6-3 左图的幻灯片设置背景，并添加背景音乐，效果如图 6-3 右图所示。

通过菜单命令调出“背景”对话框，再调出填充设置对话框，为幻灯片选择背景图片，然后通过菜单命令为幻灯片添加背景音乐。

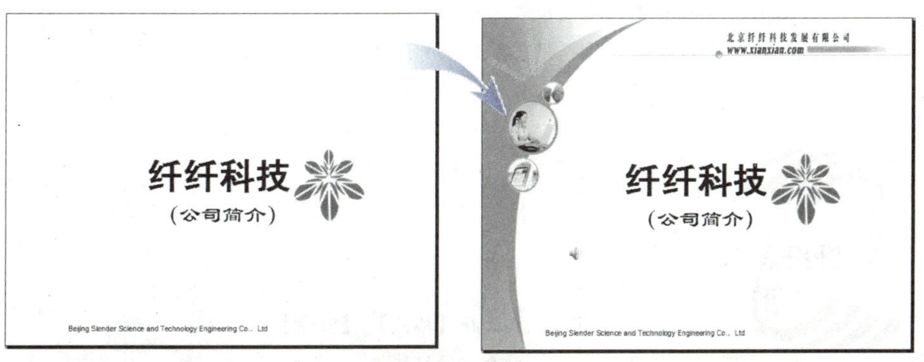

图 6-3　设置背景前后的幻灯片

任务分解

序号	技能点分解	技能要求	技能提示	实训案例效果图
1	设置幻灯片的背景	能够正确设置幻灯片的图片背景	★	
2	设置幻灯片的背景音乐	能够正确设置幻灯片的背景音乐	★	

注：★代表考试大纲所规定的技能考核点。

操作思路

在 PowerPoint 中可以使用纯色、渐变色、纹理、图案和图片等作为幻灯片的背景，本任务我们将使用图片作为背景。本任务的操作较简单，只需选择好作为背景的图片和作为背景音乐的音乐文件即可。实际上在操作前对背景图片的处理和音乐文件的切割等将影响幻灯片的效果，所以为了制作出高品质的幻灯片，读者也应具备一定的图像处理能力和简单的音乐文件处理能力。

操作步骤

打开素材文件“案例素材 6-1.ppt”，选中此素材文件中第 1 张幻灯片，下面的操作将仅针对该页面进行。

光盘素材：“光盘:\案例素材\Unit6\案例素材 6-1.ppt”；
“光盘:\案例素材\Unit6\背景 1.tif”；
“光盘:\案例素材\Unit6\背景音乐.wma”。

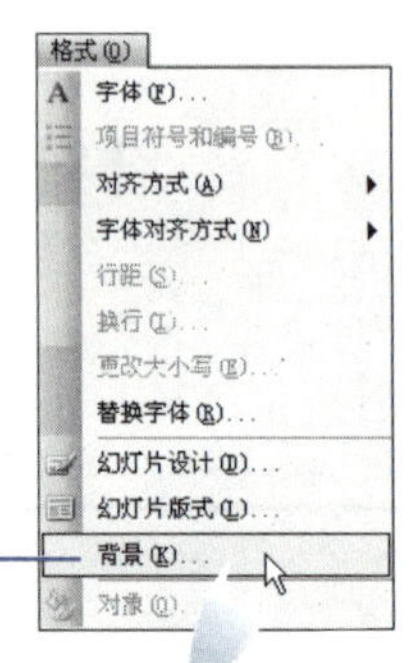

1 选择【格式】|【背景】命令，打开“背景”对话框。

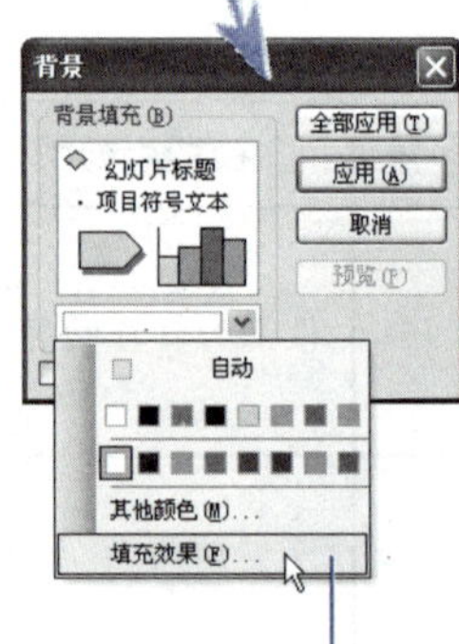

2 在此下拉列表中选择【填充效果】命令，打开“填充效果”对话框。

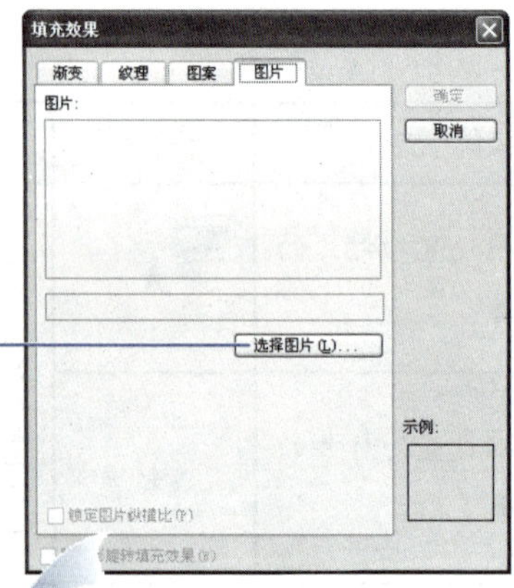

3 切换到【图片】选项卡，单击【选择图片】按钮，打开“选择图片”对话框。

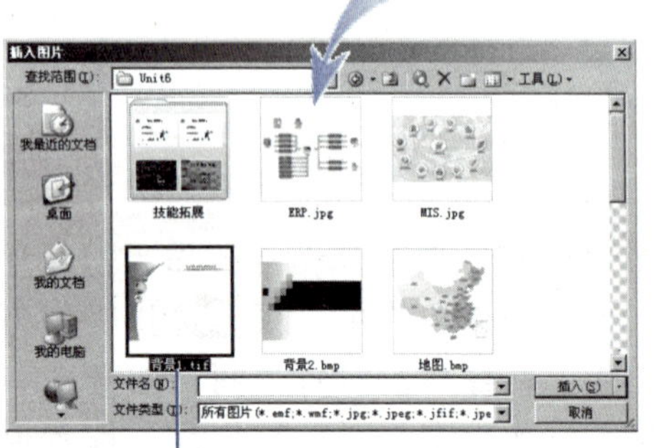

4 在“查找范围”下拉列表中选择正确的路径，然后选择“背景 1.tif”作为背景图片，单击【插入】按钮。再在“背景”对话框中单击【全部应用】按钮，完成对整个幻灯片背景的设置。

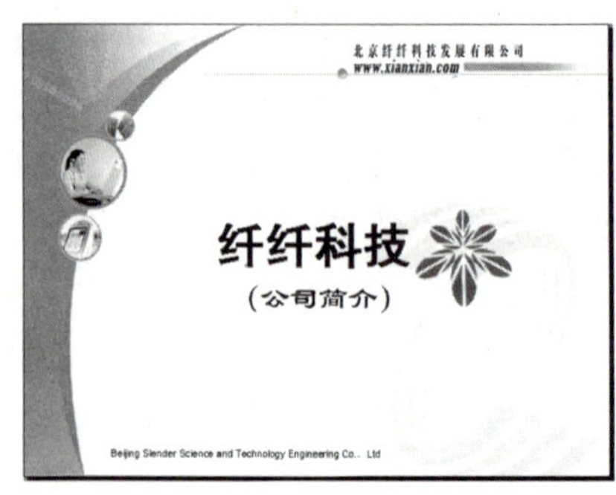

接下来为幻灯片插入背景音乐。

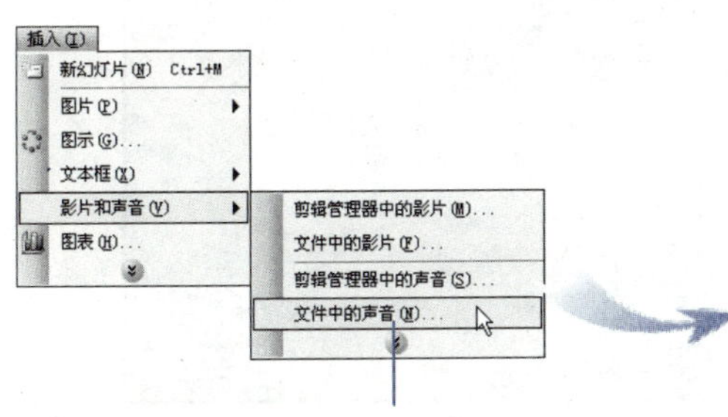

5 选择【插入】|【影片和声音】|【文件中的声音】命令，打开“插入声音”对话框。

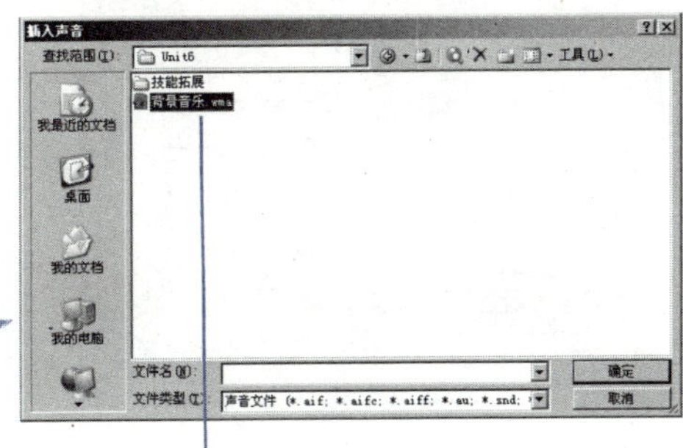

6 在“查找范围”下拉列表中选择正确的路径，然后选择“背景音乐.wma”作为背景音乐。单击【确定】按钮。

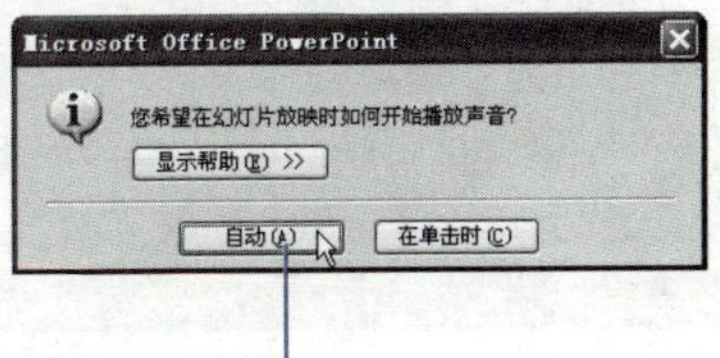

7 在弹出的对话框中单击【自动】按钮，表示声音文件自动播放即可。

小提示：插入声音文件时，如在弹出的对话框中单击【在单击时】按钮，则所插入的声音文件在幻灯片演示时用鼠标单击播放。

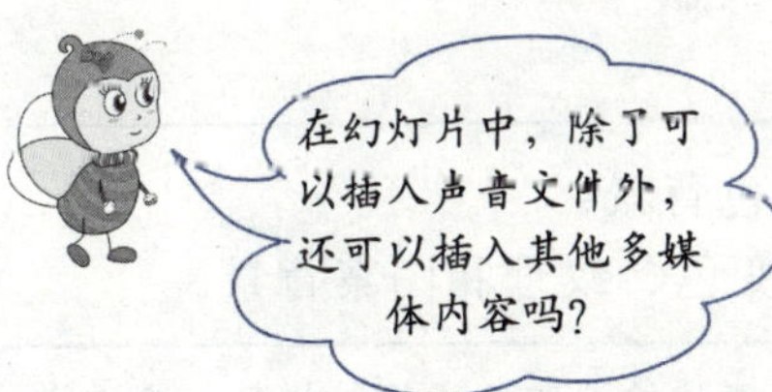

当然可以，影片也可以插入到幻灯片里呢！选择【插入】|【影片和声音】|【文件中的影片】菜单，然后再顺序操作就行了。

至此，张萌萌完成了背景和背景音乐的添加，她通过【幻灯片放映】|【观看放映】命令，开始观赏设置后的效果。接下来我们来多学一手，掌握一些这项技能的拓展知识，然后通过“技能训练”来练习和巩固学习成果。

技能拓展

除了上面介绍的使用图片作为幻灯片的背景外，还可以使用单一颜色、渐变色、纹理、图案等作为幻灯片背景，效果如图 6-4 所示。

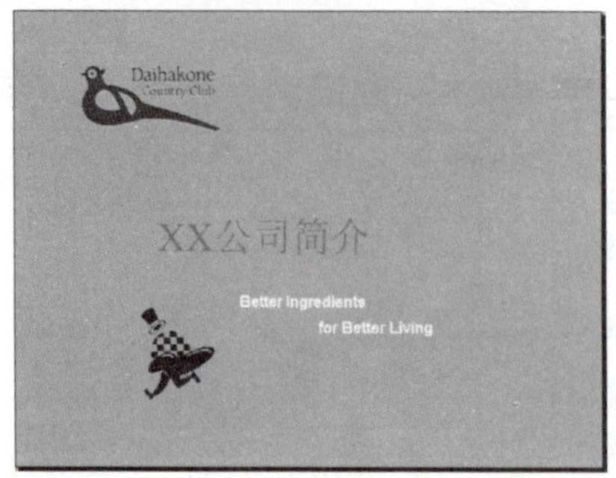

“单色”背景

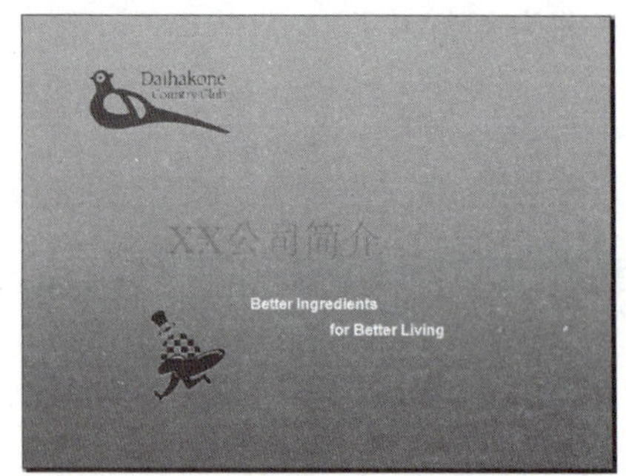

“渐变色”背景

“纹理”背景

“图案”背景

图 6-4　幻灯片的几种背景效果

技能训练

打开素材文件“技能训练 6-1.ppt”，按以下要求为素材文件设置背景，效果如图 6-5 所示。

光盘素材：“光盘:\案例素材\Unit6\技能训练 6—1.ppt”；
“光盘:\案例素材\Unit6\背景 2.bmp”。

1. 为第 1 和第 2 张幻灯片分别设置图片和单色背景；
2. 为第 3、第 4 和第 5 张幻灯片分别设置渐变色、纹理和图案背景。

网络服务：您可以通过访问 http://www.bhp.com.cn 网站的“职业资格”栏目，查看本训练的讲解，同时，您还能看到更多的拓展内容。

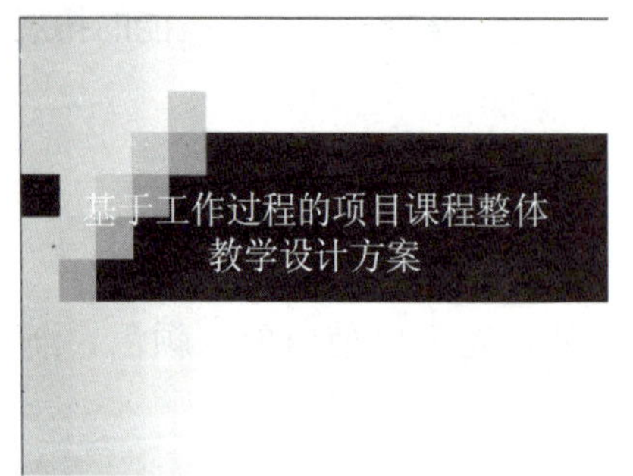

一、一堂好课的六条原则

- 学生主体
- 能力目标=专业能力+职业能力（自学能力、交流表达能力、团队合作能力、信息处理能力等）
- 任务训练：任务一、任务二、任务三……
- 职业活动：基于工作过程的导向
- 项目载体：一个或若干个项目完成一门课程
- 一体化设计：知识在能力训练中传授=学中做+做中学

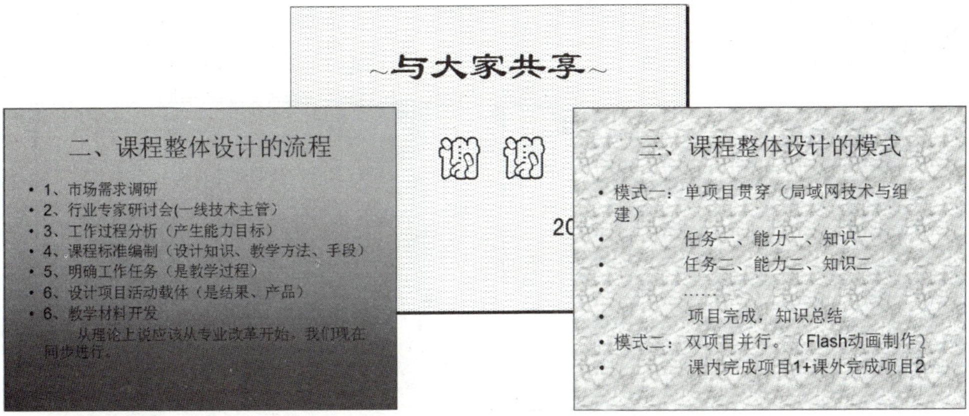

图 6-5 技能训练效果图

<table>
<tr><th colspan="5">根据实际操作，简略填写下表</th></tr>
<tr><td>序号</td><td colspan="2">操作内容</td><td colspan="2">操作流程</td></tr>
<tr><td>步骤一</td><td colspan="2">打开“背景”对话框</td><td colspan="2"></td></tr>
<tr><td>步骤二</td><td colspan="2">为五张幻灯片分别设置图片、单色、渐变色、纹理和图案背景</td><td colspan="2"></td></tr>
<tr><td rowspan="4"> </td><td colspan="4">实训指导教师评分</td></tr>
<tr><td>基本概念</td><td>技能掌握</td><td>语言描述</td><td>综合得分</td></tr>
<tr><td>□5 □4 □3 □2 □1</td><td>□5 □4 □3 □2 □1</td><td>□5 □4 □3 □2 □1</td><td></td></tr>
<tr><td colspan="4">实训指导教师签字：　　　　年　　月　　日</td></tr>
</table>

实例任务 2 图片文件的插入与格式设置

为了提高幻灯片的美观度，丰富其表现形式，张萌萌准备在幻灯片中插入一些能够反映公司业务情况的图片，并通过调整插入图片的大小、压缩图片、设置透明色、设置图形的填充色和边界色等功能来调整页面，以获得更佳的表现效果。

任务展示

打开素材文件“案例素材 6-2.ppt”，按以下要求为素材文件插入图片，并进行调整，效果如图 6-6 所示。

1. 插入图片；
2. 调整图片大小；

3. 修剪图片；
4. 压缩图片。

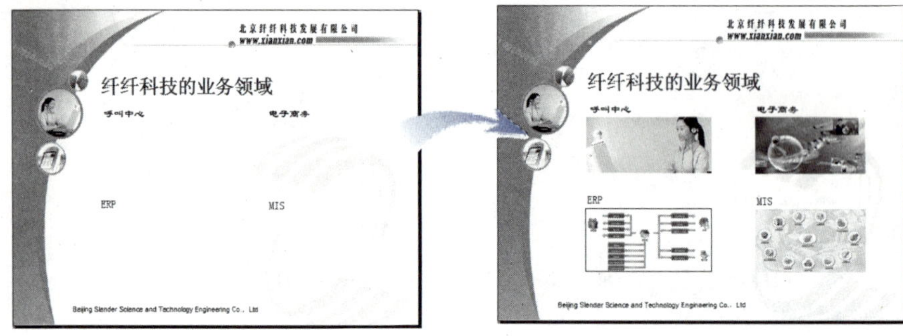

图 6-6 技能训练效果图

任务分解

序号	技能点分解	技能要求	技能提示	实训案例效果图
1	插入图片	能够正确地插入图片	★	
2	调整图片	能够根据需要调整图片大小，并进行修剪及设置透明色	★	

注：★代表考试大纲所规定的技能考核点。

操作思路

本任务的关键是插入图片和对所插入的图片进行调整。由于插入的图片并不一定符合幻灯片的要求，为了满足界面的需要，应适当调整其大小，必要时还可对其进行修剪；为了减小幻灯片存储容量，还可根据需要对图片进行压缩。

操作步骤

打开素材文件“案例素材 6-2.ppt”进行操作，选中此素材文件中第 4 张幻灯片，下面的操作将仅针对该页面进行。

 光盘素材：“光盘:\案例素材\Unit6\案例素材 6—2.ppt”；
“光盘:\案例素材\Unit6\呼叫中心.jpg”；
“光盘:\案例素材\Unit6\电子商务.jpg”；
“光盘:\案例素材\Unit6\ERP.jpg”；
“光盘:\案例素材\Unit6\MIS.jpg”。

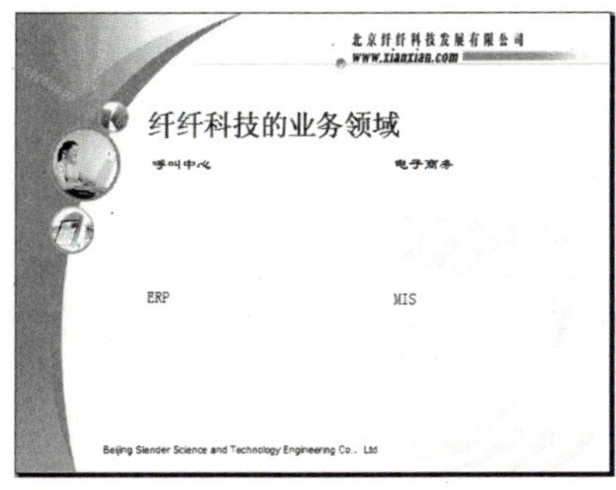

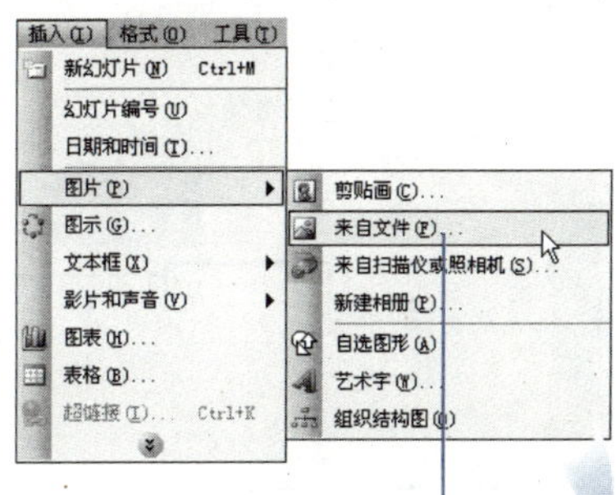

1 选择【插入】|【图片】|【来自文件】命令，打开“插入图片”对话框。

2 在“插入图片”对话框中找到并选中要插入到幻灯片的图片“呼叫中心.jpg”（位于本书附带的素材文件夹中），单击【插入】按钮。

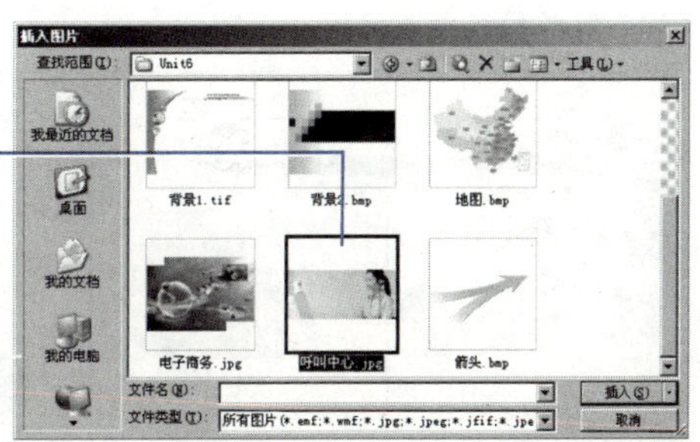

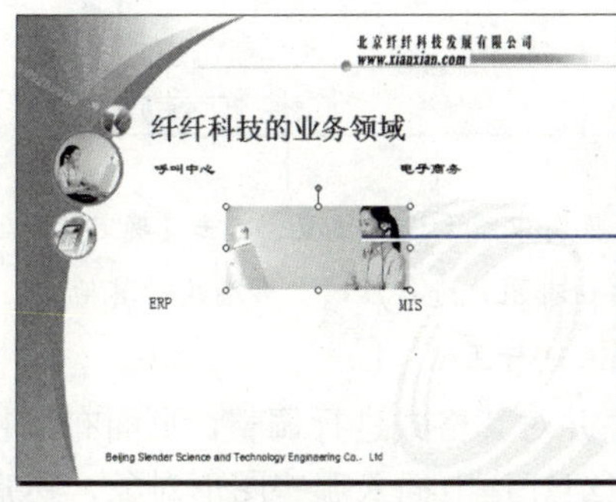

3 选中插入的图片，拖动四角调整其大小，然后将其摆放到正确的位置。

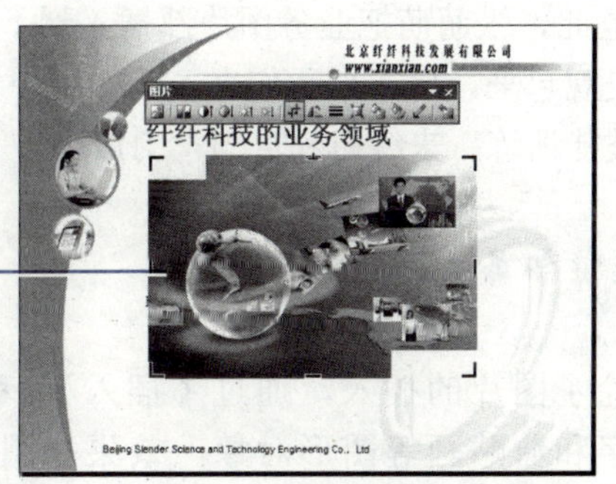

4 通过相同的操作插入图片“电子商务”，并在打开的“图片”工具条中单击“裁剪”按钮，按住鼠标拖动图片上下的黑色线框对图片进行裁剪。

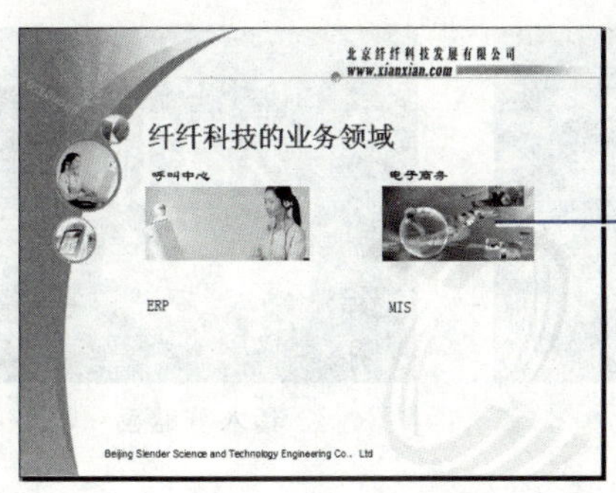

5 单击幻灯片空白处，退出裁剪图片操作，然后选中该图，调整其大小和位置。

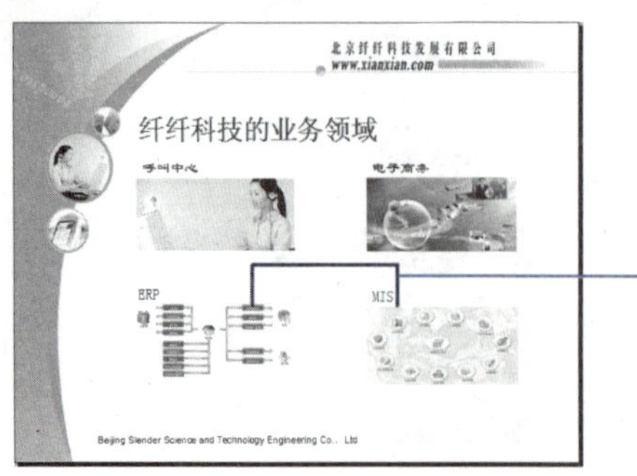

6 通过相同操作，插入其他两幅图片。对图片进行裁剪，并进行大小和位置的调整。

小提示：广义的图形对象包括自选图形、图片、曲线以及线条等对象，这些对象既可以作为幻灯片背景，又可以作为幻灯片的主体内容。通过添加图形对象，可以清楚地解释用文字不容易解释的概念或问题。

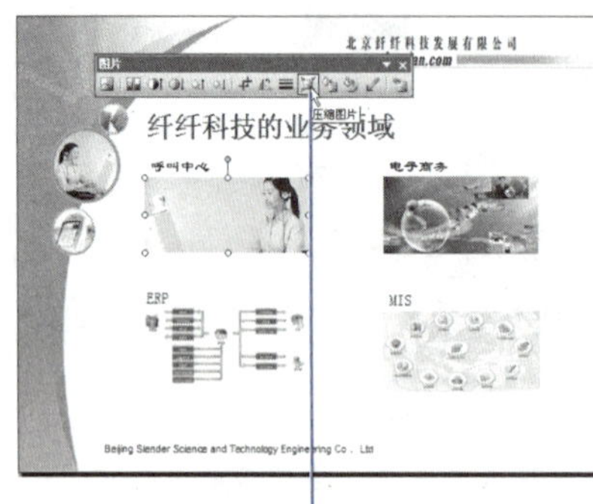

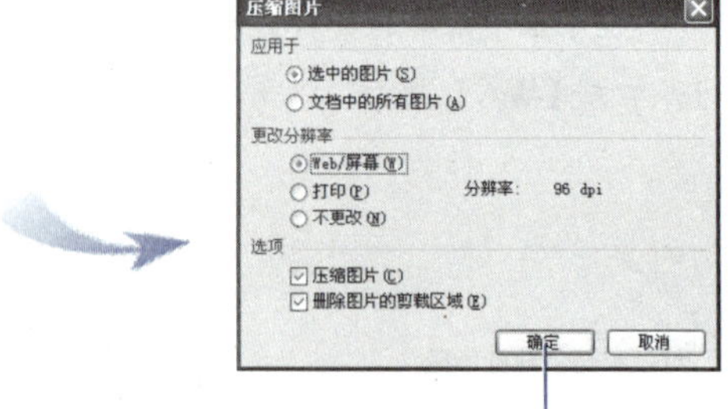

7 分别选中插入的图片，并单击【压缩图片】按钮。

8 按照图中所示进行设置，单击【确定】按钮对图片进行压缩，再顺次对其他图片进行压缩。

至此，张萌萌把业务图片都插入到了幻灯片中，并对其格式进行调整，页面布局顿时清晰美观起来。接下来我们来多学一手，看看还能在幻灯片中插入哪些图形对象，然后通过“技能训练”来练习和巩固学习成果。

技能拓展

除了图片的插入，通过【插入】|【图片】命令，还可以选择插入组织结构图、艺术字和剪贴画等图形对象，效果如图 6-7 所示。

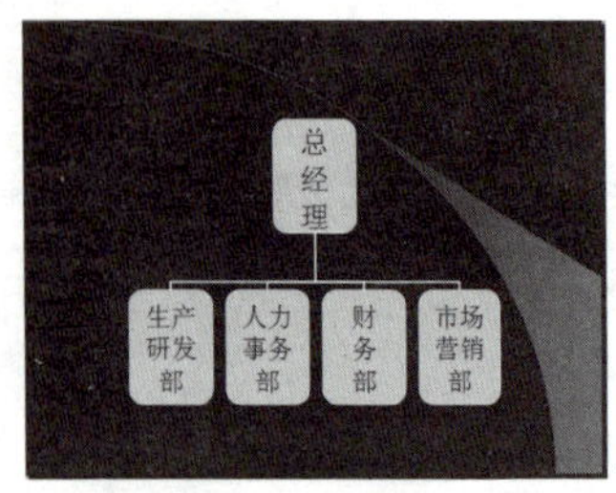

插入组织结构图

插入艺术字

插入剪贴画

图 6-7　插入图形对象

技能训练

打开素材文件“技能训练 6-2.ppt”，按以下要求为素材文件添加图片和剪贴画，效果如图 6-8 所示。

光盘素材：“光盘：\案例素材\Unit6\技能训练 6-2.ppt”；
“光盘：\案例素材\Unit6\地图.bmp”；
“光盘：\案例素材\Unit6\箭头.bmp”。

1. 通过相同的操作分别插入地图图片和箭头图片；
2. 选择相应的菜单插入剪贴画。

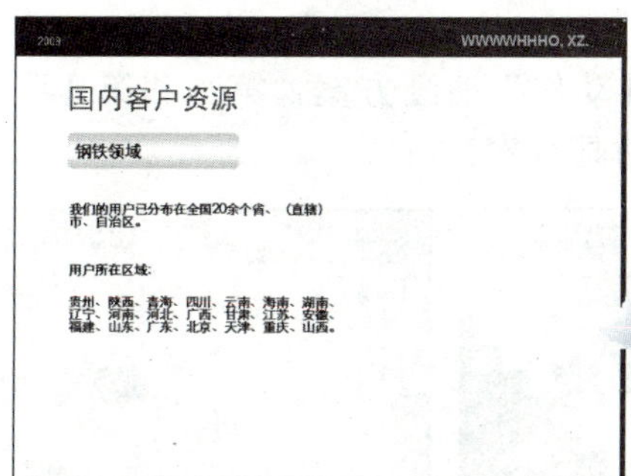

图 6-8 技能训练效果图

网络服务：您可以通过访问 http://www.bhp.com.cn 网站的“职业资格”栏目，查看本训练的讲解，同时，您还能看到更多的拓展内容。

<table>
<tr><th colspan="5">根据实际操作，简略填写下表</th></tr>
<tr><td>序号</td><td colspan="2">操作内容</td><td colspan="2">操作流程</td></tr>
<tr><td>步骤一</td><td colspan="2">插入地图图片和箭头图片</td><td colspan="2"></td></tr>
<tr><td>步骤二</td><td colspan="2">插入剪贴画</td><td colspan="2"></td></tr>
<tr><td rowspan="4"></td><td colspan="4">实训指导教师评分</td></tr>
<tr><td>基本概念</td><td>技能掌握</td><td>语言描述</td><td>综合得分</td></tr>
<tr><td>□5 □4 □3 □2 □1</td><td>□5 □4 □3 □2 □1</td><td>□5 □4 □3 □2 □1</td><td></td></tr>
<tr><td colspan="4">实训指导教师签字：　　　年　月　日</td></tr>
</table>

实例任务 3 设置动画方案

张萌萌参加过不少产品展示会，也看到过很多精美的演示文稿，很多文稿都有精彩的动画方案。为了让自己的演示文稿“活”起来，她决定用 PowerPoint 提供的预设动画方案给幻灯片中的主要对象添加合适的动画效果。下面让我们看看她是如何设置动画方案的。

任务展示

打开素材文件“案例素材 6-3.ppt”进行操作，按以下要求对该素材文件应用动画方案，效果如图 6-9 所示。

1. 通过菜单命令调出“动画方案”面板；
2. 将当前文档的第 1 张幻灯片设置“椭圆动作”动画方案，第 2 和第 4 张幻灯片分别设置为“大标题”和“浮动”动画方案。

图 6-9　动画方案效果示意图

任务分解

序号	技能点分解	技能要求	技能提示	实训案例效果图
1	设置动画方案	能够正确设置幻灯片的动画方案	★	

注：★代表考试大纲所规定的技能考核点。

操作思路

本任务的重点在于学会使用动画方案，根据不同需求来设定不同的动画方案。

操作步骤

打开素材文件“案例素材 6-3.ppt”，选中此素材文件中第 1 张幻灯片，下面的操作将首先对此页面进行。

光盘素材：“光盘:\案例素材\Unit6\案例素材 6-3.ppt”。

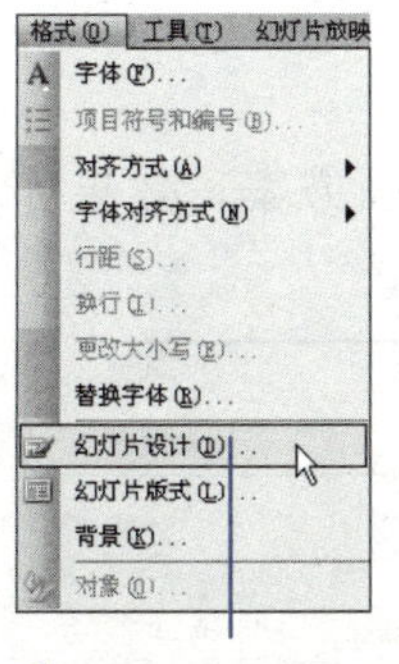

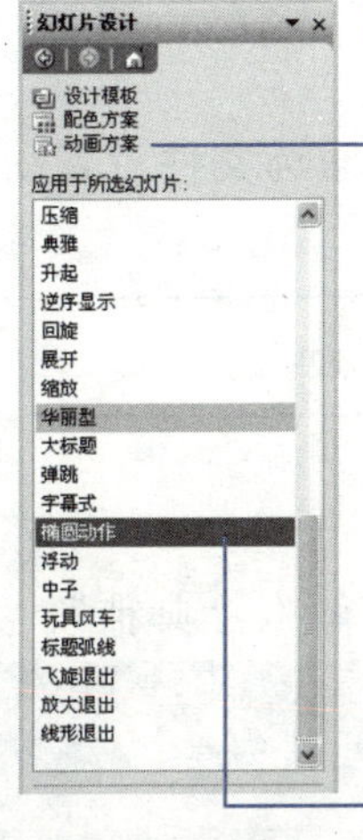

2 单击“动画方案”超链接，打开“应用于所选幻灯片”操作界面。

1 选择【格式】|【幻灯片设计】命令，打开“幻灯片设计”面板。

3 选中第 1 张幻灯片，选择“椭圆动作”效果，将其应用到此幻灯片。

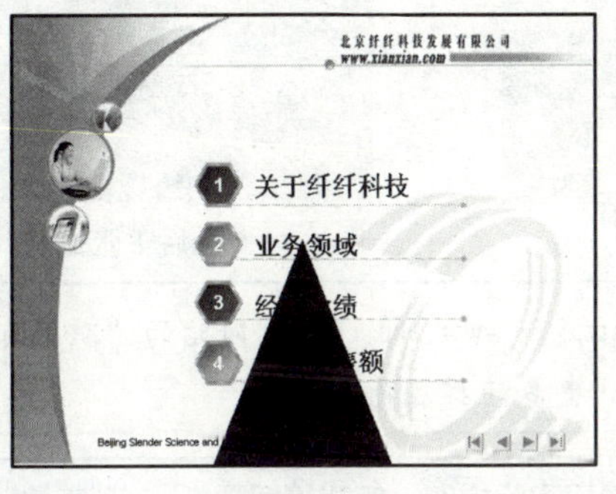

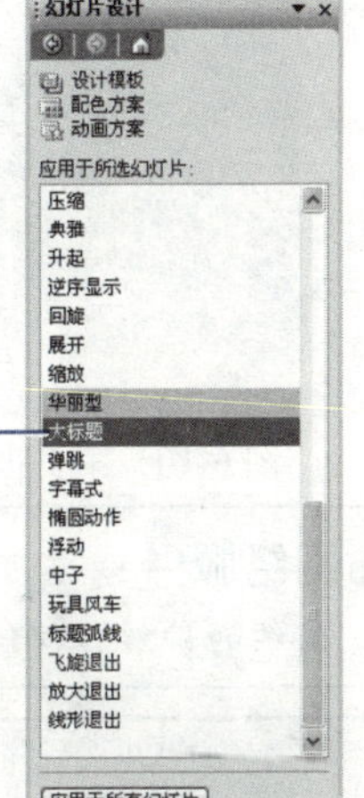

4 选中第 2 张幻灯片，选择“大标题”效果，将其应用到此幻灯片。

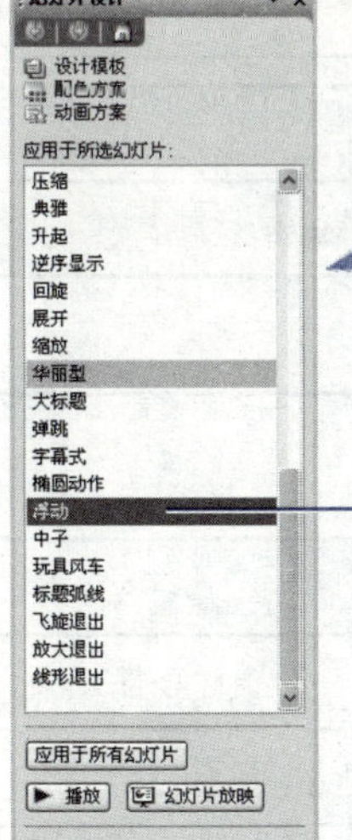

5 通过同样操作设置第 4 张幻灯片页面的动画方案为“浮动”。

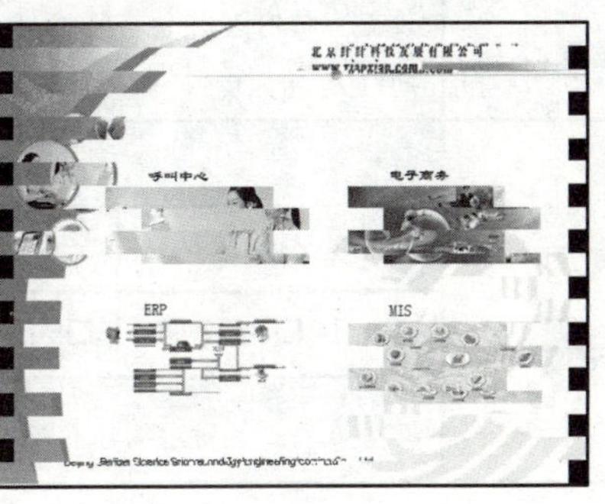

动画效果设置完成，张萌萌可以演示幻灯片效果了。接下来通过“技能训练”来练习和巩固学习成果。

> **小提示：** 选定了合适的动画效果后，在“应用于所选幻灯片”操作界面中单击【应用于所有幻灯片】按钮，则该动画效果将应用于该演示文稿中所有的幻灯片中，即每一张幻灯片的动画效果都一样。

技能训练

打开素材文件“技能训练 6-3.ppt”，按以下要求为文件设置动画方案，效果如图 6-10 和图 6-11 所示。

> **光盘素材：**“光盘:\案例素材\Unit6\技能训练 6—3.ppt”。

1. 调出“应用于所选幻灯片”操作界面；
2. 设置第 1 张幻灯片的动画方案为“展开”；
3. 设置其余幻灯片动画方案分别为“向内溶解”、“典雅”、“回旋”、“浮动”。

图 6-10　第 1 张幻灯片的动画方案

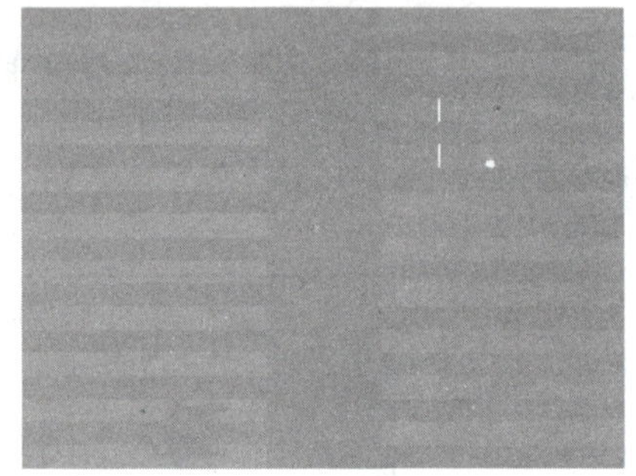

图 6-11　最后 1 张幻灯片的动画方案

> **网络服务：** 您可以通过访问 http://www.bhp.com.cn 网站的“职业资格”栏目，查看本训练的讲解，同时，您还能看到更多的拓展内容。

<table>
<tr><th colspan="5">根据实际操作，简略填写下表</th></tr>
<tr><td>序号</td><td colspan="2">操作内容</td><td colspan="2">操作流程</td></tr>
<tr><td>步骤一</td><td colspan="2">设置“展开”动画方案</td><td colspan="2"></td></tr>
<tr><td>步骤二</td><td colspan="2">设置“向内溶解”、“典雅”、“回旋”、“浮动”动画方案</td><td colspan="2"></td></tr>
<tr><td rowspan="4"></td><td colspan="4">实训指导教师评分</td></tr>
<tr><td>基本概念</td><td>技能掌握</td><td>语言描述</td><td>综合得分</td></tr>
<tr><td>□5 □4 □3 □2 □1</td><td>□5 □4 □3 □2 □1</td><td>□5 □4 □3 □2 □1</td><td></td></tr>
<tr><td colspan="4">实训指导教师签字：　　　　年　　月　　日</td></tr>
</table>

实例任务 4 选择配色方案

根据幻灯片的不同内容，选择与内容相适应的配色方案，会使幻灯片更加美观，内容表现力更为丰富多彩，从而构成良好的视觉效果。由于背景图片选择的颜色是天蓝色，张萌萌便选择了预设的“蓝标题”作为她的幻灯片配色方案。

配色方案是为幻灯片的主色彩设计的八种颜色，包括背景色、文本和线条的颜色、阴影、填充色等，下面看一下如何选择和应用配色方案。

任务展示

打开素材文件“案例素材 6-4.ppt”，按以下要求对该素材文件应用配色方案，效果如图 6-12 所示。

1. 通过菜单命令调出“配色方案”面板；
2. 将当前文档设置为“蓝标题”的配色方案；
3. 自定义配色方案，将“标题字”的颜色更改为“黑色”，将“文本和线条”的颜色更改为“浅蓝色”。

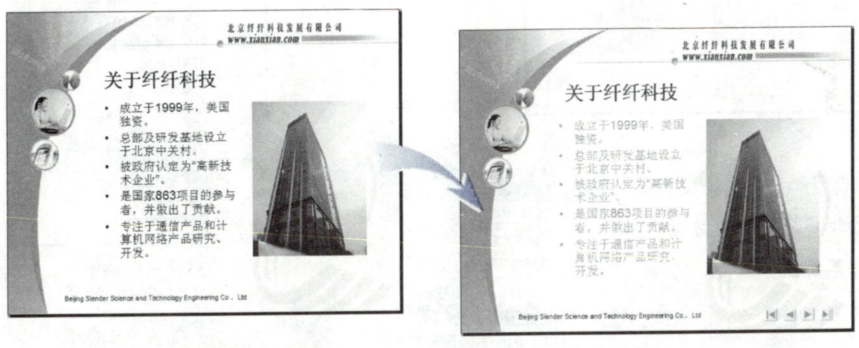

图 6-12 应用颜色方案的对比效果图

任务分解

序号	技能点分解	技能要求	技能提示	实训案例效果图
1	选择配色方案	能够正确设置需要使用的配色方案	★	
2	自定义配色方案	能够根据需要自定义配色方案中的颜色	▲	

注：★代表考试大纲所规定的技能考核点，▲代表在实际工作中需要掌握的技能考核点。

操作思路

本任务的重点在于学会使用配色方案，难点在于根据需要自定义配色方案，并理解配色方案中八种颜色的意义。

操作步骤

打开素材文件“案例素材 6-4.ppt”进行操作，选中素材文件中的第 3 张幻灯片，下面的操作仅针对该页面进行。

光盘素材：“光盘:\案例素材\Unit6\案例素材 6-4.ppt”。

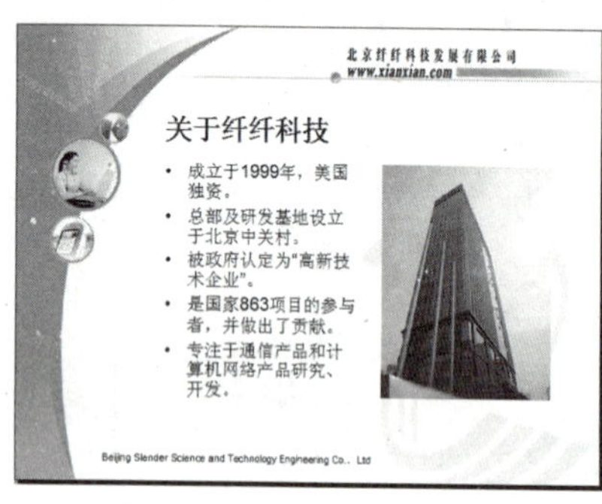

1 选择【格式】|【幻灯片设计】命令，打开“幻灯片设计”面板。

2 单击“配色方案”超链接，打开“应用配色方案”操作界面。

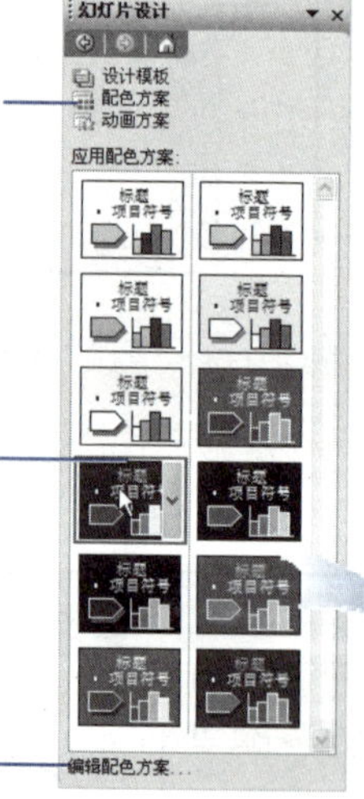

3 单击“蓝标题”的配色方案缩览图，即可将该配色方案用于全部幻灯片。

4 单击“编辑配色方案”超链接，打开“编辑配色方案”对话框。

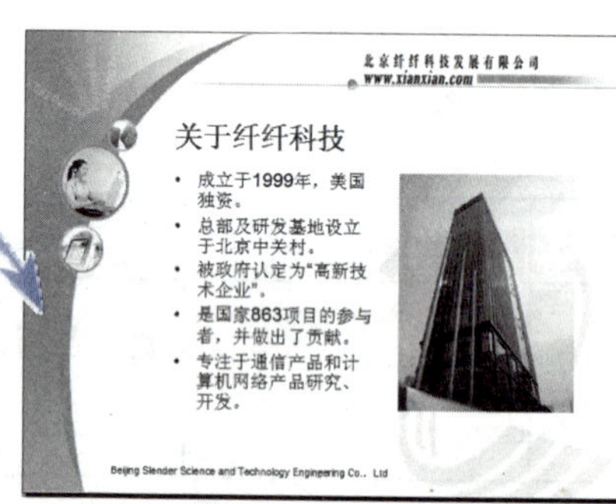

小提示：也可通过右键单击幻灯片空白处，在弹出的快捷菜单中选择【幻灯片设计】命令，打开“幻灯片设计”面板。

此外，单击配色方案缩略图右侧的【下拉】按钮，在弹出的菜单中选择【应用于所选幻灯片】命令，可将此配色方案仅应用与当前幻灯片。

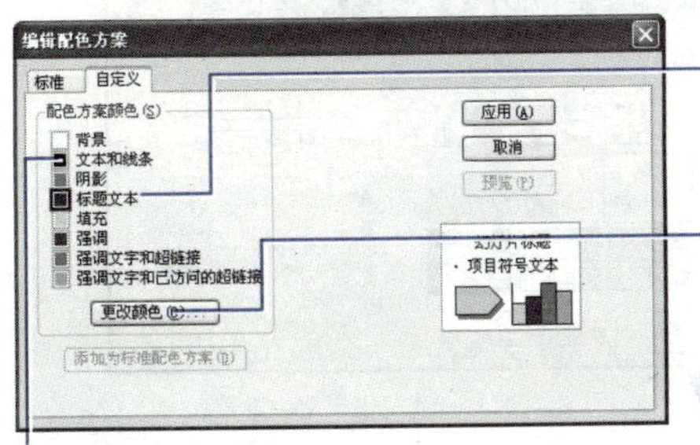

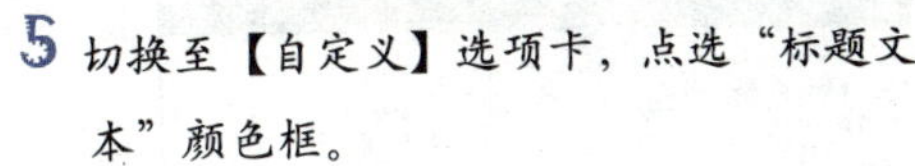
5 切换至【自定义】选项卡，点选“标题文本”颜色框。

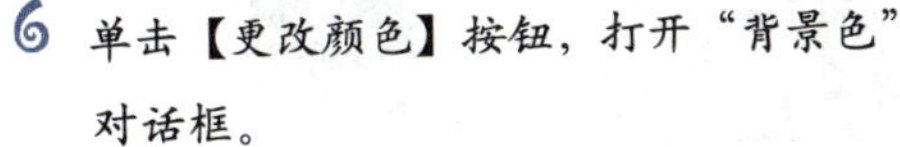
6 单击【更改颜色】按钮，打开“背景色”对话框。

7 选择“红色”作为自定义标题的颜色，单击【确定】按钮。

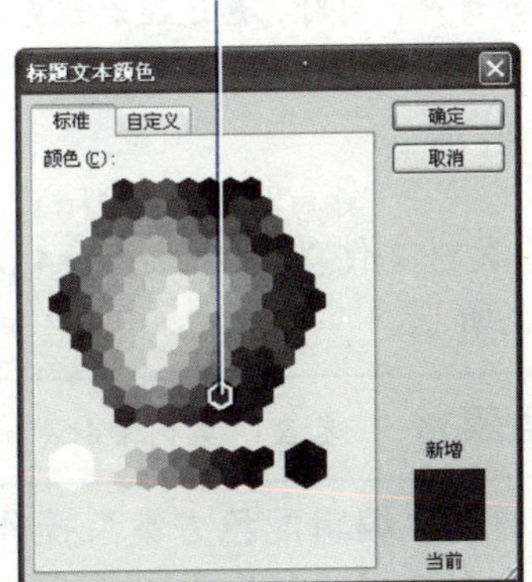

8 通过相同的操作更改“文本和线条”的颜色为“浅蓝色”，单击【应用】按钮，完成配色方案的设置。

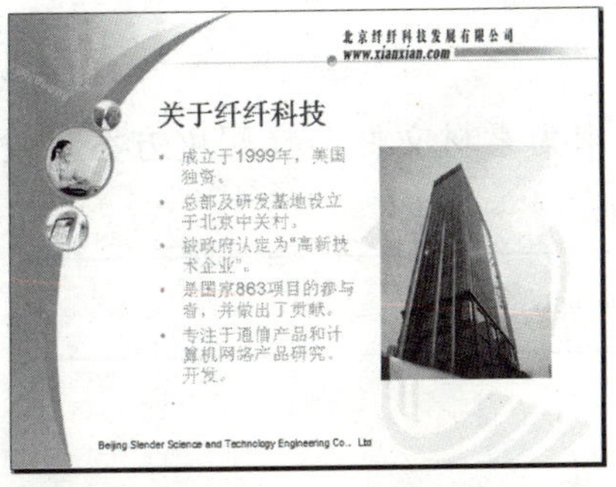

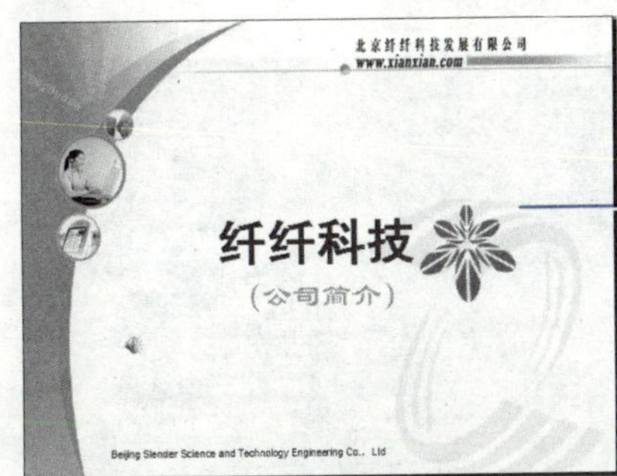

9 通过上述操作后，首页颜色也同时被更改。此时选择首页并选择“黑色”标题颜色方案下拉列表中的【应用于所选幻灯片】命令，恢复首页的颜色效果。

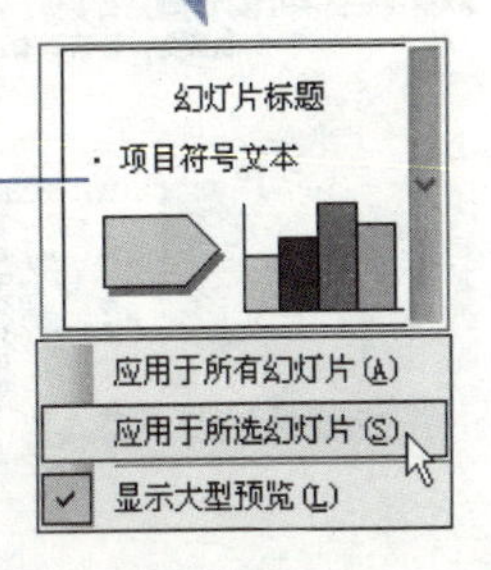

漂亮的配色方案用上了，张萌萌的演示文稿立马增色不少。通过上面这四项任务，她已经完成了演示文稿的基本设置，下一步就该考虑为幻灯片调整版式和添加动作效果了。

接下来我们来多学一手，掌握一些配色方案这项技能的拓展知识，然后通过“技能训练”来练习和巩固学习成果。

技能拓展

如果在制作幻灯片时对当前的配色方案不尽满意，可以在预设的配色方案基础上自定义配色方案，在完成配色后，单击【添加为标准配色方案】按钮，如图 6-13 所示，将此配色方案添加到“编辑配色方案”操作界面中，以后就可以在【标准】选项卡中选择调用该方案了，如图 6-14 所示。

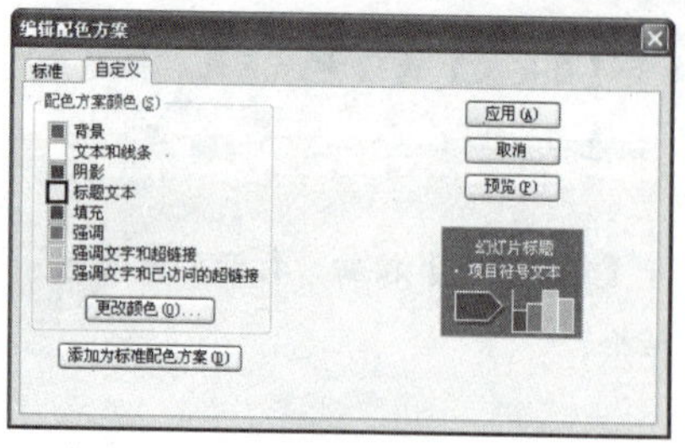

图 6-13 “自定义”选项卡

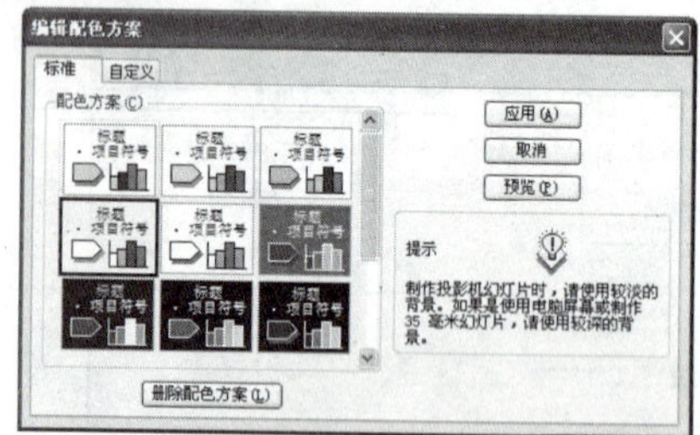

图 6-14 “标准”选项卡

网络服务：您可以通过访问 http://www.bhp.com.cn 网站的“职业资格”栏目，查看本案例的讲解，同时，您还能看到更多的拓展内容。

技能训练

打开素材文件“技能训练 6-4.ppt”，按以下要求为素材文件选择配色方案，效果如图 6-15 所示。

光盘素材：“光盘:\案例素材\Unit6\技能训练 6—4.ppt”。

1. 调出“编辑配色方案”操作界面；
2. 设置使用“绿底白字”的配色方案；
3. 通过“自定义配色方案”操作将标题文字定义为红色。

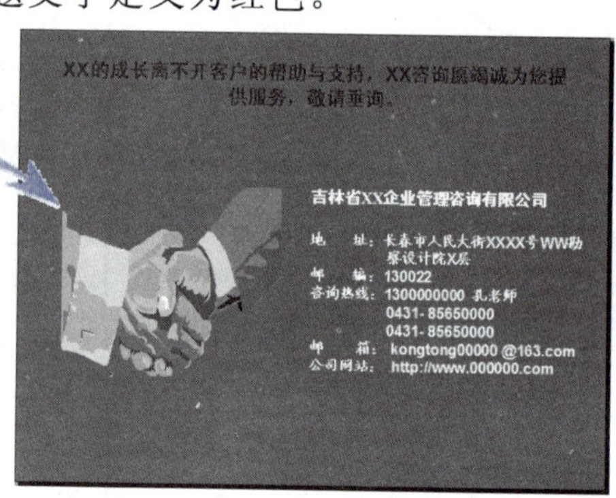

图 6-15 技能训练效果图

网络服务：您可以通过访问 http://www.bhp.com.cn 网站的“职业资格”栏目，查看本训练的讲解，同时，您还能看到更多的拓展内容。

根据实际操作，简略填写下表		
序号	操作内容	操作流程
步骤一	使用“绿底白字”的配色方案	
步骤二	通过“自定义配色方案”操作将标题文字定义为红色	

续表

	实训指导教师评分			
	基本概念	技能掌握	语言描述	综合得分
	□5 □4 □3 □2 □1	□5 □4 □3 □2 □1	□5 □4 □3 □2 □1	
	实训指导教师签字： 年 月 日			

实例任务 5 设置版式

PowerPoint 为用户提供了多种自动版式，不同的版式除了含有不同的占位符外，版式布局也有所不同，有的只带有文本占位符，有的则带有图片、多媒体对象以及组织结构图等占位符。

张萌萌准备充分利用这些版式来为每页幻灯片选择最佳的表现形式。

任务展示

打开素材文件“案例素材 6-5.ppt”，按以下要求为该素材文件设置版式，过程如图 6-16 所示。

1. 通过菜单命令调出“幻灯片版式”面板；
2. 为幻灯片应用一种版式；
3. 为幻灯片添加图表。

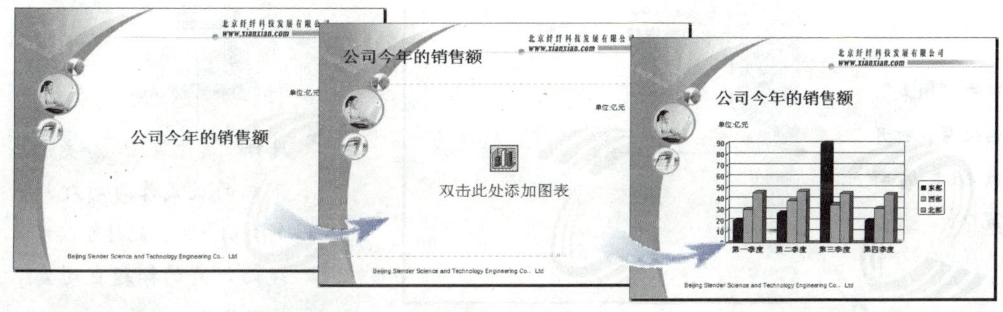

图 6-16 设置版式

任务分解

序号	技能点分解	技能要求	技能提示	实训案例效果图
1	选择幻灯片版式	能够正确选择需要使用的幻灯片版式	★	
2	自定义图表	能够根据需要生成图表	▲	

注：★代表考试大纲所规定的技能考核点，▲代表在实际工作中需要掌握的技能点。

操作思路

本任务的操作比较简单，只需设置好“幻灯片版式”，再根据需要添加图表并适当调整文本框的位置即可，对图表的设置是本任务的难点。

操作步骤

打开素材文件“案例素材 6-5.ppt”，选中素材文件中的第 6 张幻灯片，下面的操作将仅针对该页面进行。

光盘素材：“光盘:\案例素材\Unit6\案例素材 6－5.ppt”。

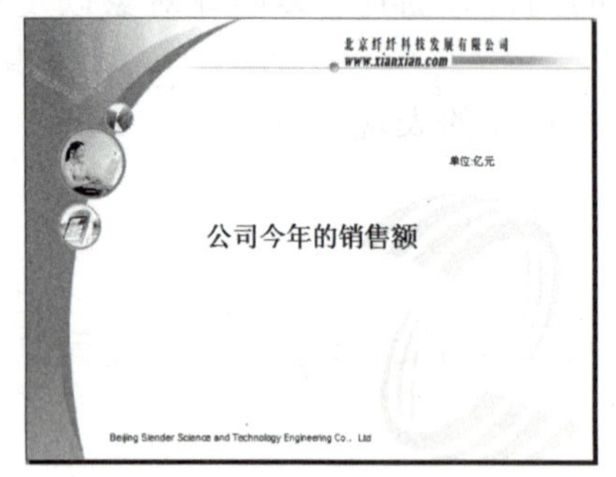

1 选择【格式】|【幻灯片版式】命令，打开“幻灯片版式”面板。

2 选择“其他版式”分类最下端的版式作为幻灯片的自动版式，此时可以发现幻灯片的标题自动发生了位移。

3 双击“图表”占位符，打开数据表编辑窗口。

4 在打开的“数据表”窗口中，根据需要对数据进行相应的调整，调整完成后将窗口关闭即可，然后再调整个别文本框的位置，完成版式设置。

6-1-5.ppt - 数据表

		A	B	C	D	E
		第一季度	第二季度	第三季度	第四季度	
1	显示器	20.4	27.4	90	20.4	
2	家电	30.6	38.6	34.6	31.6	
3	健身器材	45.9	46.9	45	43.9	
4						

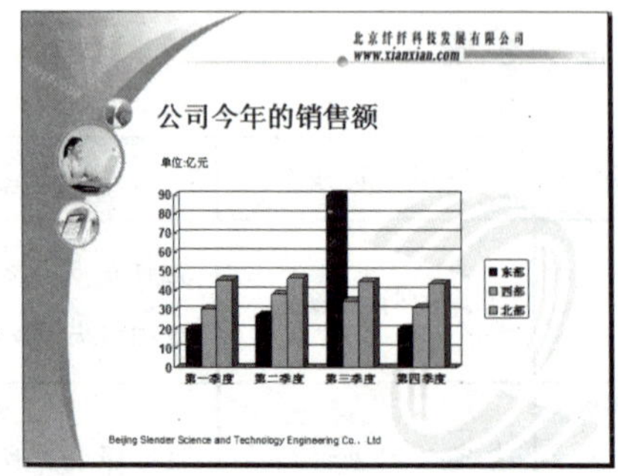

小提示： PowerPoint 共提供了四类自动版式。

1．文字版式：用于输入文字信息的版式，通常包含标题和文本；
2．内容版式：用于输入图片、图表、表格和组织结构图等；
3．文字和内容版式：一半用于输入文字，一半用于输入图片等内容；
4．其他版式：排列不是很规整的版式，增加了输入表格的占位符。

选择了合适的版式，并将公司的销售业绩数据以图表的方式插入到幻灯片中后，张萌萌的演示文稿逐步成型了。接下来我们通过“技能训练”来练习和巩固学习成果。

技能训练

新建一个空白的幻灯片文件，按以下要求为幻灯片文件设置版式并添加内容，效果如图 6-17 所示。

光盘素材：“光盘:\案例素材\Unit6\技能训练 6—5 素材.tif”。

1．调出“幻灯片版式”面板；
2．为幻灯片设置自动版式；
3．为幻灯片添加内容。

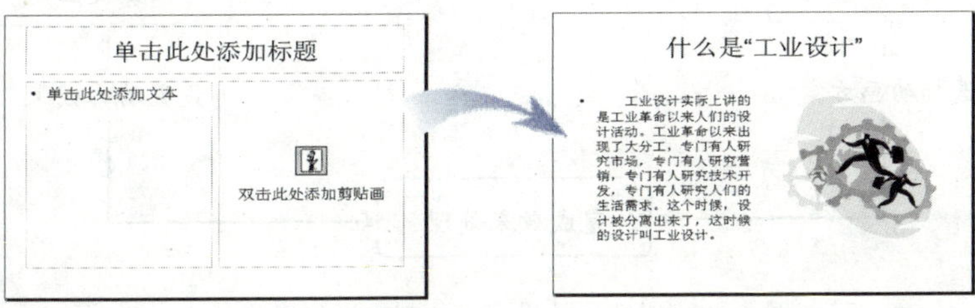

图 6-17　技能训练效果图

网络服务： 您可以通过访问 http://www.bhp.com.cn 网站的“职业资格”栏目，查看本训练的讲解，同时，您还能看到更多的拓展内容。

根据实际操作，简略填写下表		
序号	操作内容	操作流程
步骤一	设置幻灯片版式	
步骤二	添加文字内容	
步骤三	添加图片内容	

实训指导教师评分			
基本概念	技能掌握	语言描述	综合得分
□5 □4 □3 □2 □1	□5 □4 □3 □2 □1	□5 □4 □3 □2 □1	
实训指导教师签字：　　年　　月　　日			

实训技能 2 幻灯片效果处理

为了达到在播放幻灯片时，增强演示文稿的说服力，突出其视觉表现力的目的，张萌萌需要对幻灯片进行效果处理。幻灯片效果处理，就是为已有内容的幻灯片添加一种或几种特效，例如添加动作按钮、自定义动画、设置鼠标动作效果等。

图 6-18 展示了在 PowerPoint 中进行效果处理的几种方法。

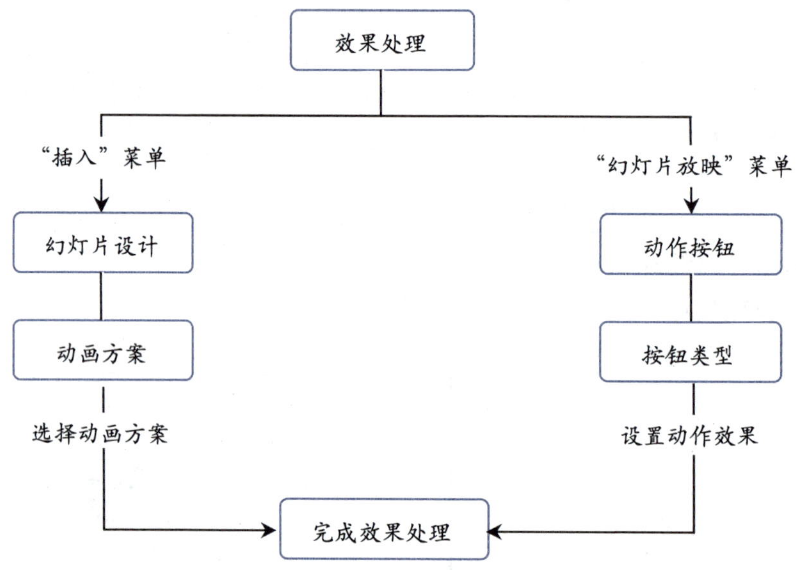

图 6-18 幻灯片效果处理的基本操作思路

实例任务 6 插入动作按钮

为了便于播放时幻灯片页面的翻页和跳转，张萌萌为她的演示文稿添加了一套【第一页】、【上一页】、【下一页】和【最后一页】的动作按钮。而在实际操作时，还可以为某个按钮设置播放视频或执行程序的功能。

任务展示

打开素材文件“案例素材 6-6.ppt”，按以下要求为该素材文件添加动作按钮，效果如图 6-19 所示。

1. 通过菜单命令绘制动作按钮；
2. 在打开的对话框中设置动作按钮的转向页面。
3. 反复操作添加其他按钮。

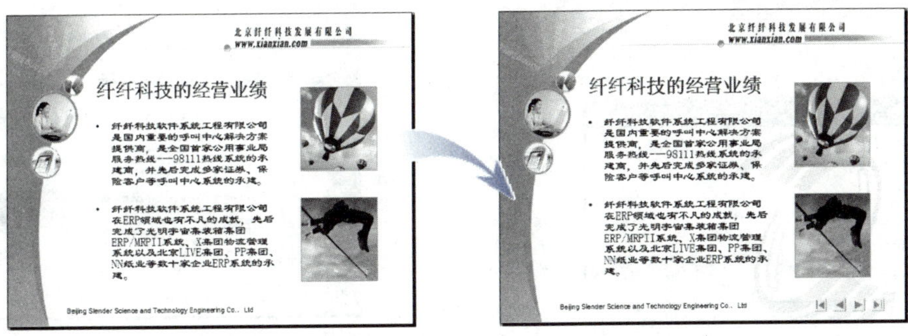

图 6-19　插入动作按钮前后的效果

任务分解

序号	技能点分解	技能要求	技能提示	实训案例效果图
1	为幻灯片添加动作按钮	能够为幻灯片添加正确的转向按钮	★	第二部分 商务谈判的准备工作

注：★代表考试大纲所规定的技能考核点。

操作思路

本任务的操作非常简单，只需按顺序插入动作按钮即可。

操作步骤

打开素材文件“案例素材 6-6.ppt”进行操作，选中素材文件中的第 5 张幻灯片，下面的操作将仅针对该页面进行。

光盘素材：“光盘:\案例素材\Unit6\案例素材 6-6.ppt”。

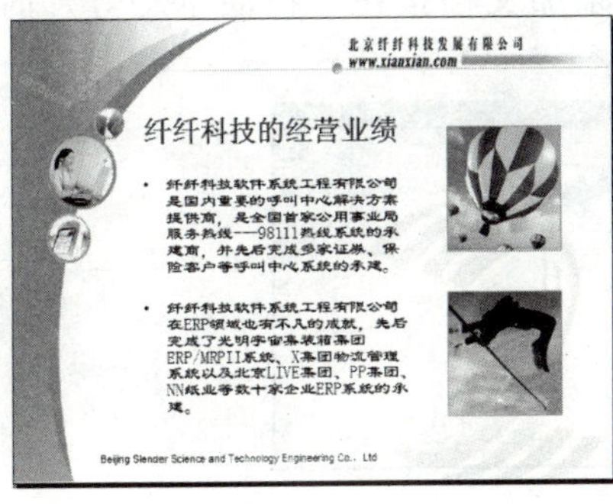

1 选择【幻灯片放映】|【动作按钮】菜单下的【动作按钮：开始】按钮。

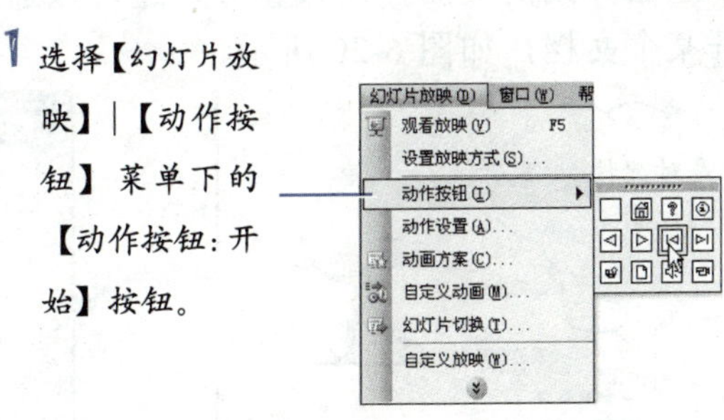

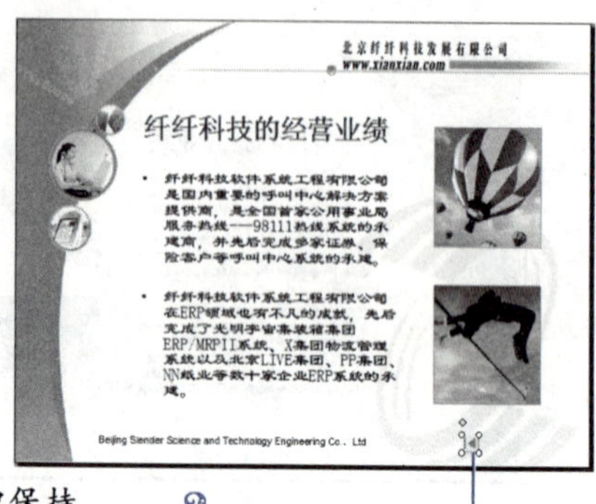

2 在第幻灯片的适当位置拖动绘制此按钮，弹出“动作设置”对话框。

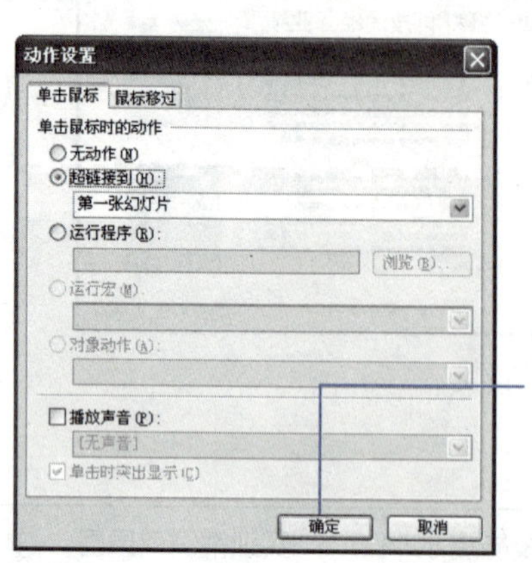

3 在此对话框中保持系统默认的设置不变，单击【确定】按钮继续。

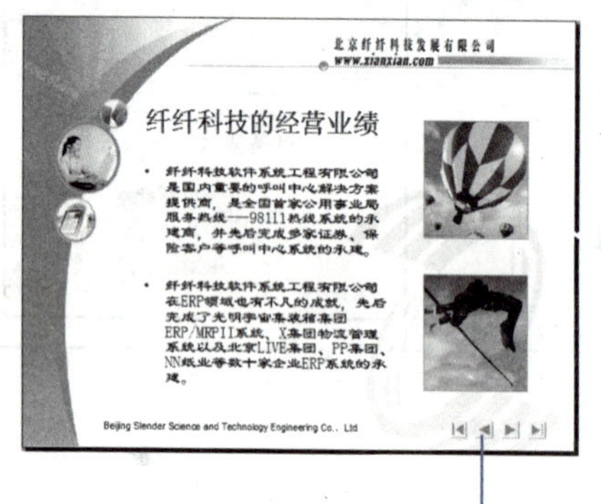

4 通过相同的操作插入其他动作按钮。

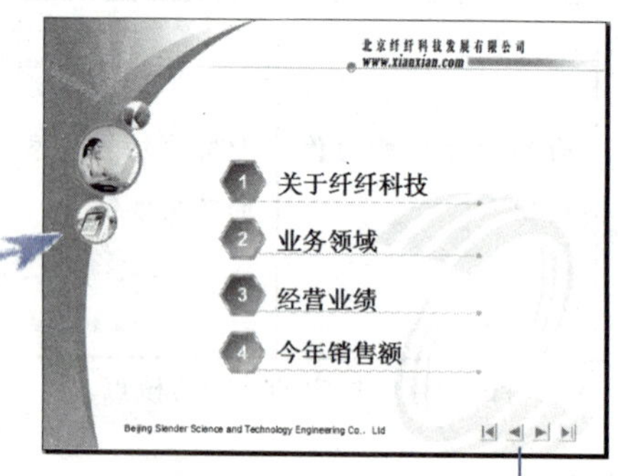

5 将所有的动作按钮复制到其他幻灯片中即可（此时选择【幻灯片放映】|【观看放映】命令，单击这些按钮可以测试按钮效果）。

张萌萌很快就把动作按钮添加好了，这样在演示过程中就能方便地跳转了。接下来我们来多学一手，掌握一些这项技能的拓展知识，然后通过“技能训练”来练习和巩固学习成果。

技能拓展

除了上面介绍的页面控制按钮外，还可以通过添加文档按钮，在演示幻灯片时，随时打开某个文档，如图 6-20 所示。

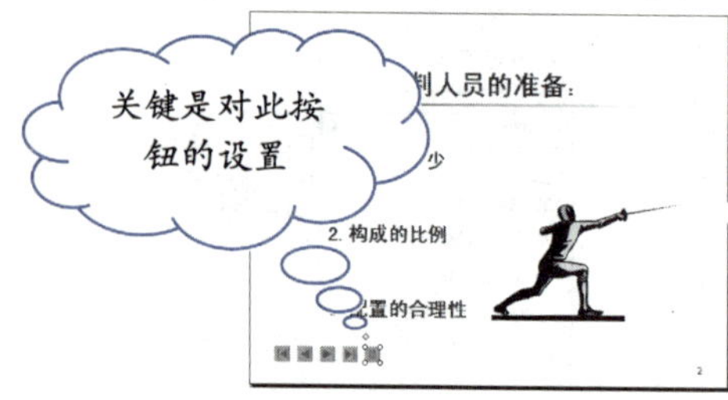

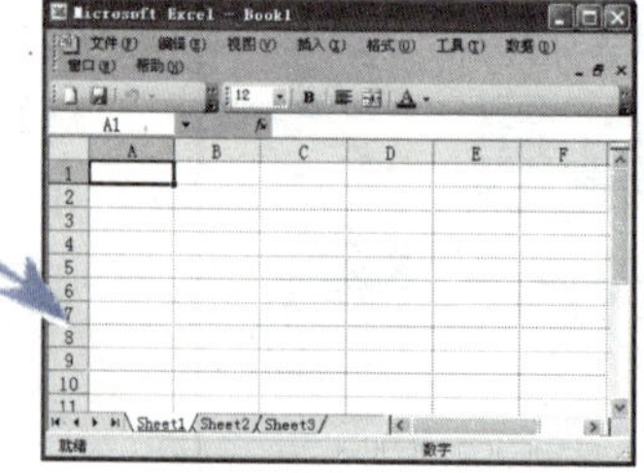

图 6-20 通过单击按钮打开 Excel 程序

网络服务：您可以通过访问 http://www.bhp.com.cn 网站的“职业资格”栏目，查看本案例的讲解，同时，您还能看到更多的拓展内容。

技能训练

打开素材文件“技能训练 6-6.ppt”，按以下要求为素材文件添加按钮，通过最后一个按钮可以实现播放一段视频，最终效果如图 6-21 所示。

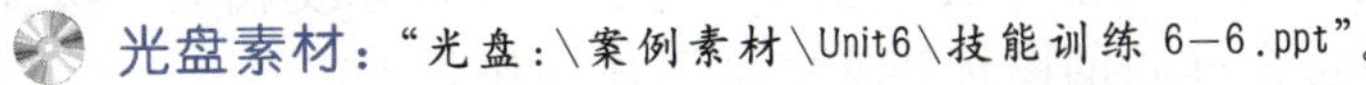

光盘素材：“光盘:\案例素材\Unit6\技能训练 6—6.ppt”。

1. 为幻灯片添加前四个转向按钮；
2. 添加最后一个按钮，并对其进行设置（设置超链接到“其他文件”）。

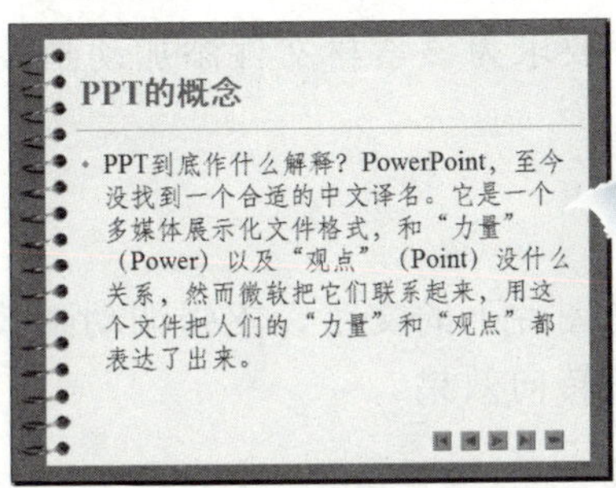

图 6-21 技能训练效果图

网络服务：您可以通过访问 http://www.bhp.com.cn 网站的“职业资格”栏目，查看本训练的讲解，同时，您还能看到更多的拓展内容。

根据实际操作，简略填写下表				
序号	操作内容		操作流程	
步骤一	为幻灯片添加前四个转向按钮			
步骤二	添加多媒体按钮			
步骤三	设置多媒体按钮			
	实训指导教师评分			
	基本概念	技能掌握	语言描述	综合得分
	□5 □4 □3 □2 □1	□5 □4 □3 □2 □1	□5 □4 □3 □2 □1	
	实训指导教师签字：		年 月 日	

实例任务7 自定义动画

我们可以为幻灯片上的构成元素（如图片、文本、表格等）设置各种动画，如渐变、打字机、飞入、百叶窗等效果，这些效果将在播放幻灯片时进行展示，令演示文稿具有更强的视觉效果，增强表现力。

除此之外，我们还可以为幻灯片的构成元素设置鼠标的动作效果，如设置鼠标单击某个图片则跳转到另外一个页面，或者在鼠标经过某个图片时进行突出显示等，此功能通常用于设置幻灯片跳转的操作按钮。

张萌萌准备在演示文稿的首页后添加一页导航页面，把整个演示文稿的一级标题都在这页列举显示，然后为每个标题的图标和文字都添加动作效果。

任务展示

打开素材文件“案例素材 6-7.ppt”，按以下要求为该素材文件添加动画效果，效果如图 6-22 所示。

1. 首先调出“自定义动画”面板；
2. 为左侧文字设置进入动画效果；
3. 为右侧图片设置进入动画效果，并为此图片下的文字设置强调动画效果；
4. 为幻灯片目录页面添加突出形式效果和转向效果。

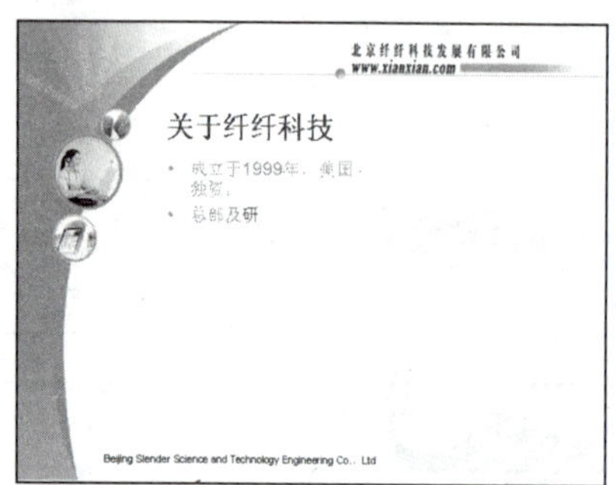

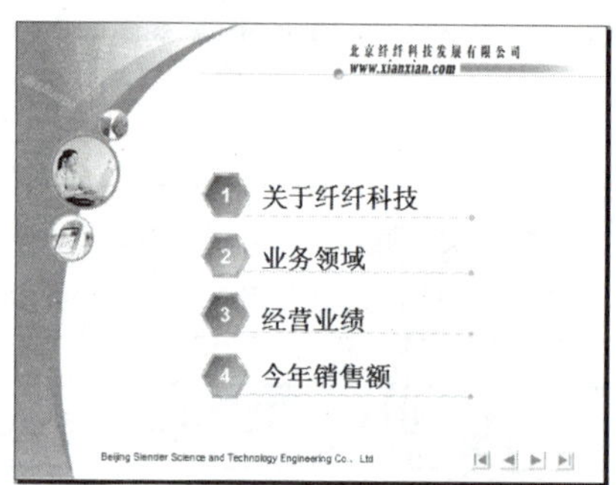

图 6-22 动画播放效果

任务分解

序号	技能点分解	技能要求	技能提示	实训案例效果图
1	为幻灯片添加动画效果	能够为幻灯片添加正确的进入和退出动画效果	★	
2	为幻灯片添加突出显示效果和转向效果	能够正确设置图片的突出显示效果和单击后的转向效果	★	

注：★代表考试大纲所规定的技能考核点。

操作思路

本任务的关键是如何设置适合幻灯片各构成元素的动画效果。为了起到说明性的作用，不同的构成元素最好具有与其相匹配的进入幻灯片的方式，用户可根据创意需要进行灵活设置。

操作步骤

打开素材文件“案例素材 6-7.ppt”，选中素材文件中的第 3 张幻灯片，下面的操作将仅针对该页面进行。

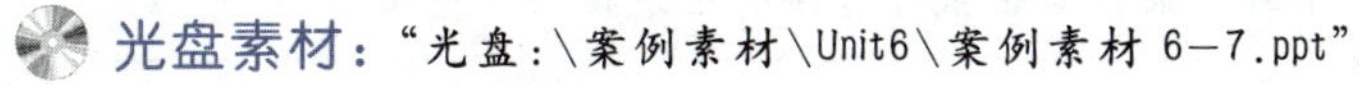
光盘素材：“光盘:\案例素材\Unit6\案例素材 6—7.ppt”。

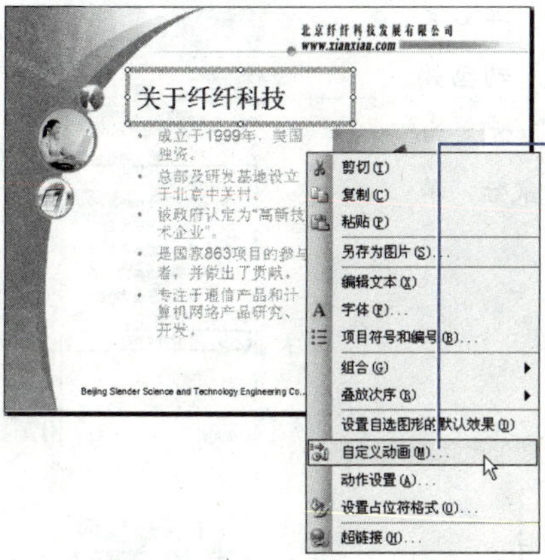

1 用鼠标右键单击“关于纤纤科技”所在的文本框，选择【自定义动画】命令。

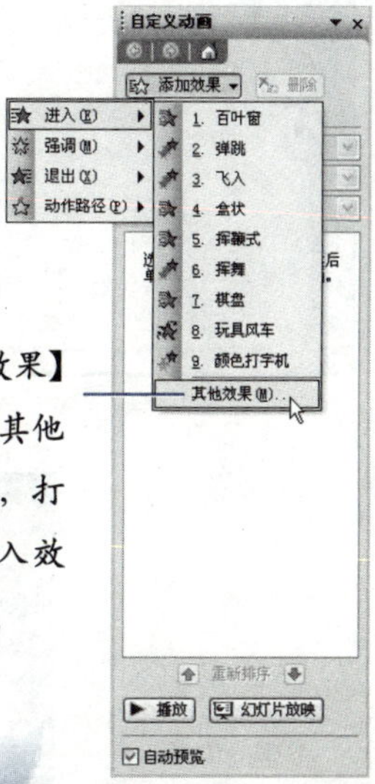

2 选择【添加效果】|【进入】|【其他效果】命令，打开“添加进入效果”对话框。

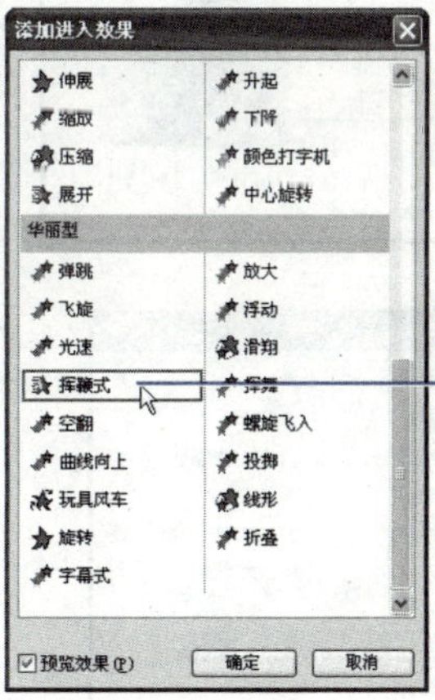

3 选择“挥鞭式”动作效果，单击【确定】按钮继续。

4 在此下拉列表中选择“之后”选项。

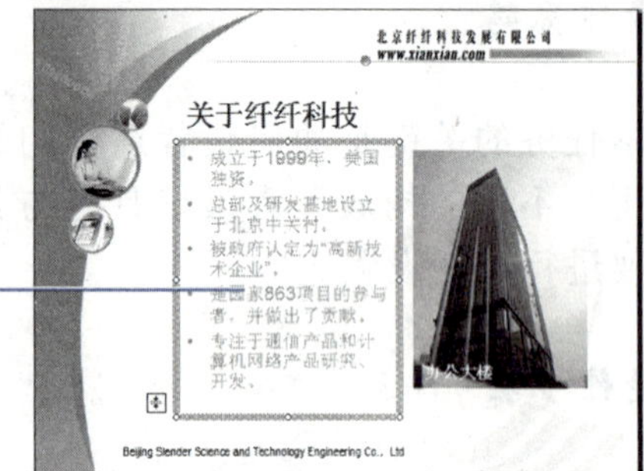

5 按照上述操作方法，设置此文本框的动画效果为“颜色打印机”（“开始”方式均为“之后”）。

小提示：“之前”表示和之前的一个动画效果同时出现；“之后”表示在之前的一个动画效果结束后自动出现；“单击时”表示单击鼠标时才会出现该动画效果。

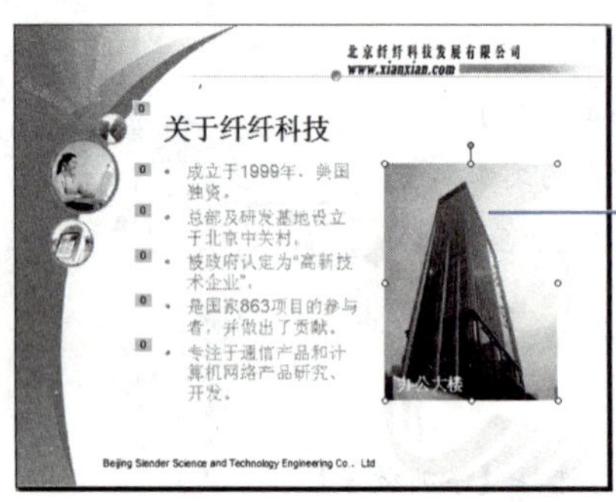

6 选中此图片，并为其添加“弹跳”动画效果（“开始”方式为系统默认的鼠标“单击时”）。

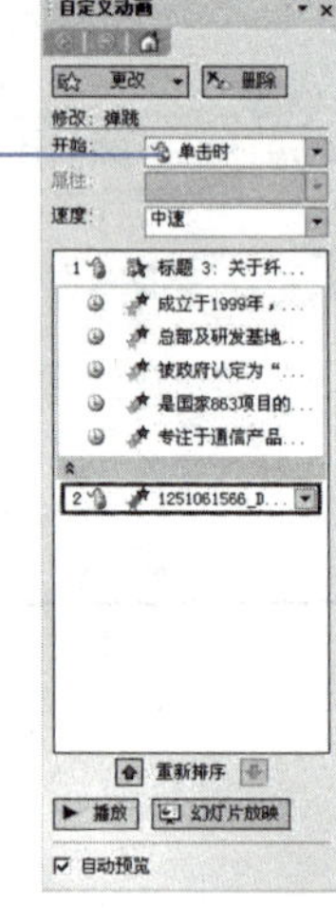

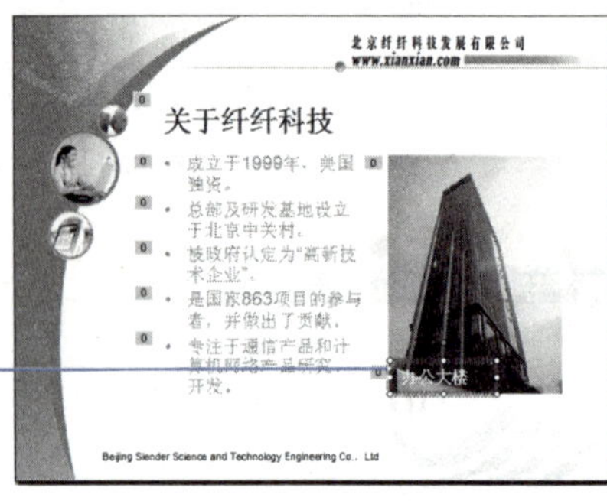

7 选中此文本框，并为其添加“出现”进入动画效果。

8 选择【添加效果】|【强调】|【其他效果】命令，打开“添加强调效果”对话框。

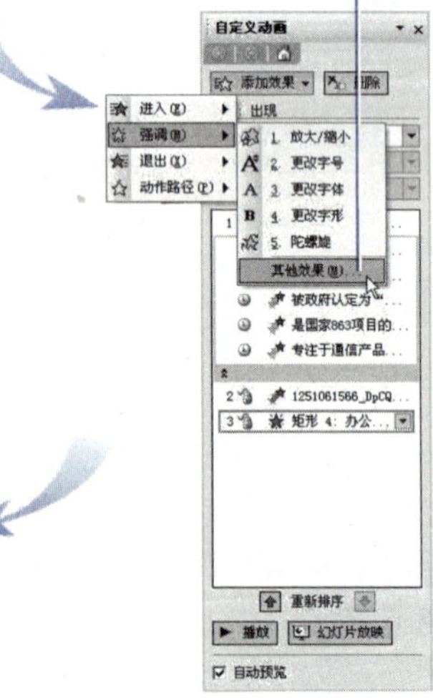

9 选择“闪烁”动作效果，单击【确定】按钮继续。

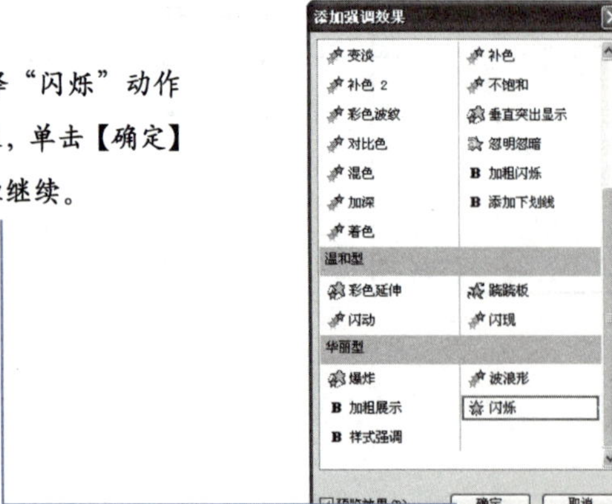

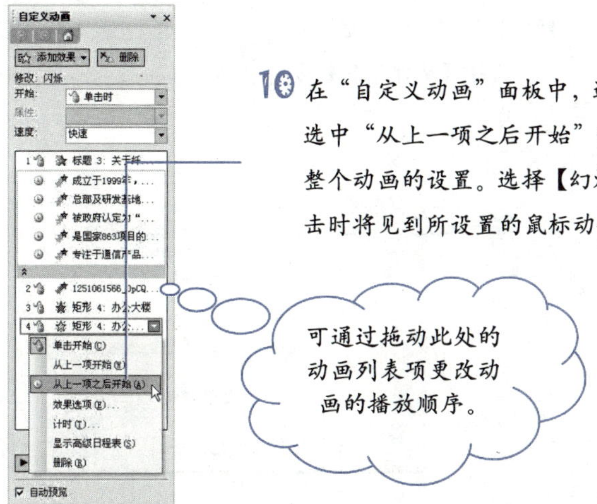

10 在“自定义动画”面板中，选中新添加的动画效果，在其下拉列表中选中“从上一项之后开始”项（其作用与本任务步骤 4 相同），完成整个动画的设置。选择【幻灯片放映】|【观看放映】命令，再进行单击时将见到所设置的鼠标动作效果。

第 3 张幻灯片的动画效果设置好了，下面我们来设置第 2 张幻灯片的动作。

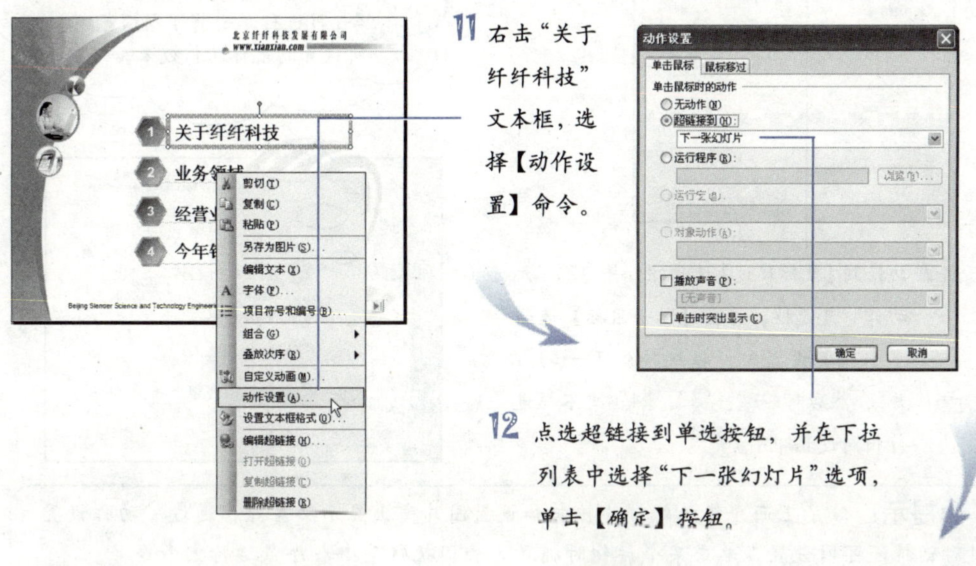

11 右击“关于纤纤科技”文本框，选择【动作设置】命令。

12 点选超链接到单选按钮，并在下拉列表中选择“下一张幻灯片”选项，单击【确定】按钮。

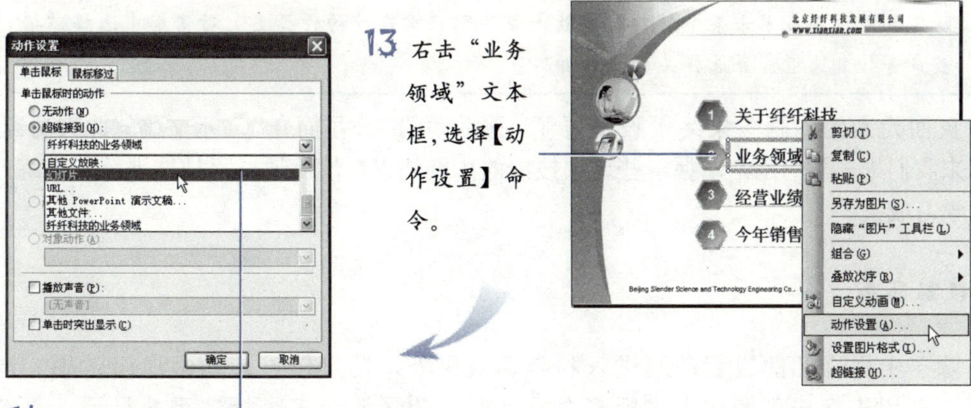

13 右击“业务领域”文本框，选择【动作设置】命令。

14 点选【超链接到】单选按钮，并在其下拉列表中选择“幻灯片”选项。

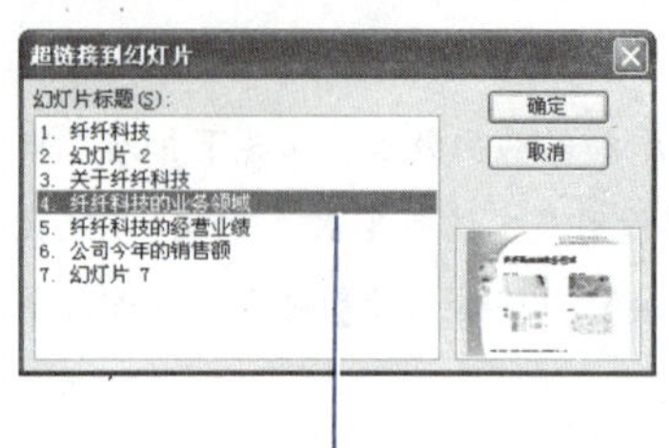

15 打开“超链接到幻灯片”对话框，根据此目录中实际需要链接到的幻灯片，选择相应的标题项即可（再通过相同操作可为其他两个目录项设置链接）。

16 右击“1”文本框，并选择【动作设置】命令。

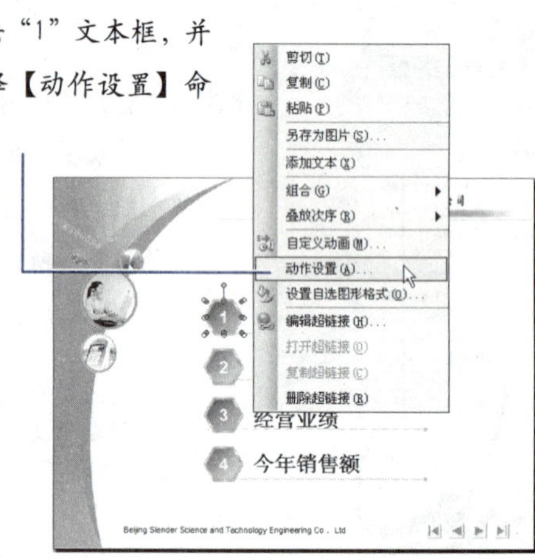

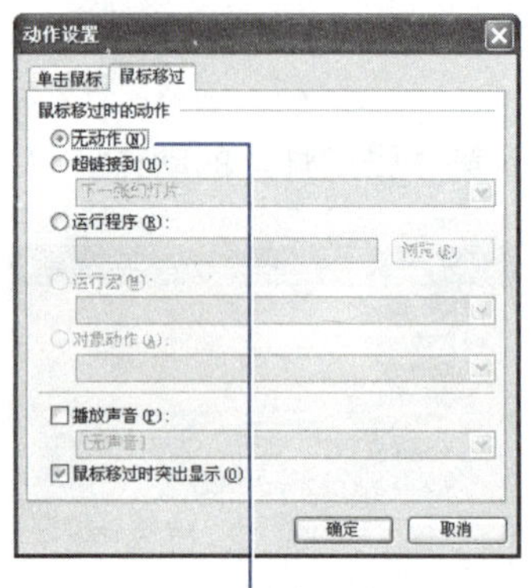

通过上述设置，选择【幻灯片放映】|【观看放映】命令，再进行单击将可以预览所设置的鼠标动作效果。

17 切换到【鼠标移过】选项卡，并勾选“无动作”复选框，并在【单击鼠标】选项卡中将其设置为“超链接到下一幻灯片”，然后对“2”、“3”、“4”文本框进行相同设置即可。

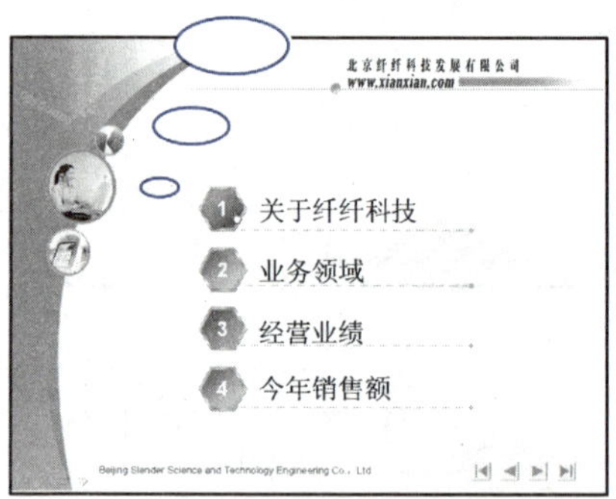

> **小提示：** 除了上面介绍的幻灯片转向和设置图片突出显示功能外，通过“动作设置”对话框还可以设置在单击某个按钮时播放声音、执行某个程序或运行宏命令等。
>
> 如需设置在单击某个按钮时播放声音，则只需在“动作设置”对话框中选择“播放声音”复选框，并选择某种声音即可。

页面元素的动画效果终于设置好了，张萌萌的“公司简介”演示文稿就此大功告成。接下来我们来多学一手，掌握一些这项技能的拓展知识，然后通过“技能训练”来练习和巩固学习成果。

技能拓展

除了上面介绍的设置动画进入和强调效果外，还可以设置动画退出效果。退出效果主要用于在一副图像上进行多个标注时，为了避免多个标注重叠显示，可令幻灯片元素在显示完成后退出，其效果如图 6-23 所示。

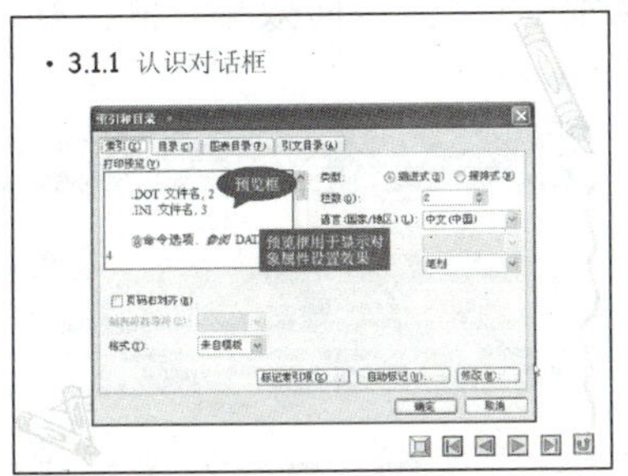

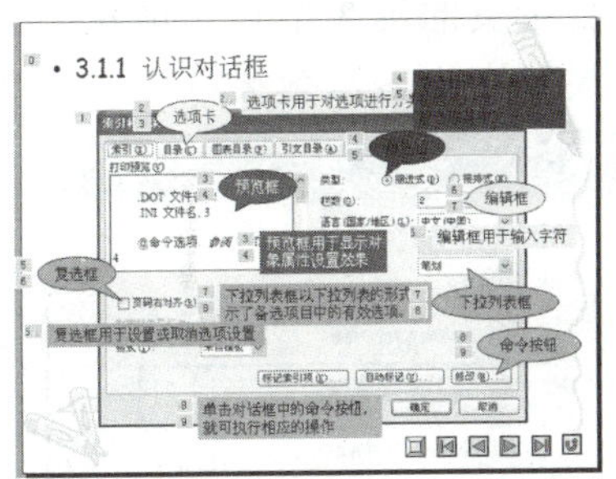

图 6-23　通过设置“进入”和“退出”效果令多个幻灯片元素顺次显示

网络服务： 您可以通过访问 http://www.bhp.com.cn 网站的“职业资格”栏目，查看本案例的讲解，同时，您还能看到更多的拓展内容。

技能训练

练习一

打开素材文件“技能训练 6-7-1.ppt”，按以下要求为素材文件添加动画效果，效果如图 6-24 所示。

光盘素材：“光盘:\案例素材\Unit6\技能训练 6-7-1.ppt”。

1. 为图片组合（除第 1 幅图片）添加“出现”或“缩放”动画效果；
2. 为所有的线添加“擦除”动画效果；
3. 为文本框添加“百叶窗”效果（注意调整动画播放顺序）。

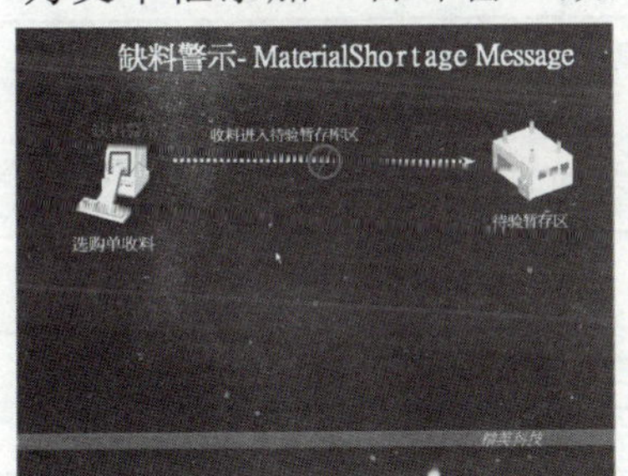

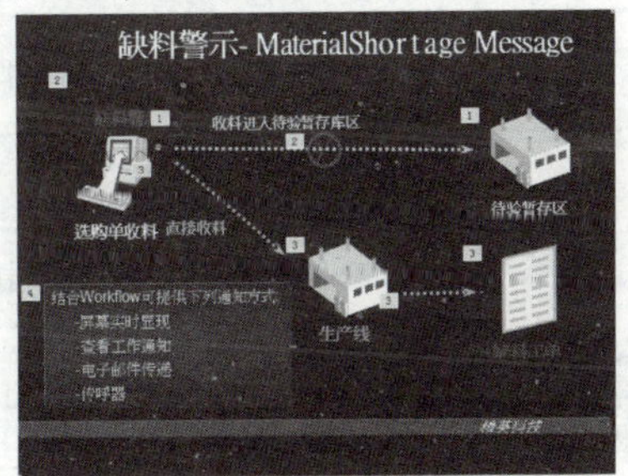

图 6-24　技能训练练习一效果图

练习二

打开素材文件“技能训练 6-7-2.ppt”，按以下要求为素材文件设置鼠标动作效果，添加转向功能，并添加突出显示和播放声音功能，效果如图 6-25 所示。

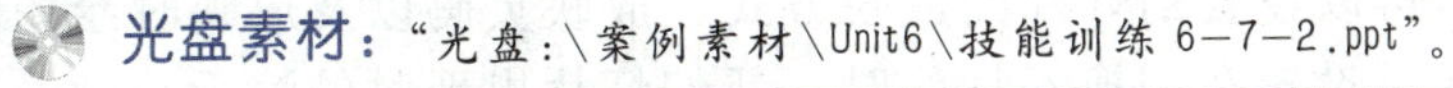

光盘素材：“光盘:\案例素材\Unit6\技能训练 6-7-2.ppt”。

1. 为目录页的第 3 个目录项的文本框添加鼠标转向效果；
2. 为目录页的第 3 个目录项左侧的图片添加鼠标转向效果、鼠标移动时的声音效果和突出显示效果。

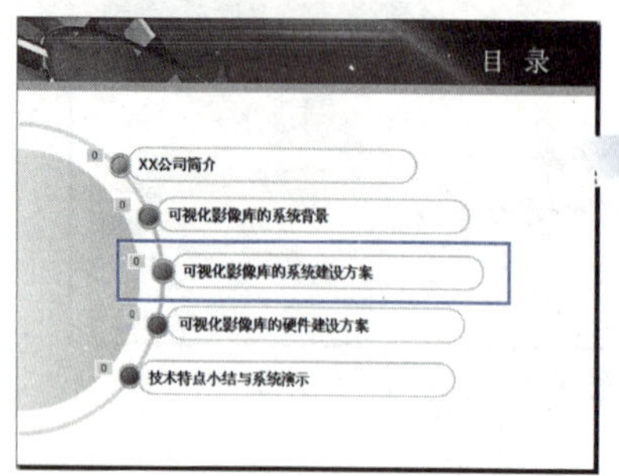

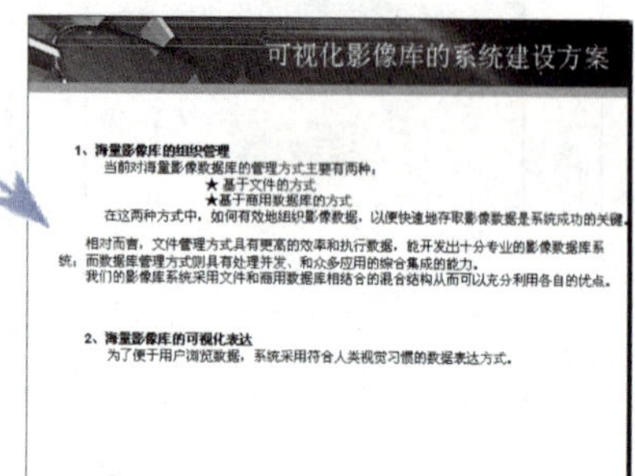

图 6-25　技能训练练习二效果图

网络服务：您可以通过访问 http://www.bhp.com.cn 网站的“职业资格”栏目，查看本训练的讲解，同时，您还能看到更多的拓展内容。

<table>
<tr><th colspan="6">根据实际操作，简略填写下表</th></tr>
<tr><th colspan="2">序号</th><th colspan="2">操作内容</th><th colspan="2">操作流程</th></tr>
<tr><td>练习一</td><td>步骤</td><td colspan="2">为幻灯片添加进入时的各种动画效果</td><td colspan="2"></td></tr>
<tr><td rowspan="3">练习二</td><td>步骤一</td><td colspan="2">设置鼠标单击时的转向效果</td><td colspan="2"></td></tr>
<tr><td>步骤二</td><td colspan="2">设置鼠标移动时的突出显示效果</td><td colspan="2"></td></tr>
<tr><td>步骤三</td><td colspan="2">设置鼠标移动时的声音效果</td><td colspan="2"></td></tr>
<tr><td colspan="2" rowspan="4"></td><td colspan="4">实训指导教师评分</td></tr>
<tr><td>基本概念</td><td>技能掌握</td><td>语言描述</td><td>综合得分</td></tr>
<tr><td>□5 □4 □3 □2 □1</td><td>□5 □4 □3 □2 □1</td><td>□5 □4 □3 □2 □1</td><td></td></tr>
<tr><td colspan="4">实训指导教师签字：　　　　年　　月　　日</td></tr>
</table>

实训技能 3　幻灯片的打印与放映

通过设置放映类型，可以设置幻灯片的放映方式、放映页码以及放映时绘图笔的颜色等；通过换片方式可设置在切换幻灯片时，新幻灯片出现时的演示动画；通过设置打印形式和颜色设置可以选择打印机，调整打印的类型、页码以及份数等。

幻灯片切换效果相当于在 MTV 中从一个场景切换到另外一个场景时的过渡效果，好的过渡不会使人产生过于“突兀”的感觉。

“放映与打印”是幻灯片输出的最后工作，其中放映操作是重点，图 6-26 展示了在 PowerPoint 中放映/打印幻灯片的常用方法。

小提示：PowerPoint 共提供了三类放映方式版式。

1．“演讲者放映（全屏幕）”：选择此项可运行全屏显示的演示文稿；

2．“观众自行浏览（窗口）”：选择此项可运行小规模的演示；

3．“在展台浏览（全屏幕）”：选择此项可自动运行演示文稿。

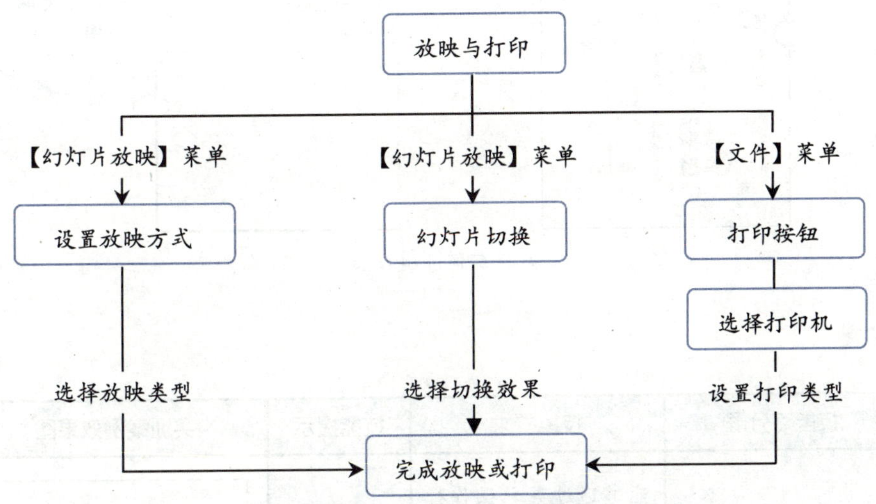

图 6-26 幻灯片放映与打印的基本操作思路

实训任务 8 打印设置

PowerPoint 可提供有彩色、灰度和黑白三种幻灯片的打印颜色效果，可打印幻灯片、讲义、备注页和大纲视图等内容，并可以设置打印机类型、打印份数和打印范围等。

准备开展会了，按照惯例，张萌萌需要给每位观看演讲的观众准备演示文稿的打印稿，她又忙了起来。

任务展示

打开素材文件“案例素材 6-8.ppt”，按以下要求打印该素材文件，效果如图 6-27 所示。

1. 通过菜单打开“打印”对话框；
2. 选择正确的打印机；
3. 设置打印效果进行打印操作。

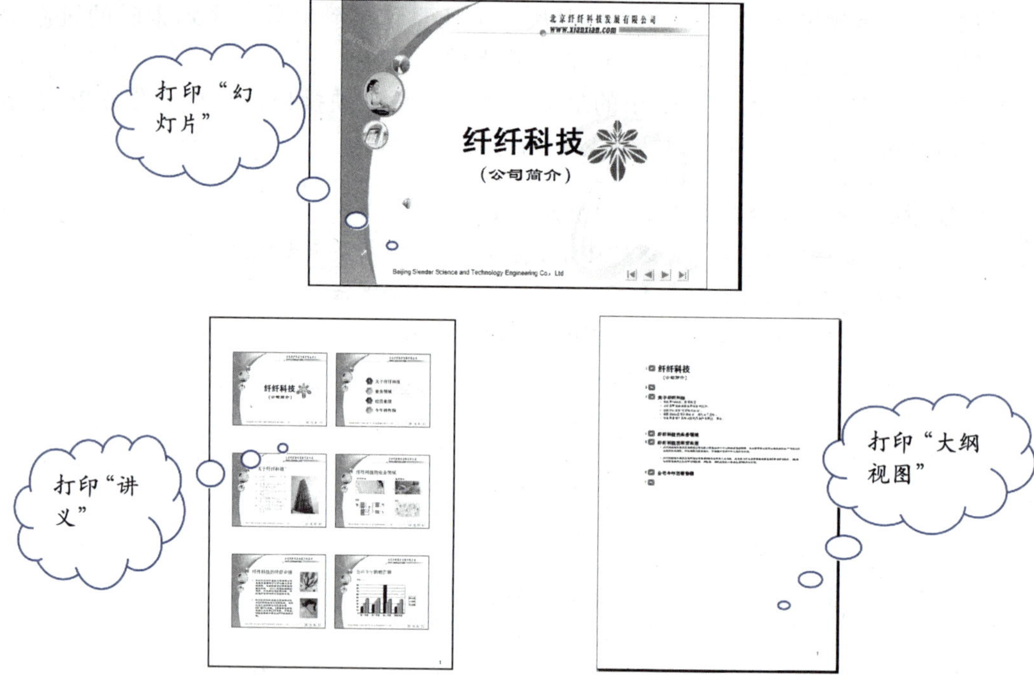

图 6-27 素材打印效果

任务分解

序号	技能点分解	技能要求	技能提示	实训案例效果图
1	打开“打印”对话框	能够通过菜单操作打开“打印”对话框	★	
2	选择打印机	能够通过菜单操作选择正确的打印机	★	
3	设置打印内容	能够通过菜单操作设置正确的打印内容	★	

注：★代表考试大纲所规定的技能考核点。

操作思路

本任务将顺次打印幻灯片的第 1 页（以“幻灯片”方式打印），再以“讲义”形式打印幻灯片，最后以“大纲视图”形式打印幻灯片。本任务的关键是学会打印设置的方法，并理解这几种打印方式的意义。

操作步骤

打开素材文件“案例素材 6-8.ppt”，下面操作将通过各种方式打印此幻灯片。

光盘素材：“光盘:\案例素材\Unit6\案例素材 6—8.ppt”。

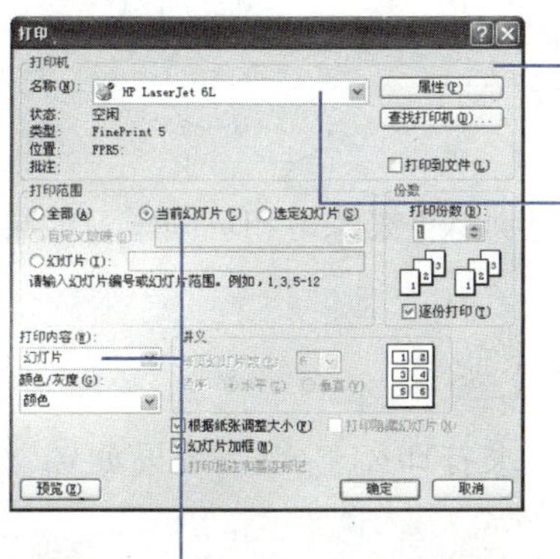

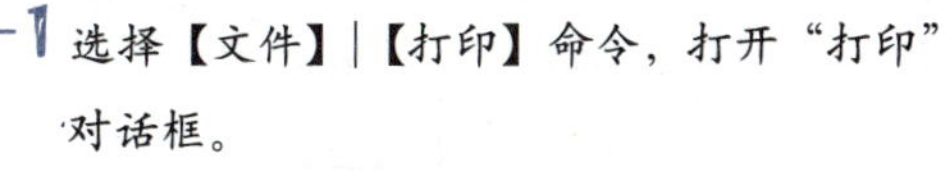

1 选择【文件】|【打印】命令，打开“打印”对话框。

2 通过此下拉列表选择打印输出的打印机。

3 点选【当前幻灯片】单选按钮，并在“打印内容”下拉列表中选择“幻灯片”选项，单击【确定】按钮即可用讲义形式打印幻灯片。

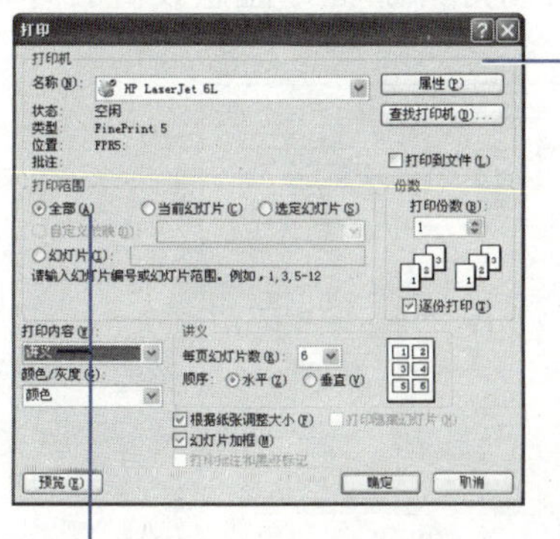

4 通过相同操作，再次打开“打印”对话框，并选择好打印输出的打印机。

以“讲义”形式打印的幻灯片

5 点选【全部】单选按钮，并在“打印内容”下拉列表中选择“讲义”项，单击【确定】按钮即可打印幻灯片。

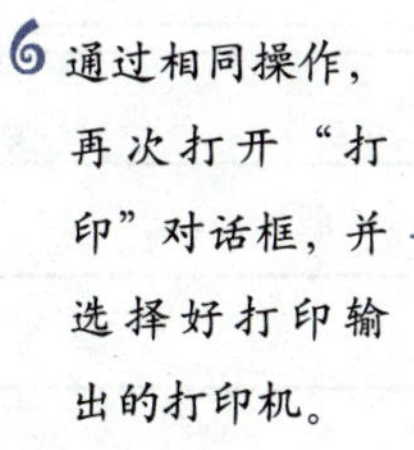

6 通过相同操作，再次打开“打印”对话框，并选择好打印输出的打印机。

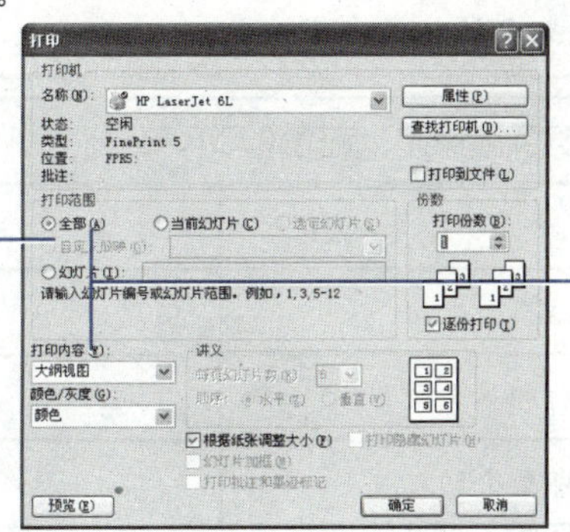

7 点选【全部】单选按钮，并在“打印内容”下拉列表中选择“大纲视图”选项，单击【确定】按钮即可用大纲形式打印幻灯片。

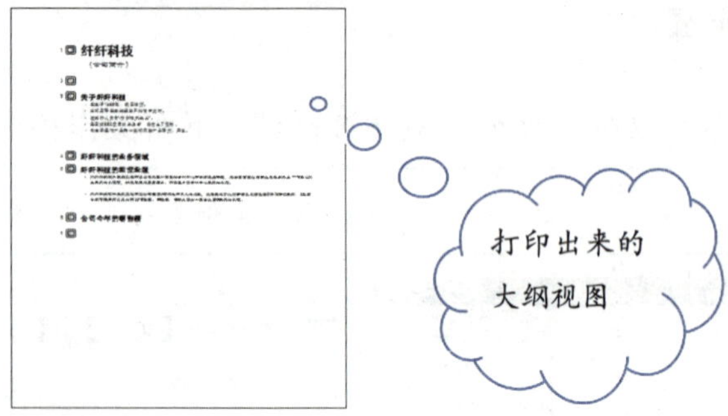

演示文稿的打印完成了，接下来让我们通过“技能训练”来练习和巩固学习成果吧！

技能训练

打开素材文件“技能训练 6-8.ppt”，按照以下要求打印幻灯片，效果如图 6-28 所示。

光盘素材：“光盘:\案例素材\Unit6\技能训练 6—8.ppt”。

1. 打开“打印”对话框；
2. 以“幻灯片”形式打印素材的第 1 页；
3. 以“讲义”形式打印整个幻灯片，并设置给幻灯片加框，注意设置打印时，每页上打印的幻灯片的个数要适当。

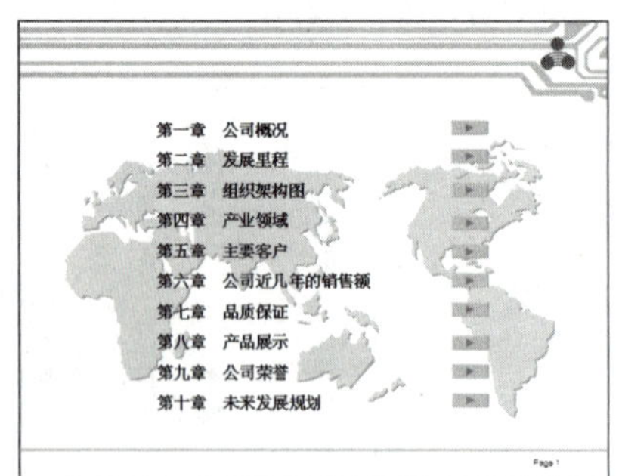

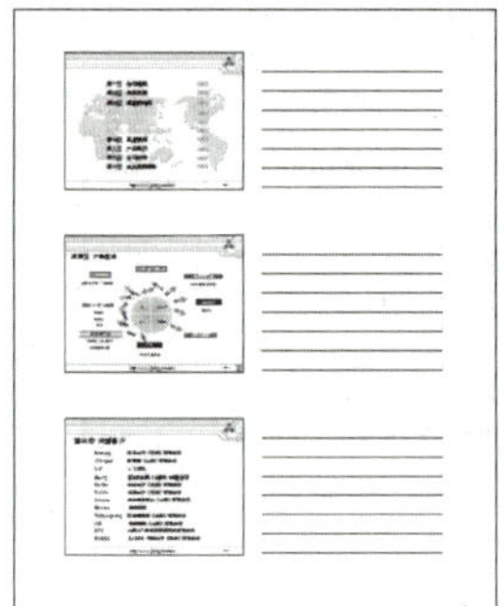

图 6-28 技能训练效果图

网络服务：您可以通过访问 http://www.bhp.com.cn 网站的“职业资格”栏目，查看本训练的讲解，同时，您还能看到更多的拓展内容。

根据实际操作，简略填写下表		
序号	操作内容	操作流程
步骤一	打开“打印”对话框	
步骤二	以“幻灯片”形式打印第 1 页	
步骤三	以“讲义”形式打印整个幻灯片	

续表

	实训指导教师评分			
	基本概念	技能掌握	语言描述	综合得分
	□5 □4 □3 □2 □1	□5 □4 □3 □2 □1	□5 □4 □3 □2 □1	
	实训指导教师签字：　　年　月　日			

实训任务9 放映设置

马上要开展示会了，宣讲的同事在试讲的过程中感觉“公司简介”演示文稿中各幻灯片之间的过渡有点生硬，希望添加一些切换效果。

事实上，PowerPoint 为了提高放映效果，适应不同观众，不仅提供了在放映幻灯片前的加工和修饰功能，还提供了各种方便和有效的放映方法，诸如调整幻灯片放映方式、顺序、添加切换效果、自定义放映等。张萌萌根据自己掌握的知识马上开始了调整。

任务展示

打开随书光盘中“案例素材 6-9.ppt”文件，按以下要求为该素材文件添加切换效果，效果如图 6-29 所示。

1. 通过菜单命令打开“幻灯片”切换面板；
2. 分别为各幻灯片选择切换效果。

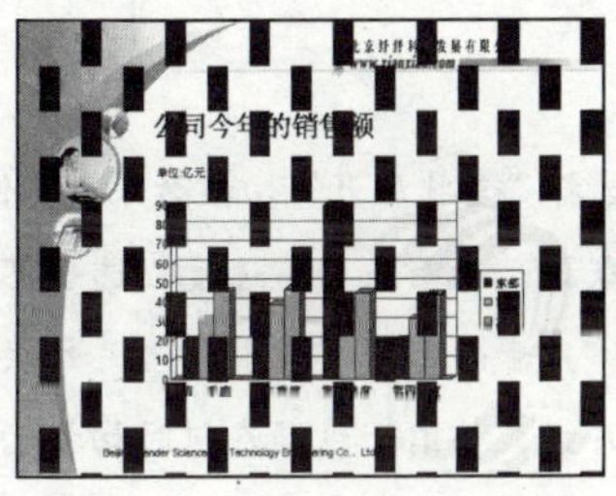

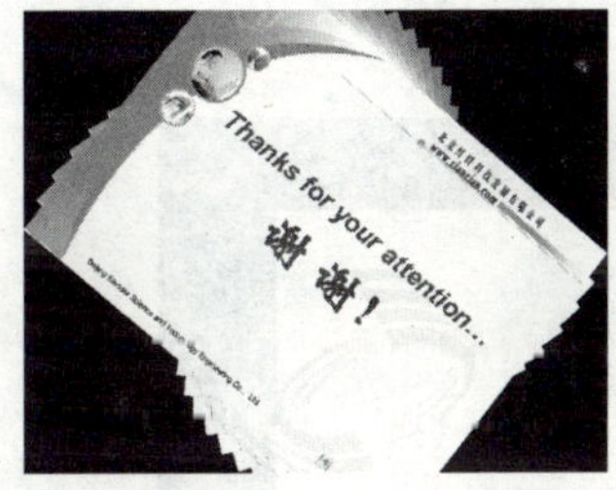

图 6-29 幻灯片的切换效果

任务分解

序号	技能点分解	技能要求	技能提示	实训案例效果图
1	为幻灯片设置切换效果	能够为幻灯片设置合适的切换效果	★	

注：★代表考试大纲所规定的技能考核点。

操作思路

本任务的设置操作并不难，实际上其重点在于为幻灯片添加合适的切换效果，如片头、片中、片尾的动画效果，用户可根据观赏的特性和不同的演示场合进行灵活设置。

操作步骤

打开素材文件“案例素材 6-9.ppt”进行如下操作。

光盘素材：“光盘:\案例素材\Unit6\案例素材 6-9.ppt”。

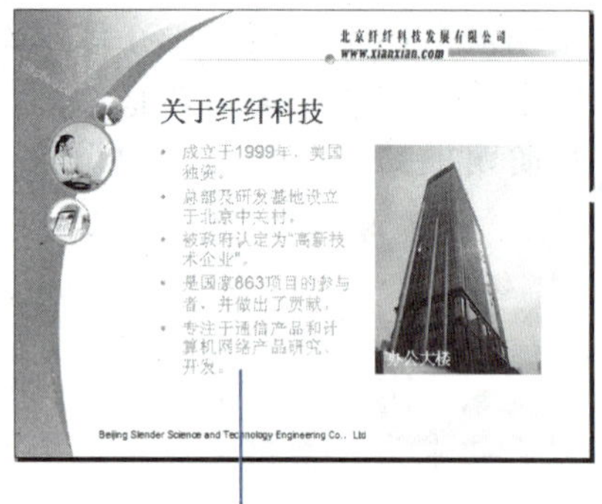

1 在打开的素材文件中，定位到第 3 张幻灯片。

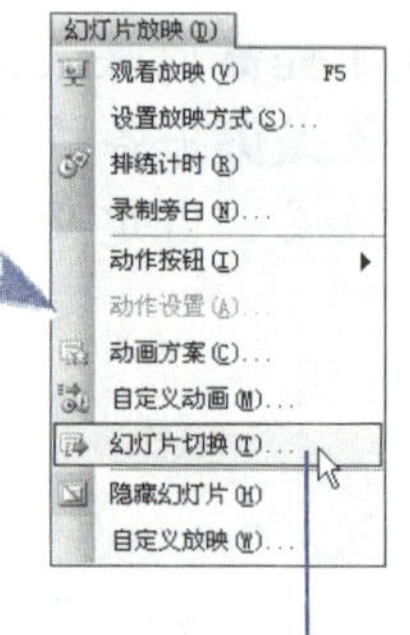

2 选择【幻灯片放映】|【幻灯片切换】命令，打开“幻灯片切换”面板。

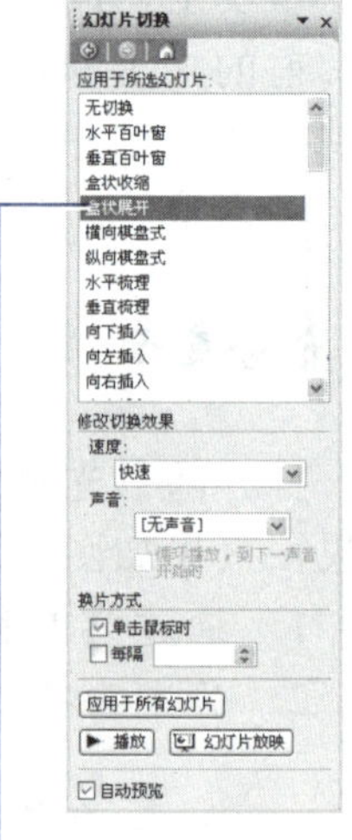

3 选择“盒状展开”切换效果（其他选项保持系统默认，此面板中“速度”选项可设置切换速度，“声音”选项可设置幻灯片切换时的声音，“换片方式”用于设置在何时切换幻灯片），此时在操作区中可同时演示此效果。

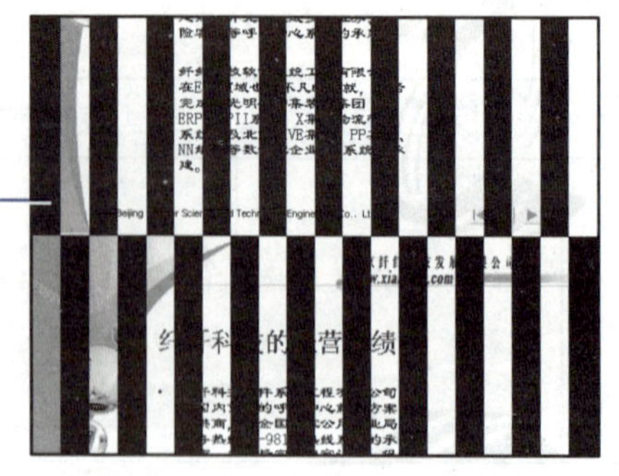

4 通过相同操作为第 5 张幻灯片设置“垂直梳理”换片效果。

5 通过相同操作为第 6 和第 7 张幻灯片分别设置“横向棋盘式”和“新闻快报”切换效果，完成后播放幻灯片，即可预览到整个设置效果。

切换效果设置完了，宣讲人员试了试，很满意，张萌萌的工作终于圆满完成了。接下来我们通过“技能训练”来练习和巩固学习成果。

 技能训练

打开素材文件“技能训练 6-9.ppt”，按以下要求为素材文件设置换片方式，效果如图 6-30 所示。

光盘素材：“光盘:\案例素材\Unit6\技能训练 6-9.ppt”。

1. 通过菜单命令打开“幻灯片切换”面板；
2. 为前三张幻灯片分别添加“上下向中央收缩”、“从右下抽出”和“水平梳理”切换效果。

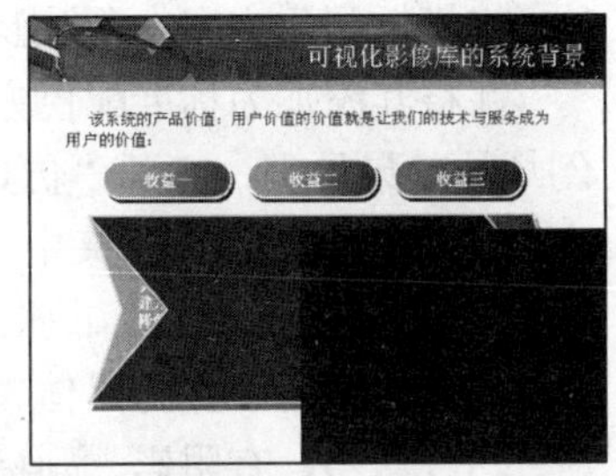

图 6-30 技能训练效果图

网络服务：您可以通过访问 http://www.bhp.com.cn 网站的“职业资格”栏目，查看本训练的讲解，同时，您还能看到更多的拓展内容。

根据实际操作，简略填写下表				
序号	操作内容		操作流程	
步骤一	分别为幻灯片添加切换效果			
	实训指导教师评分			
	基本概念	技能掌握	语言描述	综合得分
	□5 □4 □3 □2 □1	□5 □4 □3 □2 □1	□5 □4 □3 □2 □1	
	实训指导教师签字： 年 月 日			

本模块仿真试题

通过上面的实训案例，我们把本模块的技能考核点都实际演练了一遍，下面就来用一道本模块的仿真试题再练习一遍，这道题可是能帮助你顺利地通过考试哦！

光盘素材："光盘:\仿真题素材\Unit6\仿真题 6—1.ppt"；
"光盘:\仿真题素材\Unit6\仿真题 6—2.jpg"；
"光盘:\仿真题素材\Unit6\仿真题 6—3.mid"；
"光盘:\仿真题素材\Unit6\仿真题 6—4.jpg"；
"光盘:\仿真题素材\Unit6\仿真题 6—5.jpg"。

1. 本题分值：15分。
2. 考核时间：20分钟。
3. 考核形式：实操。
4. 具体考核要求。

（1） 幻灯片模板的相关操作：

a. 打开"仿真题 6-1.ppt"，将其以模板的文件类型保存至考生文件夹中，文件命名为"仿真题 6-1.pot"。

b. 将模板配色方案中"阴影"的颜色更改为"灰色（RGB：77，77，77)"，并将其添加为标准配色方案，并且应用于所有幻灯片。

（2） 幻灯片效果处理：打开"仿真题 6-1.ppt"，将其以"仿真题 6-1-B.ppt"为文件名保存至考生文件夹中。（此步骤不计分）

a. 参照图 6-31，将第 1 张幻灯片的文字版式设置为"标题幻灯片"，并设置主标题字体为黑体、66 磅、下划线、加粗倾斜、绿色（RGB：46，232，32）、有阴影。副标题字体为仿宋体-GB2312、加粗、38 磅、强调文字配色方案。

b. 参照图 6-31，将第 1 张幻灯片的背景设置为"仿真题 6-2.jpg"，缩放 94%，锁定纵横比。

c. 参照图 6-31，在第 1 张幻灯片中插入声音文件"仿真题 6-3.mid"，单击时播放，设置循环播放，直到停止。

（3） 幻灯片按钮、图形图像应用及效果处理：

a. 参照图 6-32，在第 2 张幻灯片中插入"仿真题 6-4.jpg"，设置图片的叠放次序为置于底层，大小的缩放比例为 60%，插入链接到第 1 张和第 3 张幻灯片的动作按钮，并且设置动作按钮的高度均为 2cm，宽度均为 4cm，填充颜色为黄色。

b. 参照图 6-33，在第 2、第 3 张幻灯片中插入"仿真题 6-5.jpg"，设置图片的叠放次序为置于底层，大小的缩放比例为 137%。设置内容字体颜色为"按强调文字和已访问的超链接配色方案"。

（4） 幻灯片放映设置：

设置幻灯片的放映类型为“观众自行浏览”放映全部幻灯片，换片方式为“手动”。设置完成后，将“设置放映方式”对话框以图片形式保存至考生文件夹中，文件命名为“仿真题 6-1-I.jpg”。

（5） 幻灯片打印设置：

设置幻灯片的打印范围为“全部”、打印内容为“大纲视图”、颜色/灰度为“灰度”、打印份数为 3 份，设置完成后，将“打印”对话框以图片形式保存至考生文件夹中，文件命名为“仿真题 6-1-P.jpg”。

（6） 幻灯片动画设置：

将第 1 张幻灯片中标题的进入动画效果设置为“玩具风车”；速度为中速、单击鼠标时启动动画效果。

图 6-31　第 1 张幻灯片

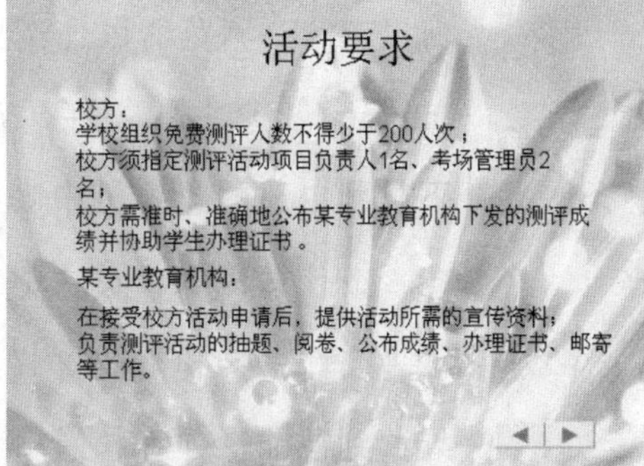

图 6-32　第 2 张幻灯片

图 6-33　第 3 张幻灯片

网络服务：您可以通过访问 http://www.bhp.com.cn 网站的“职业资格”栏目，查看本模块仿真试题的讲解，同时，您还能看到更多的拓展内容。

实训模块7 网络登录和信息浏览

篇头语

Internet 的出现极大地改变了我们的工作、生活和学习方式。在 Internet 上，我们可以方便地看新闻、查资料、下载文件、玩游戏、看电影、听音乐以及进行网上购物等。

众所周知，Internet 上的信息和资源大部分是以网页的形式呈现给我们的，IE 浏览器便成为浏览网页必不可少的工具之一。你知道如何设置 IE 浏览器以使浏览网页的操作变得更加快捷和安全吗？面对 Internet 上众多的软件、音乐和电影等资源，又该如何快捷地将它们下载到自己的计算机中呢？

在计算机操作员（中级）的“网络登录和信息浏览”模块中包括了“文件上传和下载”和“浏览器使用”两项考核内容，虽然该模块只占到技能操作考核总分的 5%，分值比重不是很大，但在信息化的今天，本模块所涉及的知识无疑需要我们理解掌握。

为了更好地帮助读者学习本模块，我们设计了一个名为“浏览音乐网站并下载歌曲”的实训案例，它涵盖了本模块两项考核内容所包含的技能考核点。我们按照实际操作过程将该案例分解成两项实例任务，逐一进行讲解，希望读者通过对实训案例的学习，掌握计算机操作员（中级）技能操作考核所要求的技能考核点。

实训案例——浏览音乐网站并下载歌曲

案例背景与效果展示

对于浏览网页，王刚已经非常娴熟了，现在他有了更高的要求，不仅能够浏览音乐网站，使用迅雷从网上下载流行歌曲，同时为了上网的方便，他还学会了设置IE浏览器，如图7-1所示，你也能做到吗？

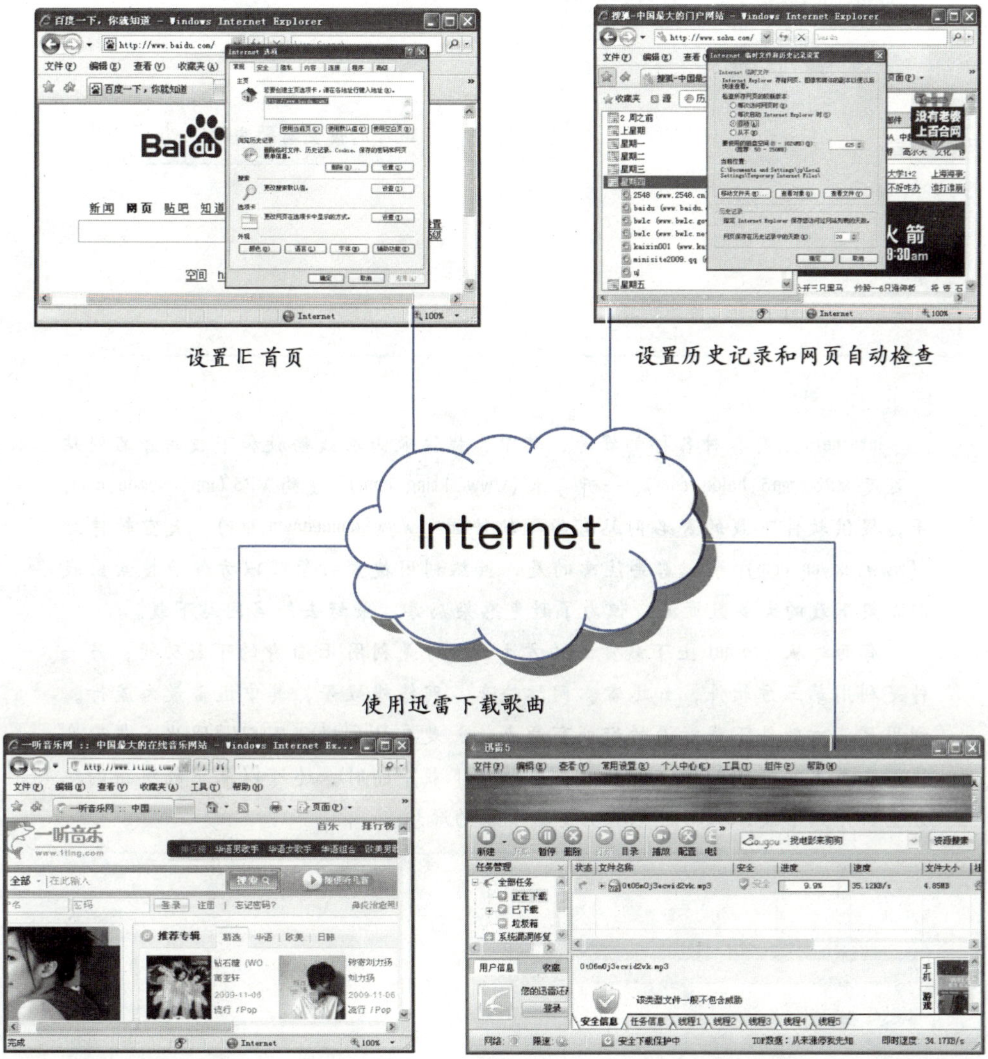

设置IE首页

设置历史记录和网页自动检查

Internet

使用迅雷下载歌曲

图7-1 “浏览音乐网站并下载歌曲”示意图

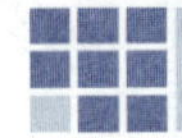

案例技能点示意图

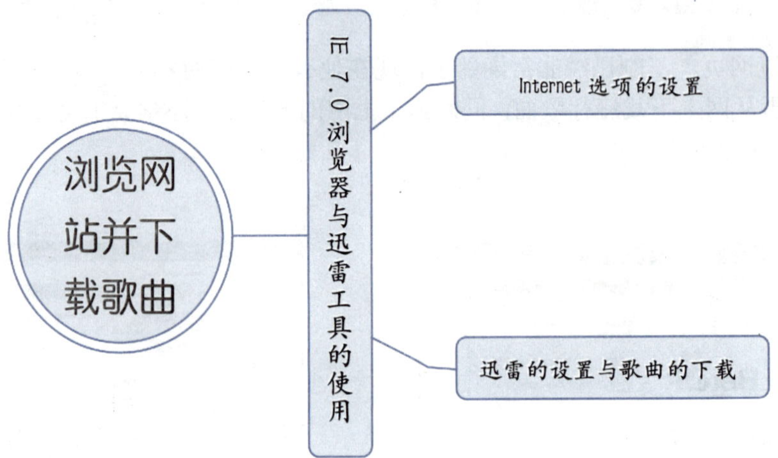

行业小知识

Internet上有各种各样的资源，其中，提供歌曲在线播放和下载的著名网站有百度MP3（mp3.baidu.com）、一听音乐（www.1ting.com）、搜狗MP3（mp3.sogou.com）等；提供软件下载的著名网站有华军软件园（www.onlinedown.net）、天空软件站（www.skycn.com）等。需要注意的是，虽然利用搜索引擎可以方便地搜索出我们希望下载的大多数资源，但为了避免感染病毒，最好去知名网站下载。

有两种从Internet上下载资源的方法，一种是利用IE自身的下载功能；另一种是利用第三方软件，如迅雷、网际快车、网络蚂蚁等，其中迅雷最为流行。利用第三方软件下载资源的好处有两点：一是支持多线程下载，因此下载速度快；二是支持断点续传，即当发生意外使下载中断时，还可以从下载中断的地方重新开始下载，从而避免从头重新下载的麻烦。

实训技能 Internet Explorer浏览器与迅雷的使用

为了安全、快捷地浏览网页，我们需要对IE浏览器进行一些设置，另外为了快速地将Internet上的资源下载到计算机中，我们通常需要使用第三方下载工具，如迅雷。使用迅雷可以方便地从Internet上下载各种资源，它不仅支持传统的下载模式，而且支持目前流行的各种P2P下载方式，此外我们还可以设置迅雷的默认下载属性、下载速度和监视的文件类型等。

IE浏览器与迅雷的使用是网络登录与信息浏览的重要组成部分，图7-2展示了其基本操作思路。

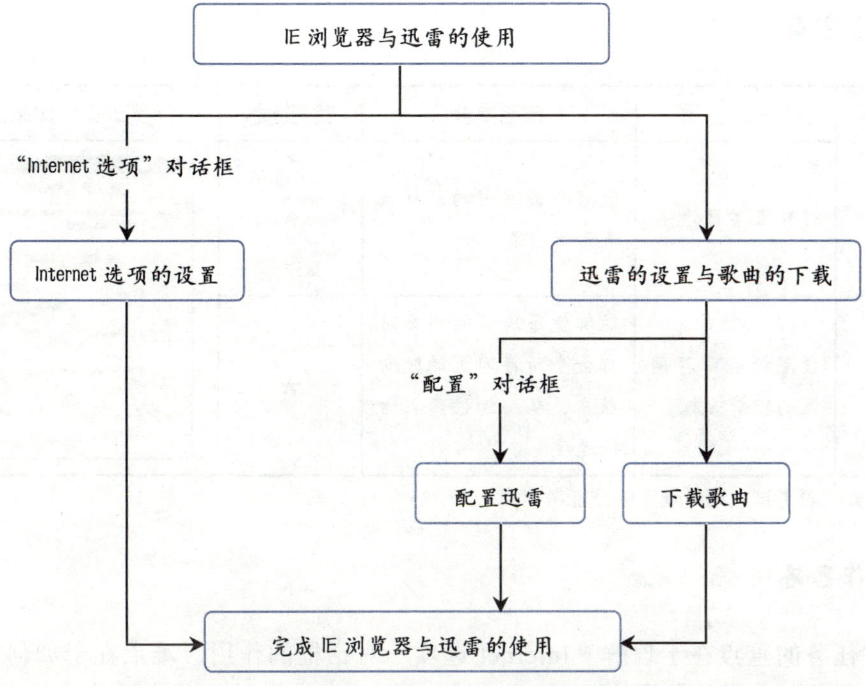

图7-2 IE浏览器和迅雷的使用的基本操作思路

实例任务1 Internet选项的设置

为了更安全、快捷地在网海中畅游，王刚对IE浏览器的设置进行了一些调整，例如把“百度”网站设置为IE浏览器首页，并对网页保存历史记录时间等设置进行了调整。本任务主要工作就是“Internet选项”的设置。

任务展示

通过本任务的操作要求，王刚要把“百度”网站的主页设置为IE首页。另外，还将设置每次访问网页时都检查所存网页的较新版本，将历史记录的保存天数设置为30天，效果如图7-3所示。

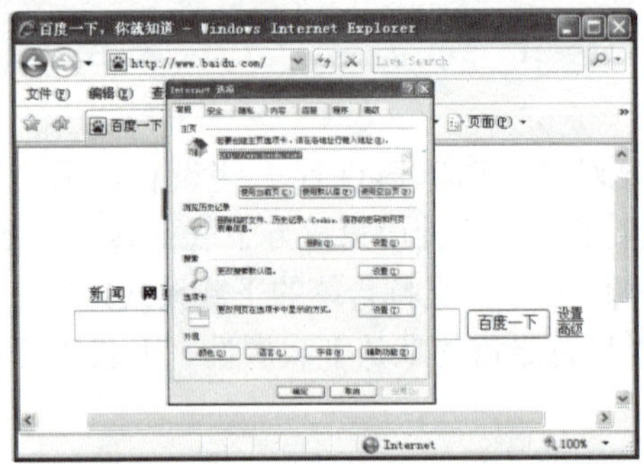

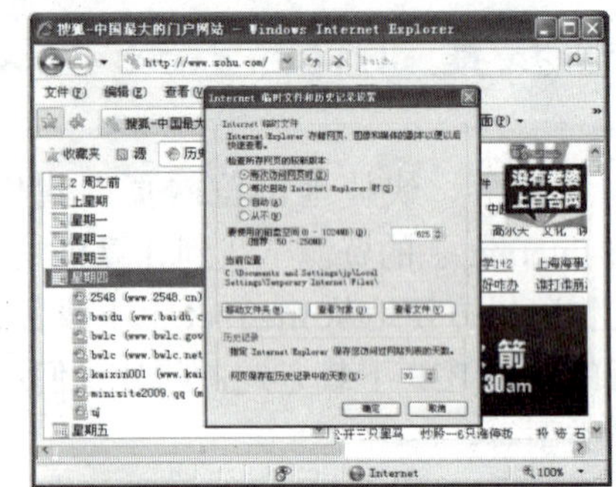

图 7-3　Internet 选项设置

任务分解

序号	技能点分解	技能要求	技能提示	实训案例效果图
1	设置 IE 首页	能够将最常用的网页设置为 IE 首页	★	
2	设置检查所存网页的较新版本	能够使每次访问网页时都检查所存网页的较新版本，从而加快网页访问速度	★	

注：★代表考试大纲所规定的技能考核点。

操作思路

本任务的重点在于理解“Internet 选项”对话框的作用，难点在于如何根据需要设置不同的 Internet 选项。

操作步骤

1 打开百度网站主页，然后选择【工具】|【Internet 选项】命令，打开“Internet 选项”对话框。

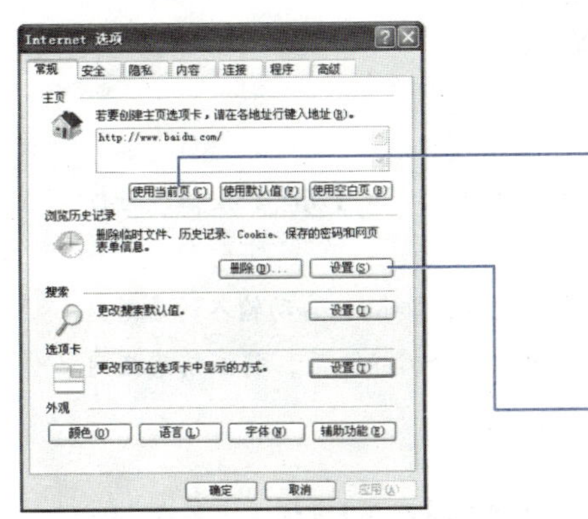

2 单击【使用当前页】按钮，即可将百度网站主页设置为 IE 首页。如此一来，每次启动 IE 时默认都将打开百度网站主页。

3 要设置访问历史记录，需要单击此处的【设置】按钮。

小提示： 也可以直接在“主页”下面的编辑框中输入要设为首页的网页网址，若同时输入多个网址（按回车键换行），则启动 IE 时可在不同的选项卡中同时打开这些网页。另外，单击【使用默认值】按钮，可将 MSN 中国网站设置为 IE 首页，单击【使用空白页】按钮，可使用空白页作为 IE 首页。

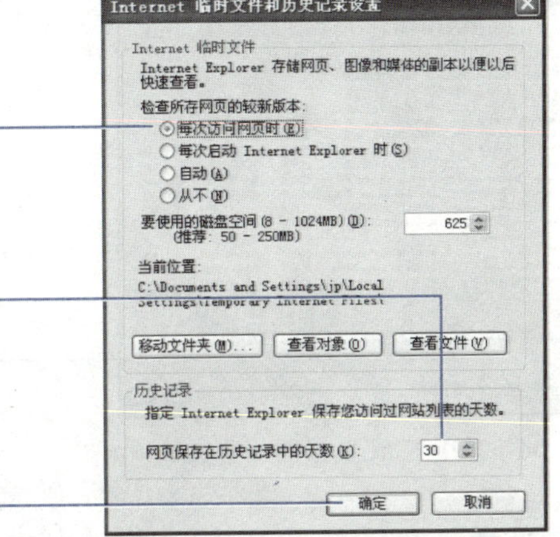

4 点选【每次访问网页时】单选按钮，将设置每次访问网页时都检查所存网页的较新版本，从而可加快网页访问速度。

5 可在编辑框中输入自动保存网页访问历史记录的天数。

6 单击【确定】按钮，应用设置。

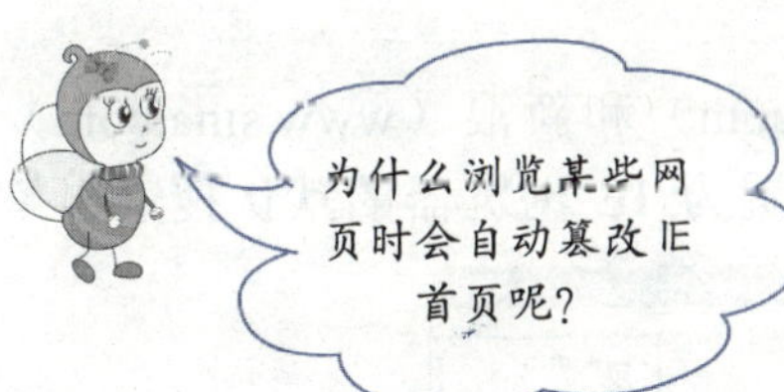

这是因为这些网页带有恶意代码。这就要求我们平常要养成良好的上网习惯，不要去浏览那些来历不明的网页。

通过简单地几步操作，王刚就完成了 IE 浏览器的设置。接下来我们来多学一手，掌握一下这项技能的拓展知识，然后通过“技能训练”来练习和巩固学习成果。

技能拓展

在“Internet 选项”对话框中，用户还可以进行更多设置，其中常用的设置选项如图 7-4、图 7-5 和图 7-6 所示。

- 清除历史记录、临时文件、自动输入的表单、用户名和密码；

◆ 设置是否自动完成用户名、密码和表单的输入；
◆ 是否禁用 IE 浏览器的某些加载项。

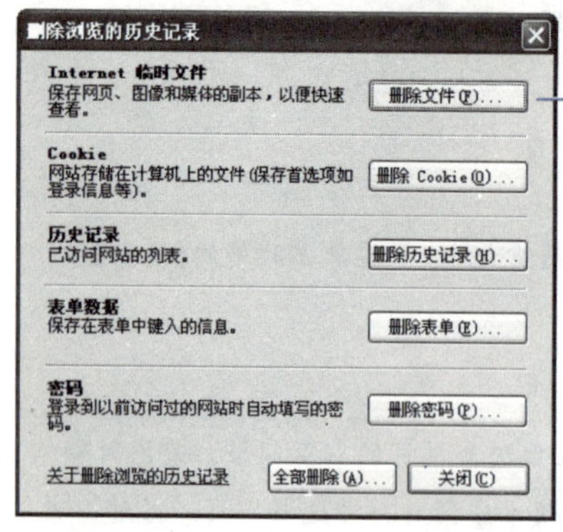

在“Internet 选项”对话框中单击【删除】按钮，将打开此对话框。

清除临时文件、历史记录、Cookie、自动输入的表单、用户名和密码。其中，清除 Cookie 后，将撤销某些网站的自动登录功能。

图 7-4 清除历史记录

在“Internet 选项”对话框的【内容】选项卡中单击“自动完成”设置区的【设置】按钮，将打开此对话框。

设置是否自动完成用户名、密码和表单的输入。

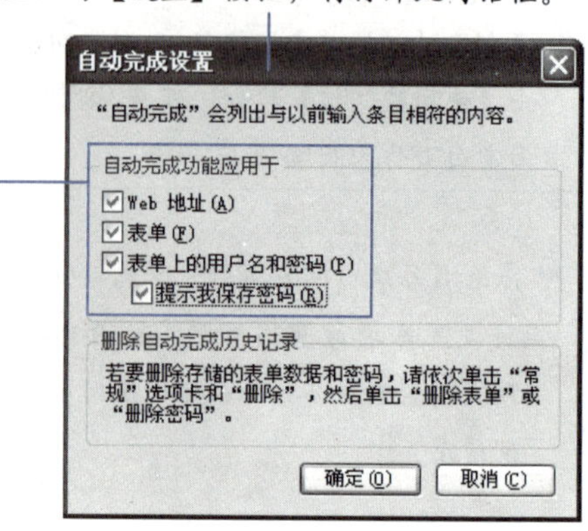

图 7-5 自动完成设置

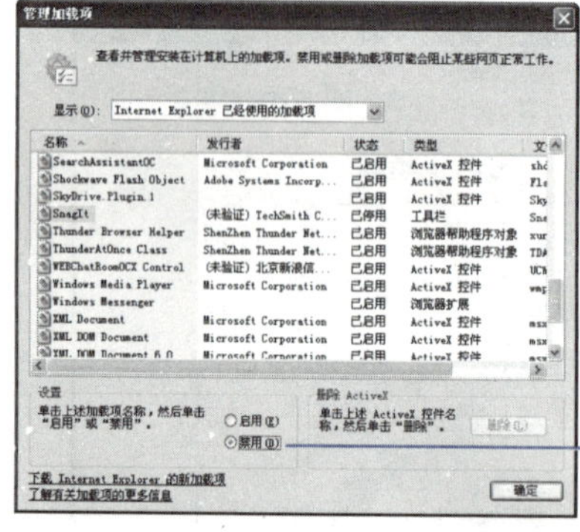

选择要禁用的加载项，点选【禁用】单选按钮即可将其禁用。

图 7-6 禁用 IE 浏览器的某些加载项

技能训练

将百度（www.baidu.com）、搜狐（www.sohu.com）和新浪（www.sina.com）网站同时设置为 IE 浏览器的首页，并将百度网站设置为 IE 浏览器的默认搜索引擎，如图 7-7 所示。

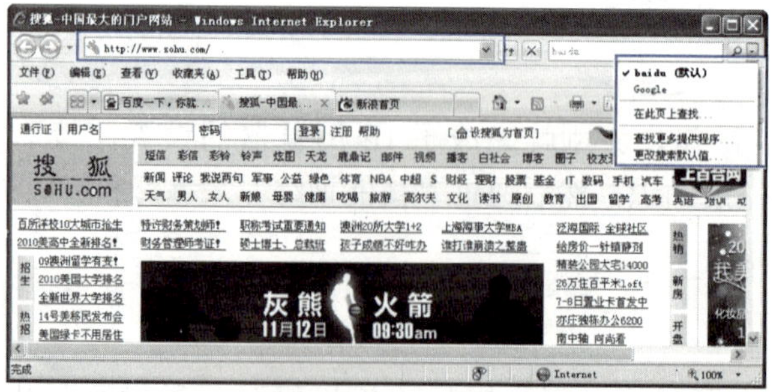

图 7-7 技能训练效果图

网络服务：您可以通过访问 http://www.bhp.com.cn 网站的“职业资格”栏目，查看本训练的讲解，同时，您还能看到更多的拓展内容。

<table>
<tr><th colspan="5">根据实际操作，简略填写下表</th></tr>
<tr><td>序号</td><td colspan="2">操作内容</td><td colspan="2">操作流程</td></tr>
<tr><td>步骤一</td><td colspan="2">在“Internet”选项对话框的【常规】选项卡中输入要设为IE首页的网站网址</td><td colspan="2"></td></tr>
<tr><td>步骤二</td><td colspan="2">单击IE浏览器最右侧的【搜索选项】按钮，在弹出的下拉列表中选择适当选项，从而设置IE浏览器的默认搜索引擎</td><td colspan="2"></td></tr>
<tr><td rowspan="4"></td><td colspan="4">实训指导教师评分</td></tr>
<tr><td>基本概念</td><td>技能掌握</td><td>语言描述</td><td>综合得分</td></tr>
<tr><td>□5 □4 □3 □2 □1</td><td>□5 □4 □3 □2 □1</td><td>□5 □4 □3 □2 □1</td><td></td></tr>
<tr><td colspan="4">实训指导教师签字： 年 月 日</td></tr>
</table>

实例任务2 迅雷的设置与歌曲的下载

王刚想从网上下载几首MP3歌曲，同学向他推荐了迅雷工具。迅雷是从Internet上下载资源的利器，如果再合理地对其进行必要的设置，如设置下载或上传带宽、设置下载文件的默认保存目录等，就会事半功倍。本任务将介绍设置迅雷和使用它从Internet上下载歌曲的方法。

任务展示

通过本任务的操作，我们将把迅雷的下载速度限制为100KB/s、上传速度限制为10KB/s、同时下载的最大任务数设置为10个。另外，还要把下载文件的默认保存目录设置为D盘上的“歌曲”文件夹。设置好后，我们将在“一听音乐”网站上下载张学友的歌曲，如图7-8所示。

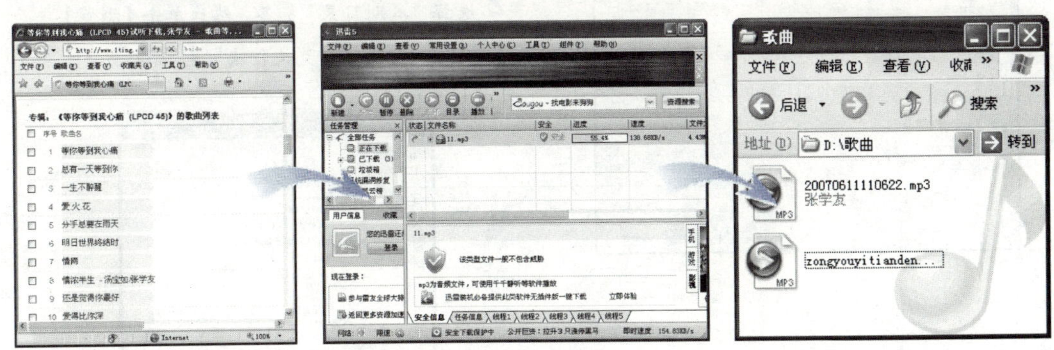

图7-8 使用迅雷下载歌曲

任务分解

序号	技能点分解	技能要求	技能提示	实训案例效果图
1	设置迅雷	能够设置文件的默认保存位置、设置上传和下载速度限制、设置监视网页的点击操作等	★	
2	浏览音乐网站并利用迅雷下载歌曲	能够找到要下载的文件，并使用迅雷将文件下载到硬盘上	★	

注：★代表考试大纲所规定的技能考核点。

操作思路

本任务的重点在于理解从 Internet 上下载资源的注意事项，难点在于如何查找需要下载的资源并将其下载到本地计算机中。

操作步骤

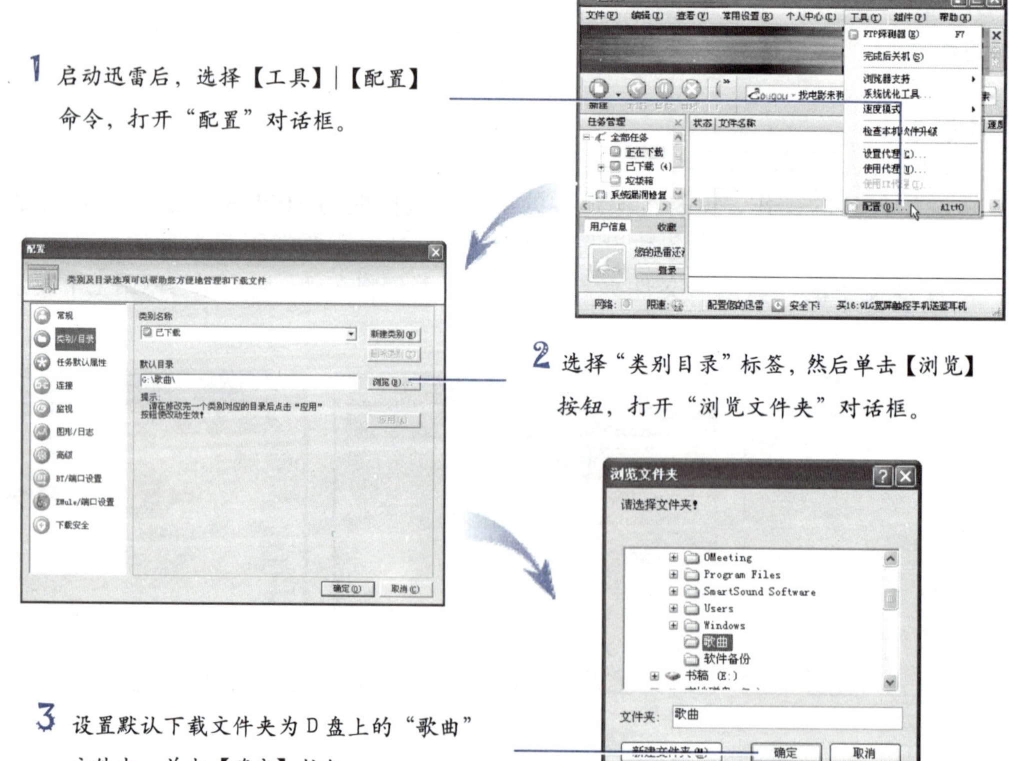

1 启动迅雷后，选择【工具】|【配置】命令，打开“配置”对话框。

2 选择“类别目录”标签，然后单击【浏览】按钮，打开“浏览文件夹”对话框。

3 设置默认下载文件夹为 D 盘上的“歌曲”文件夹，单击【确定】按钮。

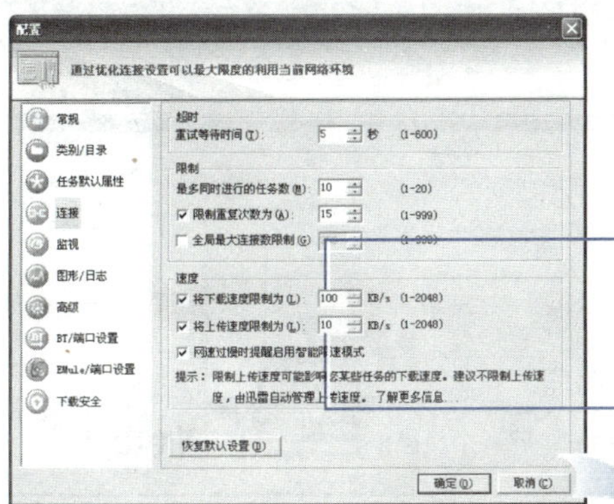

4 选择“连接”标签，然后勾选“将下载速度限制为”复选框，并在其后的数值框中输入100。

5 勾选“将上传速度限制为”复选框，并在其后的数值框中输入10。

6 选择“监视”标签，然后勾选“监视浏览器”复选框，这样用鼠标指向asf、avi、mp3、zip等文件的链接并单击时，将自动启动迅雷下载文件。最后单击【确定】按钮，完成迅雷的设置。

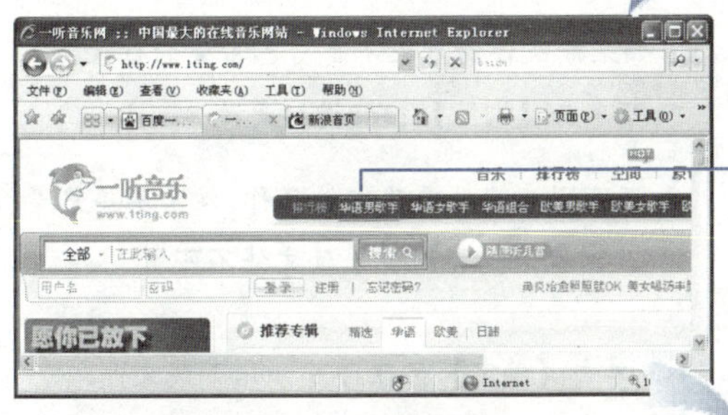

7 打开“一听音乐”网站主页(www.1ting.com)，单击“华语男歌手”超链接。

8 在打开的网页中单击“张学友”超链接，然后在打开的网页中单击要下载的专辑链接。

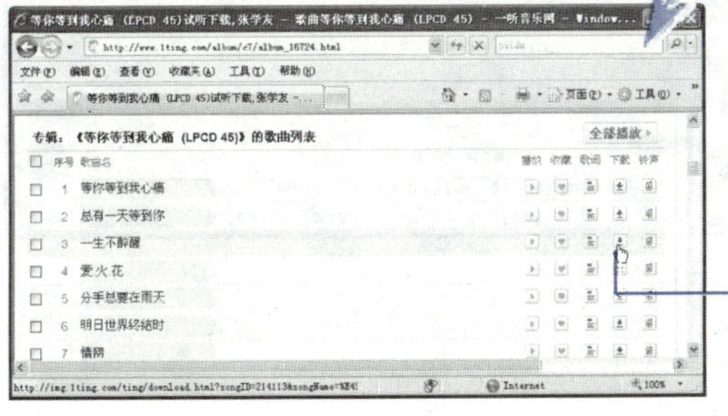

9 单击要下载的歌曲右侧的【下载】按钮，打开指向歌曲文件的链接列表。

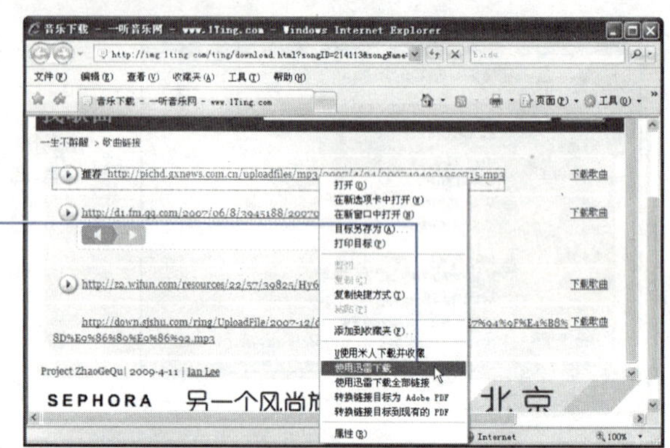

10 右击任意一个下载链接列表，从弹出的快捷菜单中选择【使用迅雷下载】，系统将启动迅雷并打开“建立新的下载任务”对话框。

小提示：对于新手来说，下载文件的一个难点是无法鉴别下载链接是否正确，通常，如果该链接指向的是文件，则单击链接后，系统会自动启动下载工具进行下载（或打开 IE 浏览器的自动保存功能），否则单击后将打开一个网页。

另外要注意的是，在 Internet 上下载文件时，为了避免下载的文件带有病毒或木马，一定要在正规的网站下载，下载后一定要先使用杀毒软件杀毒后再使用。

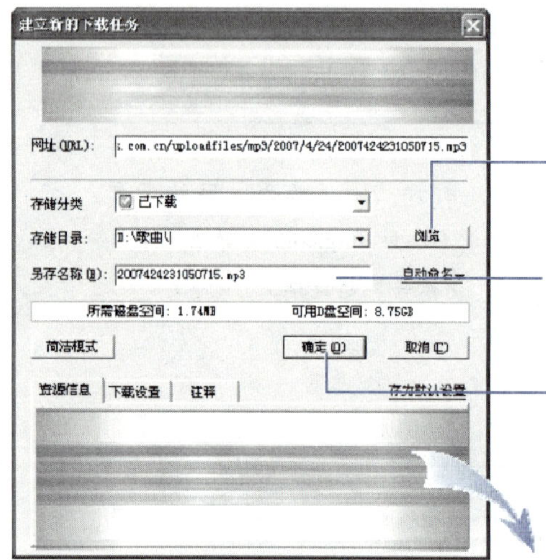

11 如果默认存储目录不是自己希望的目录，可单击【浏览】按钮进行更改。

12 还可以在此处更改文件名称。注意不要更改扩展名，否则会导致文件不可用。

13 单击【确定】按钮即可开始下载文件。

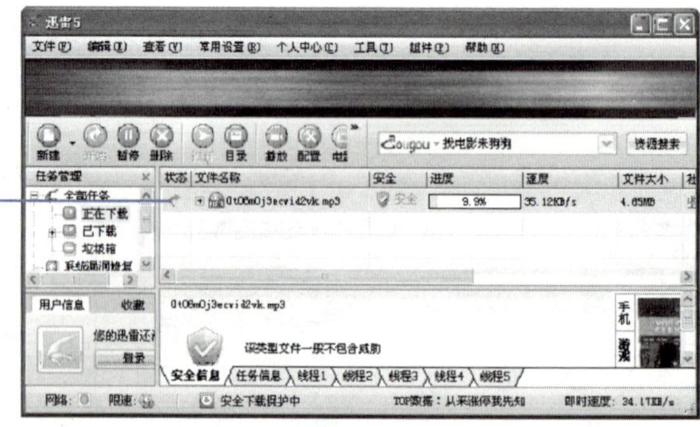

14 这是正在下载的文件，该项目中显示了文件大小、下载速度、剩余时间等。另外我们还可单击【暂停】按钮暂停所选文件的下载，单击【开始】按钮可继续下载。

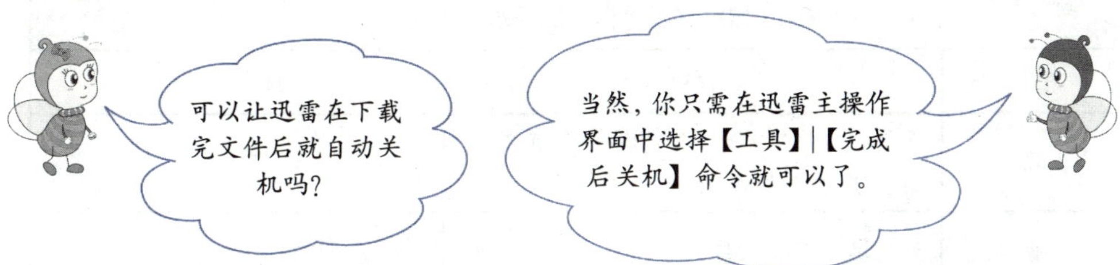

王刚下载了张学友的歌曲，开心地听了起来。怎么样，你也能行吗？接下来我们来多学一手，掌握一些这项技能拓展知识，然后通过“技能训练”来练习和巩固学习成果。

技能拓展

利用迅雷还可以进行目前比较流行的BT下载，采用该方式下载资源（如电影）时，需要先从相关论坛上下载资源的种子，然后在迅雷软件中打开种子文件并下载相应的资源，如图7-9所示。

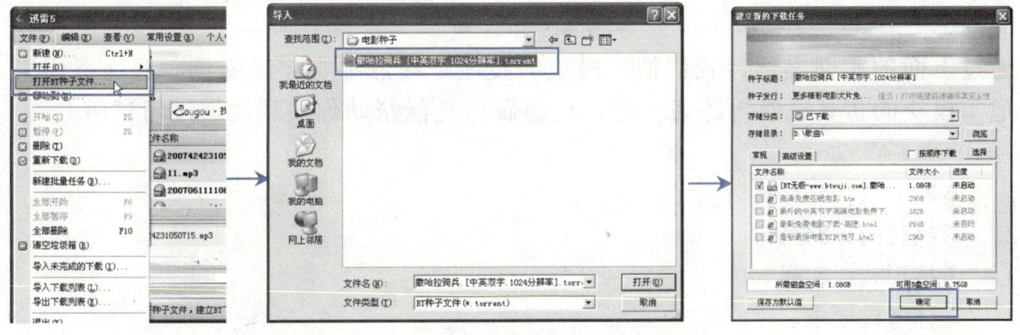

图7-9 使用迅雷进行BT下载

技能训练

在百度MP3网站（mp3.baidu.com）下载刘德华的《忘情水》，如图7-10所示。

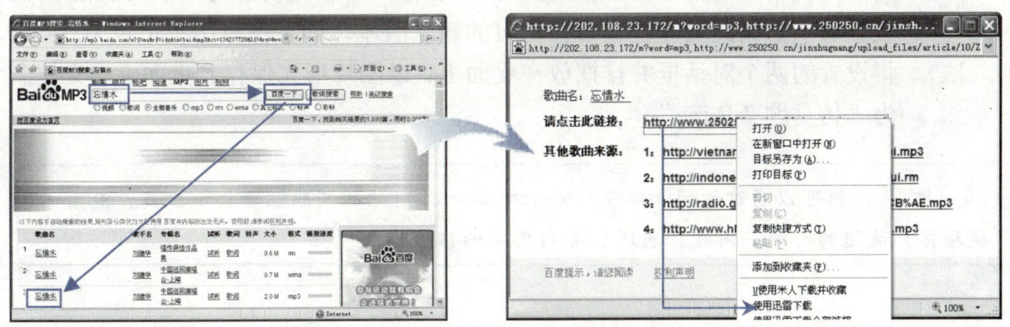

图7-10 技能训练效果图

根据实际操作，简略填写下表				
序号	操作内容		操作流程	
步骤一	在百度 MP3 网站搜索出要下载的歌曲，并单击歌曲名			
步骤二	利用迅雷下载歌曲			
	实训指导教师评分			
	基本概念	技能掌握	语言描述	综合得分
	□5 □4 □3 □2 □1	□5 □4 □3 □2 □1	□5 □4 □3 □2 □1	
	实训指导教师签字： 年 月 日			

本模块仿真试题

通过上面的实训案例，我们把本模块的技能考核点都实际演练了一遍，下面来用一道本模块的仿真试题再练习一遍，这道题可是能帮助你顺利地通过考试哦！

1. 本题分值：5分。
2. 考核时间：8分钟。
3. 考核形式：实操。
4. 具体考核要求。

   在计算机中安装 IE 7.0 浏览器和迅雷软件，然后执行以下操作。

   a. 文件上传与下载：对文件下载工具讯雷进行设置。设置支持 UPNP 设备，全局最大连接数为 20，下载速度限制为 125KB/s，上传速度限制为 45KB/s。将该设置对话框以图片形式保存至桌面上，文件命名为“仿真题 7-A.jpg”。

   b. 浏览器使用：启动 Internet Explorer 浏览器，将主页设定为 www.bhp.com.cn，设置每次访问此页时检查所存网页的较新版本，网页保存历史记录为 15 天，将设置的两个对话框并排摆放在桌面上，以图片形式保存到桌面上，文件命名为“仿真题 7-B.jpg”。

网络服务：您可以通过访问 http://www.bhp.com.cn 网站的“职业资格”栏目，查看本模块仿真试题的讲解，同时，您还能看到更多的拓展内容。

实训模块8 多媒体信息处理

篇头语

计算机多媒体信息处理，即对图片、音频、视频等各种多媒体信息的处理，日益受到人们的重视和欢迎。利用 Windows 自带的 Windows Movie Maker 软件，能够快捷地将各种多媒体素材导入到编辑的影片中，而且剪辑起来也很方便。因此，学习使用以 Windows Movie Maker 为代表的多媒体信息处理工具已经成为了人们使用计算机的一项基本技能。

计算机操作员（中级）的“多媒体信息处理”模块包括了“声音文件输入”、“声音文件常规编辑处理”、“视频文件输入”、“视频文件常规编辑处理”、“图片文件分类管理”五项考核内容，着重考察对于图片、声音、视频等进行相关处理的能力。虽然该模块只占到技能操作考核总分的 5%，分值比重不是很大，但本模块所涉及的知识无疑需要我们理解掌握。

为了更好地帮助读者掌握这一模块，我们设计了名为“制作视频短片‘盘山风光’”的实训案例，它涵盖了本模块考核内容中所包含的技能考核点。在具体讲解过程中，我们按照实际操作过程将该案例分解成五项实例任务。希望读者通过实训案例的学习，能够掌握计算机操作员（中级）技能操作考核所要求的技能考核点。

实训案例——制作视频短片“盘山风光”

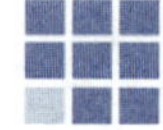

案例背景与效果展示

郑源喜欢摄影，他所在的元正科技公司最近组织员工去旅游，参观了天津的盘山。郑源拍摄了许多照片。旅游归来，公司让郑源将这些拍摄的照片，制作成一个视频短片，放在公司的局域网上，供大家在业余时间欣赏。

郑源利用 Windows Movie Maker 软件，将所拍摄的照片配以轻松的乐曲，剪辑成了这个名为“盘山风光”的视频短片。图 8-1 所示是视频的片头、片尾以及中间部分内容的画面。

图 8-1　视频的部分画面

案例技能点示意图

制作视频短片

- 影片素材的导入与编辑
  - 图片文件与音频文件的导入
  - 时间线的编辑与裁剪
- 影片效果处理与保存
  - 视频效果的设置
  - 片头与片尾的制作
  - 视频文件的保存

实训技能1 影片素材的导入与编辑

制作视频短片，首先要导入和编辑素材，所涉及的内容包括“图片文件与音频文件的导入”和“时间线的编辑与裁剪”两个方面。图8-2所示是本实训技能的基本操作思路。

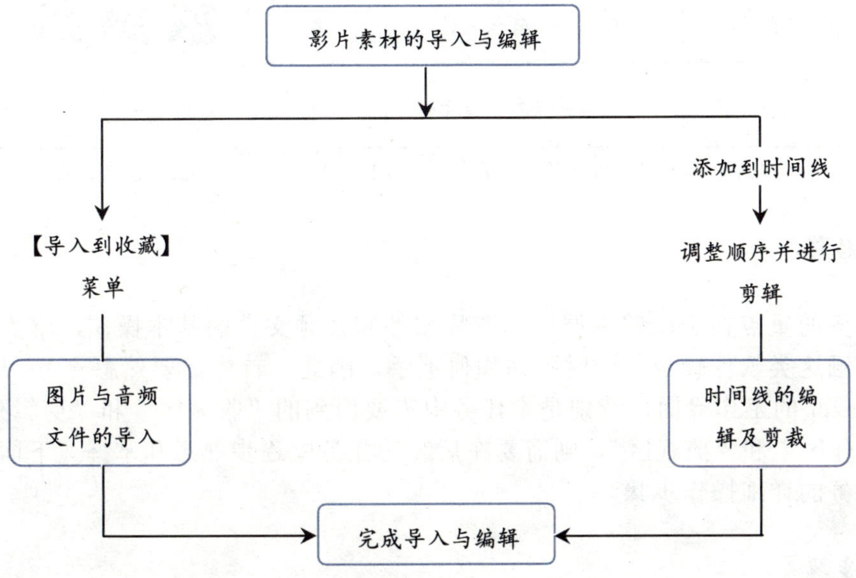

图8-2 影片素材的导入与编辑的基本操作思路

实例任务1 导入图片文件与音频文件

郑源对旅游途中所拍摄的图片文件进行了筛选，并且选择了一段乐曲，这些就是制作视频短片所需要的素材。那么，如何将素材导入到Windows Movie Maker中呢？对于初次接触多媒体信息处理的读者来说，还需要先熟悉一下该软件的工作界面。

本任务中将首先简单介绍一下Windows Movie Maker的工作界面，之后再讲述图片文件和音频文件的导入方法。

任务展示

启动Windows Movie Maker，分别导入位于“案例素材8-1图片组”中所有图片以及“音频素材8-1.wma”。

任务分解

序号	技能点分解	技能要求	技能提示	实训案例效果图
1	导入图片文件	能够正确导入图片文件	★	
2	导入音频文件	能够正确导入音频文件	★	
3	保存项目文件	能够正确地保存项目文件	▲	

注：★代表考试大纲所规定的技能考核点，▲代表在实际工作中需要掌握的技能考核点。

操作思路

本任务的重点在于能够掌握导入图片文件和音频文件的基本操作，难点在于可能平时接触这类软件较少，一时不知如何上手。因此，首先需要熟悉一下 Windows Movie Maker 的工作界面，特别是本任务中需要用到的“收藏区”和“剪辑列表”。至于“工作区”和“监视区”，则需要在后续的任务中逐步熟悉和掌握。下面就来看一下本任务的详细操作步骤。

操作步骤

根据题目要求，按照下面的步骤进行操作。

光盘素材：“光盘:\案例素材\Unit8\案例素材 8-1 图片组\”；
“光盘:\案例素材\Unit8\音频素材 8-1.wma”。

1 启动 Windows Movie Maker，进入软件工作界面。

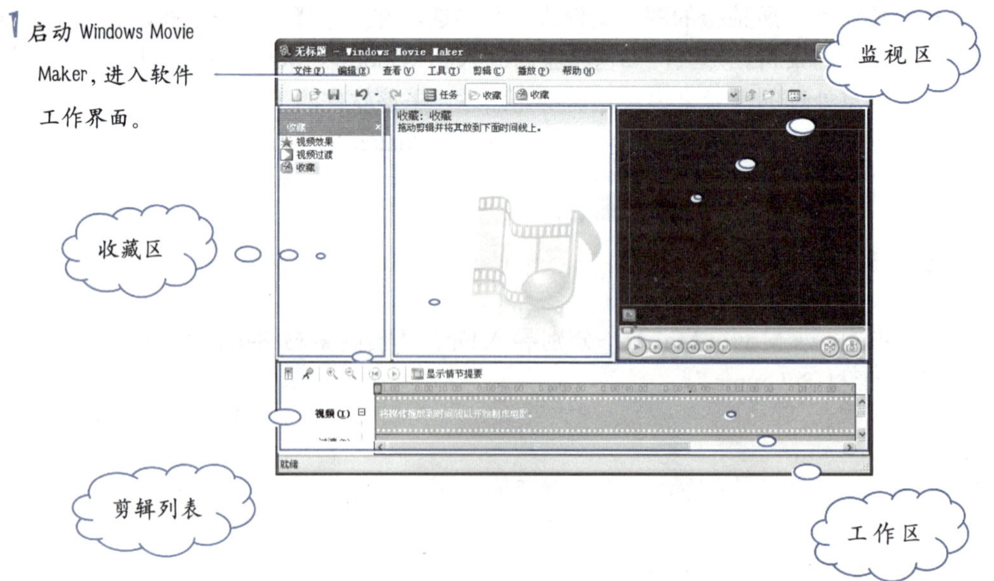

小提示：Windows Movie Maker 的工作界面主要由四部分组成。

1. 收藏区：收藏素材的文件夹；
2. 剪辑列表：用于显示当前目录下的素材资源；
3. 监视区：可以用来预览电影内容，以方便电影的编辑；
4. 工作区：制作和编辑电影项目的区域。

2 选择【文件】|【导入到收藏】命令，打开“导入文件”对话框。

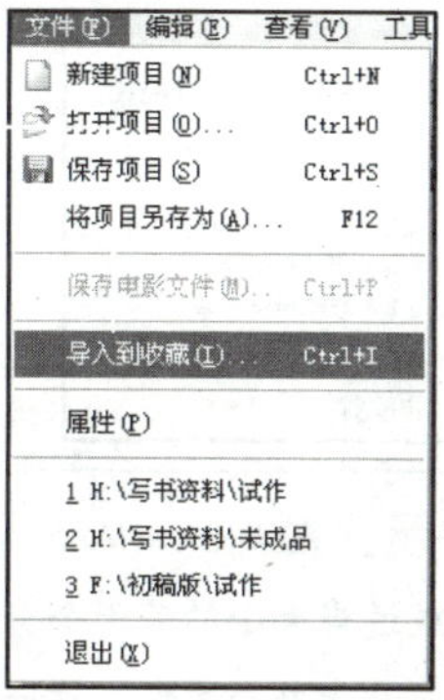

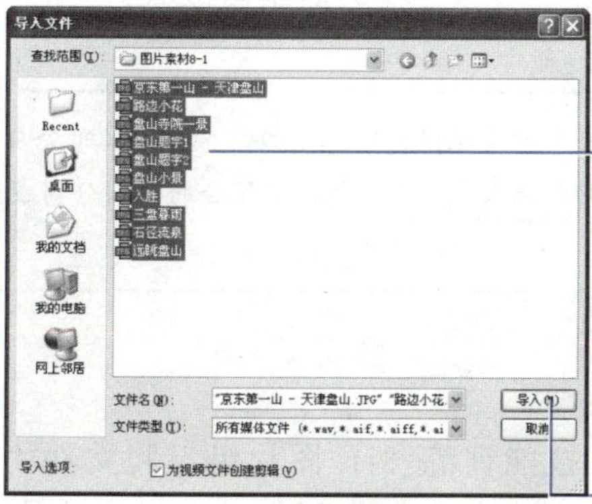

3 选择需要导入的图片文件。

4 单击【导入】按钮，即可将图片文件导入到收藏区。

5 继续选择并导入音频文件“案例素材 8-1.wma”。

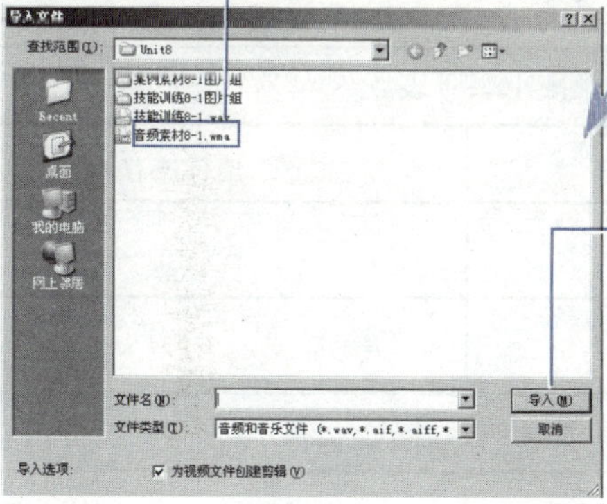

6 单击【导入】按钮，即可将音频文件导入到收藏区。

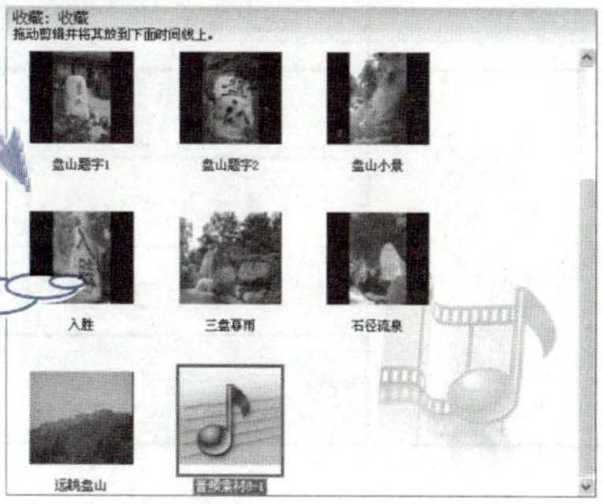

在收藏区显示的刚刚导入的图片和音频文件

小提示：在 Windows Movie Maker 中，除了可以导入图片和音频文件，还可以导入视频文件。

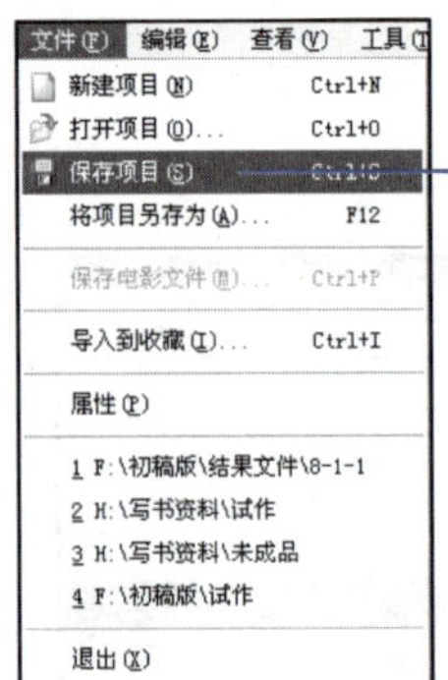

8 选择【文件】|【保存项目】命令，将项目文件以文件名“案例素材 8—1.mswmm”保存。

至此，郑源就将选好的旅游照片和背景音乐导入到收藏区，下面就可以开始制作了。接下来我们通过“技能训练”来练习和巩固学习成果。

小提示：在 Windows Movie Maker 中，如果导入的是视频文件，Windows Movie Maker 会自动将其分割成适当大小的若干个剪辑。如果导入的是音频或图片文件，则不会将它们分割成若干个剪辑，而是把整个文件当作一个剪辑。

技能训练

将随书光盘中提供的素材文件夹“技能训练 8-1 图片组”和文件“技能训练 8-1.wav”拷贝到桌面上，将其导入到 Windows Movie Maker 中，并将项目文件以“技能训练 8-1.mswmm”为文件名保存在桌面上。

光盘素材：“光盘:\案例素材\Unit8\技能训练 8—1 图片组\”；
“光盘:\案例素材\Unit8\技能训练 8—1.wav”。

网络服务：您可以通过访问 http://www.bhp.com.cn 网站的“职业资格”栏目，查看本训练的讲解，同时，您还能看到更多的拓展内容。

根据实际操作，简略填写下表				
序号	操作内容		操作流程	
步骤一	导入图片文件和音频文件			
步骤二	导入视频文件			
	实训指导教师评分			
	基本概念	技能掌握	语言描述	综合得分
	□5 □4 □3 □2 □1	□5 □4 □3 □2 □1	□5 □4 □3 □2 □1	
	实训指导教师签字：　　　　年　　月　　日			

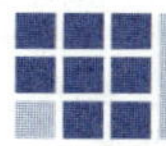

实例任务2 时间线的编辑与裁剪

对于录制或导入的媒体素材，可以根据个人喜好对其进行编辑，如添加剪辑、删除复制剪辑、分割合并剪辑等，使它真正达到我们期望的形式。

本任务中，郑源将在“实例任务 1”的基础上，将已导入到收藏区的文件拉入到时间线上，并根据个人需要进行编辑。

任务展示

1. 将文件添加到时间线上：打开项目文件“案例素材 8-1.mswmm”，将导入到收藏区的图片和音频文件全部添加到时间线上；
2. 调整文件的播放顺序：切换到【情节提要】模式，调整剪辑的播放顺序；
3. 在时间线上对音频文件进行裁剪：切换到【时间线】模式，对音频文件进行裁剪，剪裁至与视频文件的时间线保持一致。

任务分解

序号	技能点分解	技能要求	技能提示	实训案例效果图
1	将文件添加到时间线上	能够正确地将文件添加到时间线上	★	
2	调整文件的播放顺序	能够正确地调整文件的播放顺序	★	
3	在时间线上对音频文件进行裁剪	能够正确地调整时间线	★	

注：★代表考试大纲所规定的技能考核点。

操作思路

本任务的重点在于能够掌握时间线的编辑与裁剪的基本操作。难点在于对操作效果的理解，用户可以利用监视区，对视频进行预览播放，来更好地理解和领会时间线编辑与裁剪的基本操作。

操作步骤

打开项目文件“案例素材 8-1.mswmm”，然后按照下面的步骤进行操作。

光盘素材：“光盘:\案例素材\Unit8\案例素材 8-1.mswmm”。

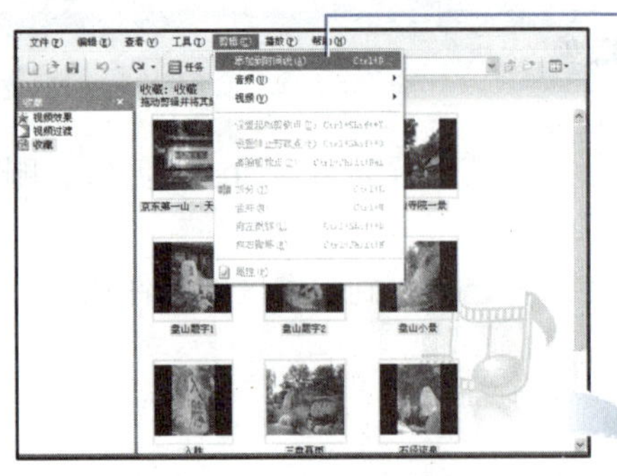

1 选中“剪辑列表”中的所有文件，选择【剪辑】|【添加到时间线】命令。

2 随即将在工作区中看到，时间线上添加了视频剪辑和音频剪辑。此时，在监视区中可以预览播放插入到时间线上的剪辑。

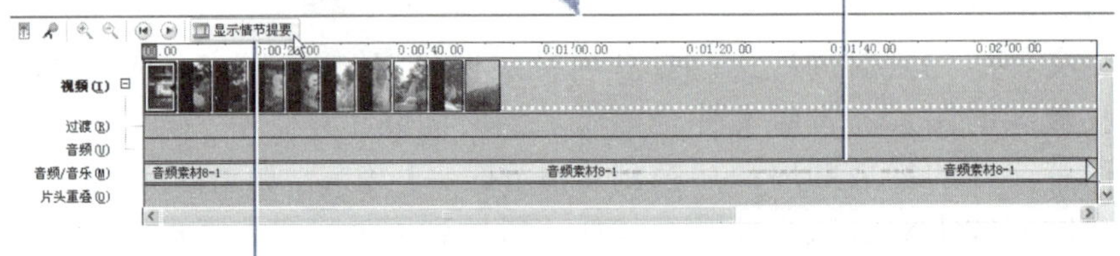

3 在工作区中，单击时间线左上侧的显示情节提要按钮，即可切换到“情节提要”模式。

小提示：添加剪辑到时间线上，还可以用鼠标拖曳法，即选取需要添加的剪辑，按住鼠标左键不放，并拖动剪辑至时间线上，然后松开左键。

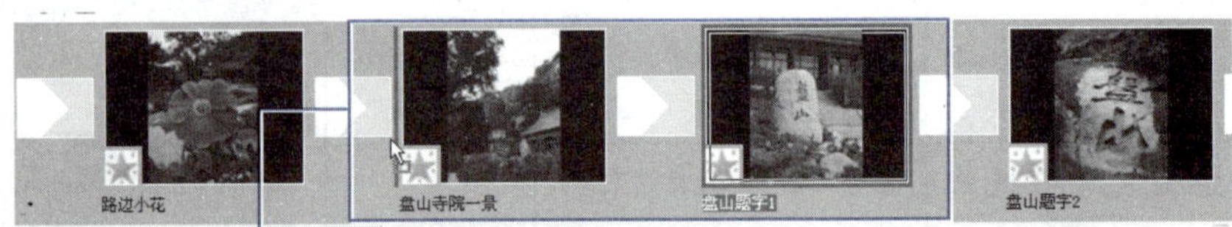

4 在“情节提要”模式下，用鼠标拖曳的方式，将红框中的两种图片调换位置。

5 在工作区中，可以直观地看到剪辑的播放顺序发生了变化，单击显示时间线按钮，切换回【时间线】模式。

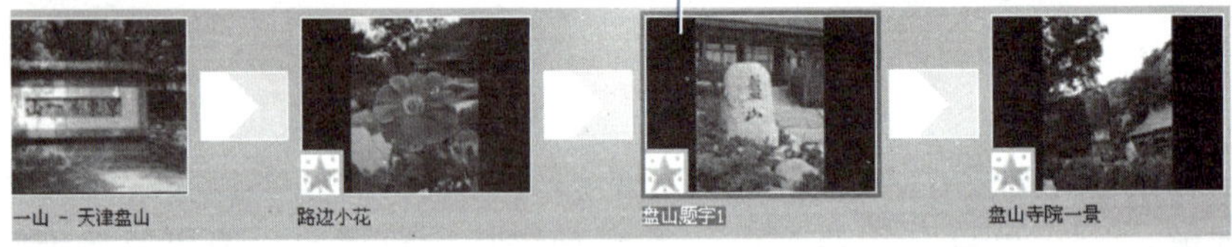

小提示：在【时间线】模式下，也可以通过鼠标拖曳的方式，调整剪辑的播放顺序，但是不够直观。所以一般要先切换到【情节提要】模式，再调整播放顺序。

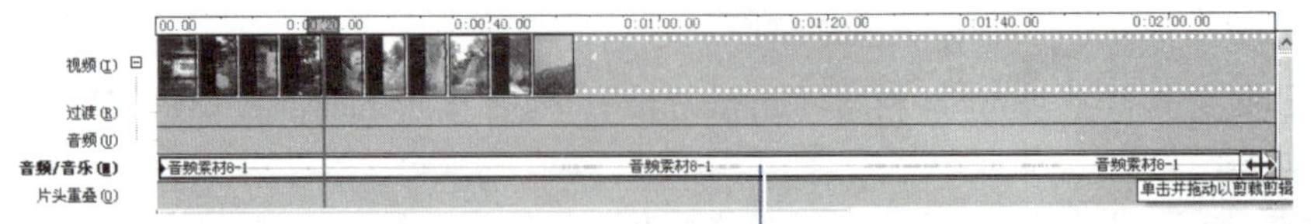

6 接下来在时间线上对音频文件进行裁剪。在时间线上，选中要调整的音频文件，将鼠标移动到其末尾处，当光标变形为⟷形状时，单击并向前拖动鼠标，到视频剪辑的末尾处，松开鼠标即可。

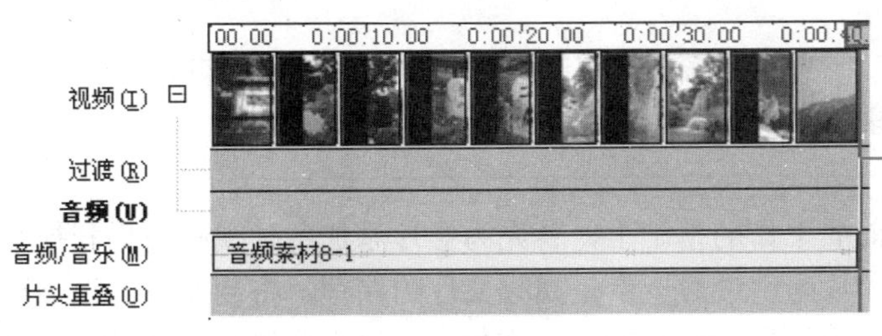

7 随即可以看到视频和音频的时间线保持一致。

小提示：在时间线上对音频文件进行裁剪，并不会改变音频文件本身，只是调整了其在项目中的播放时长。如果时间线上又增加了新的视频剪辑，导致其播放时间变长，还可以延长音频的时间线，其方法是向后拖动鼠标并释放。

裁剪好时间线后，选择【文件】|【将项目另存为】命令，将项目文件以“案例素材8-2.mswmm”为文件名保存。

至此，郑源就将素材文件在时间线上编辑调整好了。接下来我们通过“技能训练”来练习和巩固学习成果。

技能训练

打开项目文件“技能训练 8-1.mswmm”，将已导入的素材文件添加到时间线上，然后在时间线上对音频文件进行裁剪，剪裁至与视频文件的时间线保持一致，并将结果以“技能训练 8-2.mswmm”为文件名保存。

光盘素材：“光盘:\案例素材\Unit8\技能训练 8-1.mswmm”。

网络服务：您可以通过访问 http://www.bhp.com.cn 网站的“职业资格”栏目，查看本训练的讲解，同时，您还能看到更多的拓展内容。

根据实际操作，简略填写下表			
序号	操作内容		操作流程
步骤一	将文件添加到时间线上		
步骤二	在时间线上对音频文件进行裁剪		
	实训指导教师评分		
	基本概念	技能掌握	语言描述	综合得分
	□5 □4 □3 □2 □1	□5 □4 □3 □2 □1	□5 □4 □3 □2 □1	
	实训指导教师签字： 年 月 日			

实训技能 2 影片效果处理与保存

在本实训技能中，我们在前面工作的基础上，首先为影片添加各种视频效果和视频过渡；接下来，为影片制作片头和片尾；最后一步是视频文件的保存，将制作好的视频短片保存为 WMV 格式的视频文件。前面我们保存的项目文件，可以视为制作的草稿，而这一步则可以看作是定稿。

图 8-3 所示是本实训技能的基本操作思路。

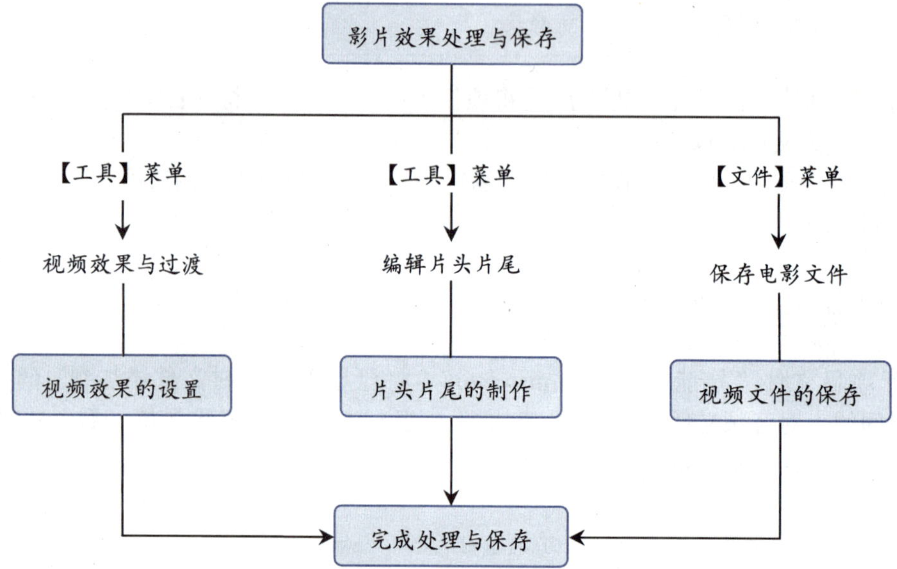

图 8-3 影片效果处理与保存的基本操作思路

实例任务 3 视频效果的设置

视频效果，可以理解为视频剪辑本身的播放特效；而视频过渡，则是两段连续播放的视频剪辑中的转场特效。这些工作将会使最终生成的视频短片增色不少。

Windows Movie Maker 提供的视频效果有四十多种，包括画面本身的变化、旋转、模仿旧电影胶片、色调变化等，用户可以根据自己的喜好进行挑选。

本任务中将系统讲述视频效果和视频过渡的设置。

任务展示

1. 为剪辑增加视频效果：打开项目文件“案例素材 8-2.mswmm”，为时间线上的前两个剪辑增加不同的视频效果。第 1 个：“淡出，变黑”、“缓慢缩小”；第 2 个：“淡入，从黑边起”、“缓慢放大”；
2. 剪辑中间插入视频过渡：在第 1 个和第 2 个剪辑中间，插入“擦出，窄向下”的效果。

任务分解

序号	技能点分解	技能要求	技能提示	实训案例效果图
1	为剪辑增加视频效果	能够正确地为剪辑增加视频效果	★	
2	在剪辑中间插入视频过渡	能够正确地在剪辑中间插入视频过渡	★	
3	保存项目文件	能够正确地保存项目文件	▲	

注：★代表考试大纲所规定的技能考核点，▲代表在实际工作中需要掌握的技能考核点。

操作思路

本任务的重点在于能够掌握插入视频效果和视频过渡的基本操作。难点在于对操作效果的理解，用户可以利用监视区对视频进行预览播放，从而更好地领会插入视频效果和视频过渡的基本操作。

操作步骤

打开项目文件“案例素材 8-2.mswmm”，然后按照下面的步骤进行操作。

光盘素材：“光盘:\案例素材\Unit8\案例素材 8-2.mswmm”。

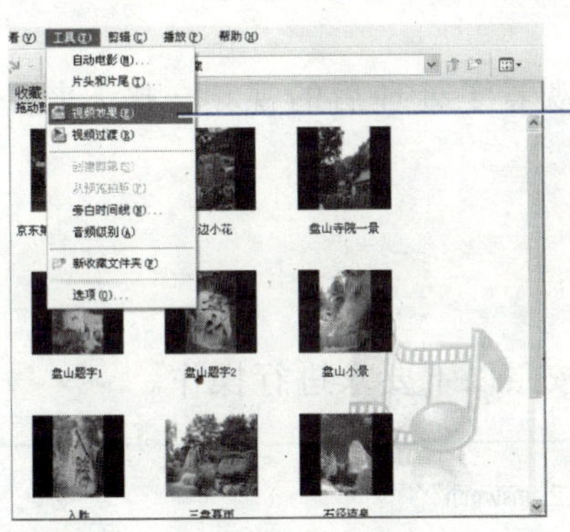

1 选择【工具】|【视频效果】命令。

2 在运行界面的“剪辑列表”区域中，将显示“视频效果”窗口。

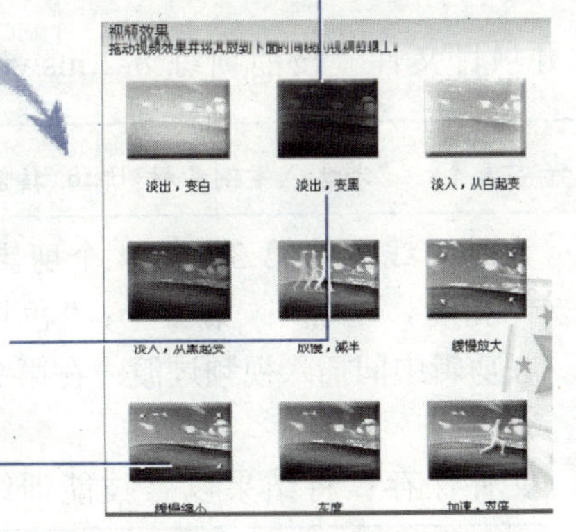

3 根据题目要求，选择“淡出、变黑”效果，并根据屏幕提示将其拖动到时间线上的第 1 个剪辑上。

4 选择“缓慢缩小”效果，将其拖动到时间线上的第 1 个剪辑上。同时，在监视区中可以预览视频效果。

小提示： 可以为一个剪辑添加多种不同的视频效果。除了用鼠标拖曳之外，还可以在时间线上右击要设置视频效果的剪辑，从弹出的快捷键中选择【视频效果】命令，在弹出的“添加或删除视频效果”对话框中进行相应的操作，来完成视频效果的设置。缺点是不够直观。

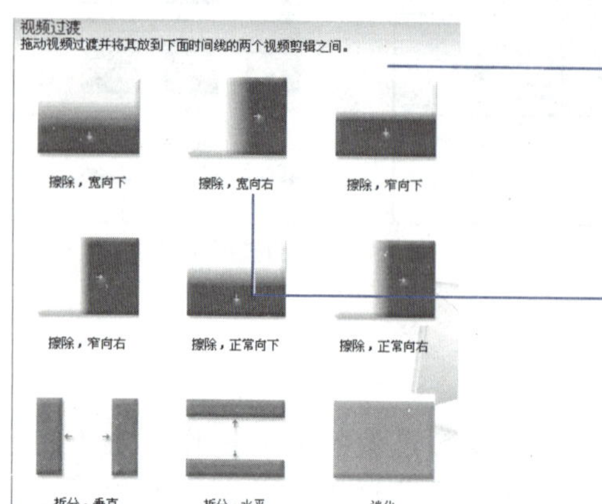

5 选择【工具】|【视频过渡】命令，屏幕上将出现“视频过渡”窗口。

6 根据题目要求，选择相应的视频过渡，并拖动到第 1 个和第 2 个剪辑中间。同时，可以看到在时间线上添加了视频过渡小图标。

哈哈，太漂亮了，我想把所有的剪辑之间都加上视频过渡，可以吗？

当然可以。通过【监视区】预览播放各种视频过渡，通过对比选择自己喜欢的效果就可以了。

设置好视频过渡后，选择【文件】|【将项目另存为】命令，将项目文件以“案例素材 8-3.mswmm”为文件名保存在桌面上。

至此，郑源选择了视频效果，并在监视区观看了处理后的视频。接下来我们通过“技能训练”来练习和巩固学习成果。

技能训练

打开项目文件“技能训练 8-2.mswmm”，按照以下要求进行操作。

光盘素材：“光盘:\案例素材\Unit8\技能训练 8-2.mswmm”。

1. 为时间线上的第 3、第 4 个剪辑增加视频效果。第 3 个：“旧胶片，最旧”、“亮度，增加”；第 4 个：“色调，循环整个色谱”；
2. 在剪辑中间插入视频过渡：在第 3 个和第 4 个剪辑中间，插入“对角线，出框”效果；
3. 文件保存：将结果以“技能训练 8-3.mswmm”为文件名保存。

网络服务： 您可以通过访问 http://www.bhp.com.cn 网站的“职业资格”栏目，查看本训练的讲解，同时，您还能看到更多的拓展内容。

<table>
<tr><th colspan="5">根据实际操作，简略填写下表</th></tr>
<tr><td>序号</td><td colspan="2">操作内容</td><td colspan="2">操作流程</td></tr>
<tr><td>步骤一</td><td colspan="2">增加视频效果</td><td colspan="2"></td></tr>
<tr><td>步骤二</td><td colspan="2">插入视频过渡</td><td colspan="2"></td></tr>
<tr><td rowspan="4"></td><td colspan="4">实训指导教师评分</td></tr>
<tr><td>基本概念</td><td>技能掌握</td><td>语言描述</td><td>综合得分</td></tr>
<tr><td>□5 □4 □3 □2 □1</td><td>□5 □4 □3 □2 □1</td><td>□5 □4 □3 □2 □1</td><td></td></tr>
<tr><td colspan="4">实训指导教师签字：　　　　年　　月　　日</td></tr>
</table>

实例任务4 片头与片尾的制作

为影片制作一个好的片头与片尾，是非常重要的。在制作过程中，片头一般要标出片名的字样，而片尾通常标明影片的作者。本任务将讲述如何制作片头与片尾。

任务展示

1. 为影片制作片头，输入片头文本“盘山风光”，字体为“华文彩云”、字号为最大、背景色为灰色“RGB：128，128，128”，片头动画效果设置为“淡化，淡入淡出”；
2. 为影片制作片尾，输入片尾文本，上行“元正科技”、下行“郑源制作”，字体为“宋体”，上行文字字号和下行文字字号均为最大，背景为蓝色，片尾动画效果为“滚动，向上堆叠”。

任务分解

<table>
<tr><th>序号</th><th>技能点分解</th><th>技能要求</th><th>技能提示</th><th>实训案例效果图</th></tr>
<tr><td>1</td><td>制作片头</td><td>能够正确地为影片制作片头</td><td>★</td><td rowspan="3">盘山风光</td></tr>
<tr><td>2</td><td>制作片尾</td><td>能够正确地为影片制作片尾</td><td>★</td></tr>
<tr><td>3</td><td>保存项目文件</td><td>能够正确地保存项目文件</td><td>▲</td></tr>
</table>

注：★代表考试大纲所规定的技能考核点，▲代表在实际工作中需要掌握的技能考核点。

操作思路

本任务的重点在于能够掌握制作片头与片尾的基本操作。难点在于对操作效果的理解，用户可以利用监视区，对视频进行预览播放来更好地领会制作片头与片尾的基本操作。

操作步骤

打开项目文件“案例素材 8-3.mswmm”，然后按照下面的步骤进行操作。

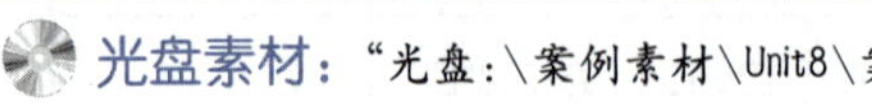

光盘素材：“光盘:\案例素材\Unit8\案例素材 8—3.mswmm”。

1 选择【工具】|【片头和片尾】命令，屏幕上将出现下图所示的任务向导窗口。

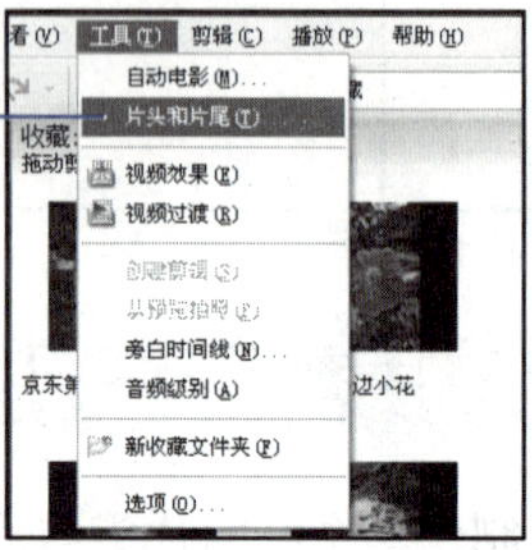

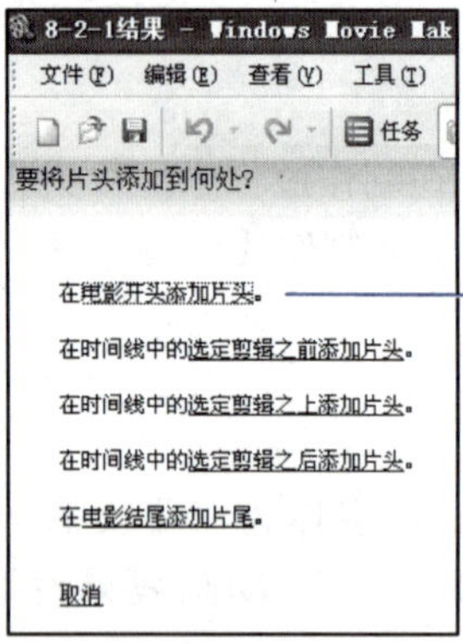

2 单击“在电影开头添加片头”链接。

3 在任务向导窗格中输入片头文本“盘山风光”。

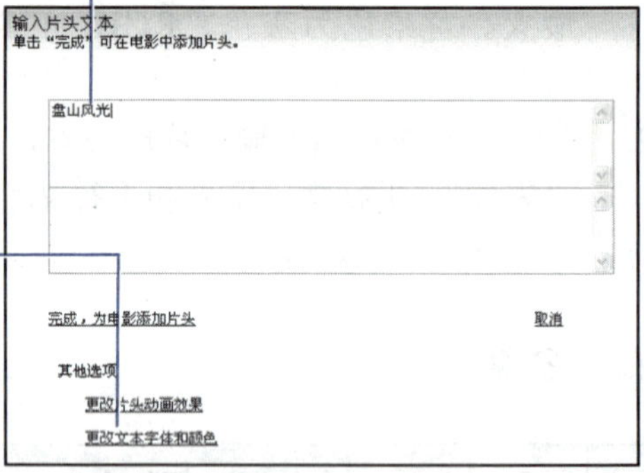

4 单击“更改文本字体和颜色”链接。

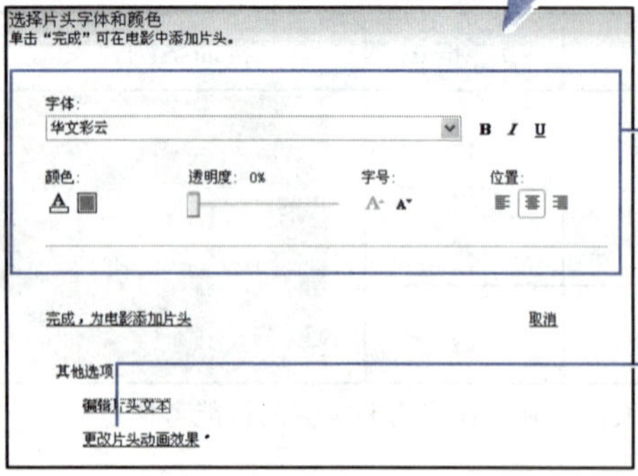

5 在“选择片头字体和颜色”任务窗口中，根据题目要求，设置片头字体和颜色。

6 单击“更改片头动画效果”链接，打开“选择片头动画”任务窗口。

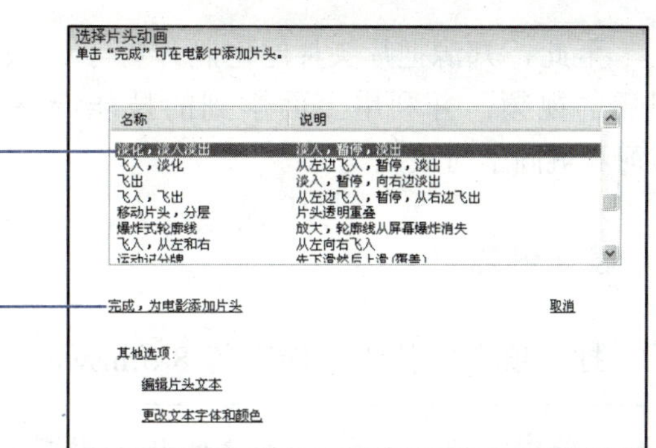

7 根据题目要求，选择片头动画为“淡化，淡入淡出”。

8 单击“完成，为电影添加片头”链接，即可完成片头的制作。

小提示：添加了片头之后，可以看到，时间线发生了变化。在电影的开头处，添加了一个片头剪辑。这时，为了保持视频与音频的时长一致，需要调整音频的时长。

接下来，讲述片尾的制作。片尾的制作与片头的制作步骤基本一致，也是利用任务向导窗口来完成。所不同的是，在步骤2的窗口中，需要单击“在电影结尾添加片尾”链接，之后再依次输入片尾文本，设置字体、字号和背景颜色，选择片尾动画。用户可以参照片头的制作来完成，在此不再详述。

制作好片尾之后，同样需要在时间线上调整音频的时长。

小提示：此外，需要注意的是，在如下图所示的【输入片头文本】窗格中，由于片尾文字是两行，所以要分别设置其字体、字号。

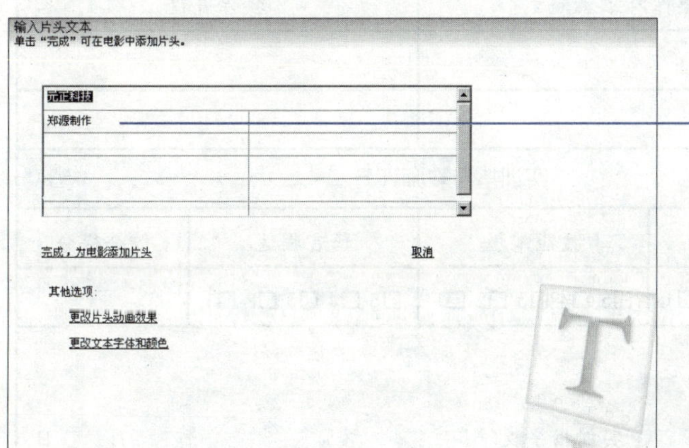

9 在设置片尾文字的字体字号时，要首先选中上行文字，再进行相应的操作。完成之后，再返回该窗口，选中下行文字，进行相应操作。

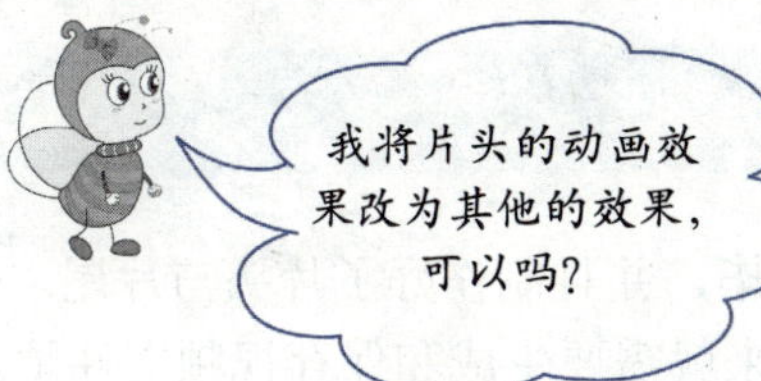

当然可以。在时间线上右击片头，从弹出的快捷菜单中选择【编辑片头】命令，即可打开任务窗格，编辑片头。

最后，选择【文件】|【将项目另存为】命令，将项目文件以“案例素材 8-4.mswmm”为文件名保存。

至此，郑源把片头片尾也制作好了，大功告成。为了精益求精，他仔细地观看处理后的视频，并利用上面学到的技能调整不合适的地方。接下来通过“技能训练”来练习和巩固学习成果。

技能训练

打开项目文件“技能训练 8-3.mswmm”，按照以下要求进行操作。

光盘素材：“光盘:\案例素材\Unit8\技能训练 8—3.MSWMM”。

1. 编辑影片片头：输入片头文本“技能训练”，将字体改为“黑体”，字号调整为最大，颜色为深绿色，片头动画效果更改为“打字机”；
2. 编辑影片片尾：输入片尾文本“小练习”，将字体设为“黑体”，并将字号调整为最大，片尾动画效果更改为“飞入，从左和右”；
3. 文件保存：将结果以“技能训练 8-4.mswmm”为文件名保存。

网络服务：您可以通过访问 http://www.bhp.com.cn 网站的“职业资格”栏目，查看本训练的讲解，同时，您还能看到更多的拓展内容。

根据实际操作，简略填写下表				
序号	操作内容		操作流程	
步骤一	编辑影片片头			
步骤二	编辑影片片尾			
	实训指导教师评分			
	基本概念	技能掌握	语言描述	综合得分
	□5 □4 □3 □2 □1	□5 □4 □3 □2 □1	□5 □4 □3 □2 □1	
	实训指导教师签字:　　　年　　月　　日			

实例任务 5 视频文件的保存

至此，郑源已经将视频短片在工作区中全部编辑完毕，并且制作好了片头与片尾。但是，他所制作的短片还只能在监视区中预览播放。接下来就需要生成和保存视频文件了。

本任务中郑源将生成可以用各种播放工具来播放的视频文件，其文件格式为 WMV。

任务展示

打开项目文件“案例素材 8-4.mswmm”，再将所有的效果检查一遍，确认无误后，选择【文件】|【保存电影文件】命令，利用“保存电影向导”，生成电影文件“盘山风光.wmv”，并保存在桌面上。

任务分解

序号	技能点分解	技能要求	技能提示	实训案例效果图
1	生成和保存视频文件	能够正确地生成和保存视频文件	★	

注：★代表考试大纲所规定的技能考核点。

操作思路

本任务的重点在于掌握生成视频文件的基本方法。难点在于之前要先检查项目文件是否完善，用户需要利用监视区预览播放，检查项目中的视频、音频，并在时间线上查看两者的播放时长是否一致。检查完之后，才开始生成视频文件。

操作步骤

打开项目文件“案例素材 8-4.mswmm”，然后按照下面的步骤进行操作。

光盘素材：“光盘:\案例素材\Unit8\案例素材 8—4.mswmm”。

1 在监视区中，单击按钮，预览播放项目文件，检查是否有误。并且在时间线上检查视频和音频是否同步。

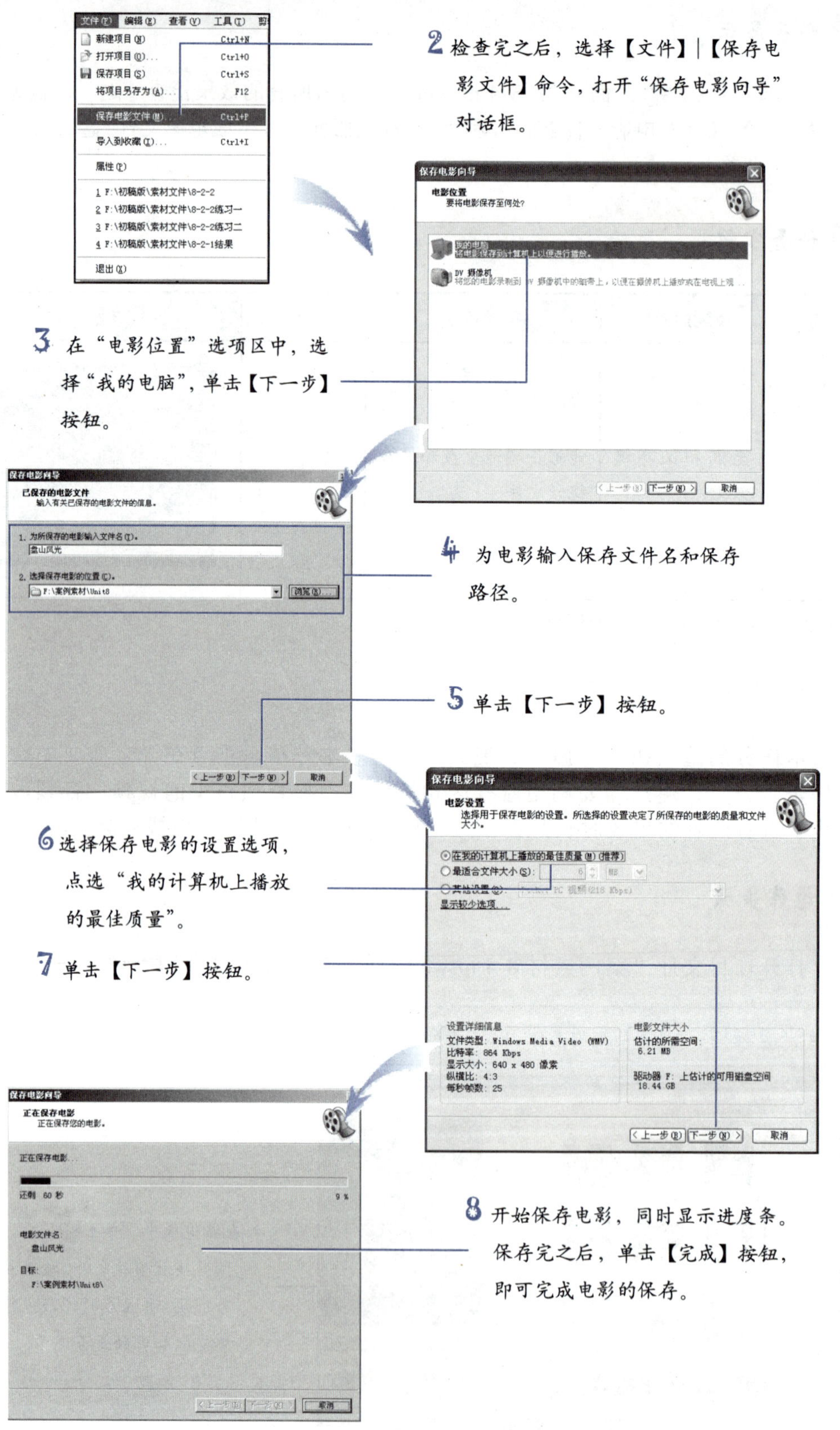

2 检查完之后，选择【文件】|【保存电影文件】命令，打开“保存电影向导”对话框。

3 在“电影位置”选项区中，选择“我的电脑”，单击【下一步】按钮。

4 为电影输入保存文件名和保存路径。

5 单击【下一步】按钮。

6 选择保存电影的设置选项，点选“我的计算机上播放的最佳质量”。

7 单击【下一步】按钮。

8 开始保存电影，同时显示进度条。保存完之后，单击【完成】按钮，即可完成电影的保存。

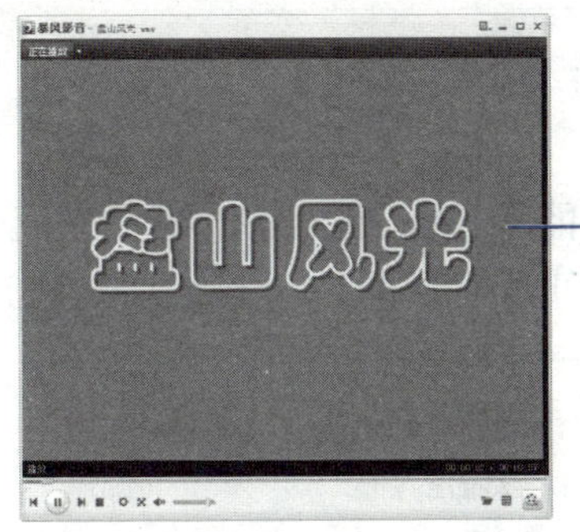

9 接下来，就可以在播放工具中观看生成的视频文件了。

小提示： 生成的WMV格式的视频文件，可以用多种播放器播放。本案例中使用的是“暴风影音”播放器。也可以用Windows自带的Media Player播放器进行播放。

好了，视频制作完成，郑源把它上传到公司的内部工作网站上，供同事们欣赏了。接下来我们通过“技能训练”来练习和巩固学习成果。

小提示： 影片制作好之后，如果发现其中还是有需要修改的地方。这时，可以调出保存好的项目文件，在其中进行修改和编辑。之后，再重新生成视频文件。

技能训练

打开项目文件“技能训练 8-4.mswmm”，按照以下要求进行操作。

光盘素材： “光盘:\案例素材\Unit8\环保公益广告.wmv”；
“光盘:\案例素材\Unit8\技能训练 8-4.mswmm”。

1. 将视频片段“环保公益广告.wmv”插入到时间线的末端。
2. 生成视频文件，以“技能训练（含公益广告版）.wmv”为文件名保存在桌面。

网络服务： 您可以通过访问 http://www.bhp.com.cn 网站的“职业资格”栏目，查看本训练的讲解，同时，您还能看到更多的拓展内容。

根据实际操作，简略填写下表				
序号	操作内容		操作流程	
步骤一	插入视频片段到时间线上			
步骤二	生成视频文件			
	实训指导教师评分			
	基本概念	技能掌握	语言描述	综合得分
	□5 □4 □3 □2 □1	□5 □4 □3 □2 □1	□5 □4 □3 □2 □1	
	实训指导教师签字：　　　年　　月　　日			

本模块仿真试题

我们通过上面的实训案例把本模块的技能考核点都实际演练了一遍，下面就用一道本模块的仿真试题再练习一遍，这道题可是能帮助你顺利地通过考试哦！

光盘素材："光盘:\仿真题素材\Unit8\仿真题素材图片组\"；
"光盘:\仿真题素材\Unit8\仿真题素材-zonghe.wma"。

1. 本题分值：5分。
2. 考核时间：7分钟。
3. 考核形式：实操。
4. 具体考核要求。

   视频文件的编辑处理：

   （1） 使用程序中的"Windows Movie Maker"工具，分别导入图片文件——文件夹"仿真题素材图片组"中的图片和音频文件——"仿真题8-zonghe.wma"。进行视频编辑，将图片文件和音频文件全部添加到时间线上，并对音频文件进行剪裁，剪裁至与视频文件的时间线保持一致。

   （2） 按照图 8-4 所示为影片制作片头，输入片头文本"雪"，字体为华文彩云、字号为最大、背景色为灰色：(RGB：128，128，128)，片头动画效果设置为拉伸，将影片以"仿真题 8-1.wmv"为文件名保存至桌面上。

图 8-4　片头示意图

网络服务：您可以通过访问 http://www.bhp.com.cn 网站的"职业资格"栏目，查看本模块仿真试题的讲解，同时，您还能看到更多的拓展内容。

附录 A 仿真题评分记录表

实训模块 1 计算机安装、连接、调试——仿真试题评分记录表

序号	考核内容	考核要点	配分	考核标准	扣分	得分
1	实际操作	电源系统连接与检测	2	(1) 未连接，扣 2 分 (2) 未按具体操作要求操作，扣 1 分		
		外围设备的连接与应用	2	(1) 完全不会设置，扣 2 分 (2) 设置不正确，扣 1 分		
		操作系统安装	2	(1) 完全不会操作扣 2 分 (2) 操作不正确扣 1 分		
		设备综合应用	2	(1) 完全不会操作扣 2 分 (2) 操作不正确扣 1 分		
		应用程序综合操作	2	(1) 完全不会设置扣 2 分 (2) 设置不正确扣 1 分		
2	时间定额	10 分钟		超出要求时间 5 分钟内（含）扣 1 分，超出要求时间 5 分钟以上停止操作		
合计			10			

实训模块 2 文件管理——仿真试题评分记录表

序号	考核内容	考核要点	配分	考核标准	扣分	得分
1	实际操作	文件操作	3	文件、文件夹查找或备份：未操作，扣 3 分；操作不正确，酌情扣 1～2 分		
		文件高级管理	2	文件、文件夹权限管理：未设置，扣 2 分；设置不正确，扣 1 分		
2	时间定额	5 分钟		超出要求时间 5 分钟内（含）扣 1 分，超出要求时间 5 分钟以上停止操作		
合计			5			

实训模块 3 文字录入——仿真试题评分记录表

序号	考核内容	考核要点	配分	考核标准	扣分	得分
1	实际操作	英文录入	8	(1) 全部未录入，扣 8 分 (2) 错误率不高于 5‰，酌情扣 1～2 分 (3) 错误率高于 5‰，酌情扣 3～5 分		

续表

序号	考核内容	考核要点	配分	考核标准	扣分	得分
		中文录入	8	(1) 全部未录入，扣8分 (2) 错误率不高于5‰，酌情扣1~2分 (3) 错误率高于5‰，酌情扣3~5分		
		数字符号录入	4	(1) 全部未录入，扣4分 (2) 每错两个，扣1分，直至扣完为止		
		中英文混合录入	免考			
2	时间定额	25分钟		超出要求时间5分钟内（含）扣2分，超出要求时间5分钟以上停止操作		
合计			20			

实训模块4 通用文档处理——仿真试题评分记录表

序号	考核内容	考核要点	配分	考核标准	扣分	得分
1	实际操作	数据的输入与编辑处理	2	(1) 没有输入数据或数据输入结果不正确，扣1分 (2) 没有进行数据编辑或数据编辑不正确，扣1分		
		数据查找与替换	2	(1) 未操作，扣2分 (2) 查找有错误，扣1分 (3) 替换有错误，扣1分		
		表格高级格式化处理	3	(1) 未进行合并操作，扣1分；合并操作不正确，扣0.5分 (2) 未添加批注，扣1分；添加错一个，扣0.5分 (3) 未套用表格格式，扣1分；表格格式套用错误，扣0.5分		
		对象基本处理	4	(1) 插入图片操作不正确，扣0.5分；图片格式设置不正确，扣0.5分 (2) 创建图表操作不正确，酌情扣0.5~1分 (3) 编辑图表操作不正确，酌情扣0.5~1分 (4) 修饰图表操作不正确，酌情扣0.5~1分		
		综合计算处理	3	(1) 关系公式运用不正确，扣1分 (2) 计算结果不正确，扣1分		

续表

序号	考核内容	考核要点	配分	考核标准	扣分	得分
		综合计算处理	3	(3) 未使用函数算法，扣 1 分；函数使用错误，扣 0.5 分		
		高级统计分析	6	(1) 未进行高级筛选操作，扣 2 分；操作不正确，酌情扣 0.5～1.5 分 (2) 未进行复杂排序操作，扣 2 分；操作不正确，酌情扣 0.5～1.5 分 (3) 未进行分类汇总操作，扣 2 分；操作不正确，酌情扣 0.5～1.5 分		
2	时间定额	25 分钟		超出要求时间 5 分钟内（含）扣 2 分，超出要求时间 5 分钟以上停止操作		
合计			20			

实训模块 5 电子表格处理——仿真试题评分记录表

序号	考核内容	考核要点	配分	考核标准	扣分	得分
1	实际操作	数据的输入与编辑处理	2	(1) 没有输入数据或数据输入结果不正确，扣 1 分 (2) 没有进行数据编辑或数据编辑不正确，扣 1 分		
		数据查找与替换	2	(1) 未操作，扣 2 分 (2) 查找有错误，扣 1 分 (3) 替换有错误，扣 1 分		
		表格高级格式化处理	3	(1) 未进行合并操作，扣 1 分；合并操作不正确，扣 0.5 分 (2) 未添加批注，扣 1 分；添加错一个，扣 0.5 分 (3) 未套用表格格式，扣 1 分；表格格式套用错误，扣 0.5 分		
		对象基本处理	4	(1) 插入图片操作不正确，扣 0.5 分；图片格式设置不正确，扣 0.5 分 (2) 创建图表操作不正确，酌情扣 0.5～1 分 (3) 编辑图表操作不正确，酌情扣 0.5～1 分 (4) 修饰图表操作不正确，酌情扣 0.5～1 分		
		综合计算处理	3	(1) 关系公式运用不正确，扣 1 分； (2) 计算结果不正确，扣 1 分		

续表

序号	考核内容	考核要点	配分	考核标准	扣分	得分
		综合计算处理	3	(3) 未使用函数算法，扣 1 分；函数使用错误，扣 0.5 分		
		高级统计分析	6	(1) 未进行高级筛选操作，扣 2 分；操作不正确，酌情扣 0.5～1.5 分 (2) 未进行复杂排序操作，扣 2 分；操作不正确，酌情扣 0.5～1.5 分 (3) 未进行分类汇总操作，扣 2 分；操作不正确，酌情扣 0.5～1.5 分		
2	时间定额	25 分钟		超出要求时间 5 分钟内（含）扣 2 分，超出要求时间 5 分钟以上停止操作		
合计			20			

实训模块 6 演示文稿处理——仿真试题评分记录表

序号	考核内容	考核要点	配分	考核标准	扣分	得分
1	实际操作	幻灯片模板制作和版式设计	2	(1) 模板打开方式不正确，扣 0.5 分；模板保存方式不正确，扣 0.5 分 (2) 未选择配色方案，扣 1 分；配色方案选择不正确，扣 0.5 分		
		幻灯片效果处理	4	(1) 版式应用不正确，扣 0.5 分；色彩应用不正确，扣 0.5 分 (2) 未设置背景，扣 1 分；背景设置不正确，扣 0.5 分 (3) 未设置背景音乐，扣 2 分；背景音乐设置选项不正确，酌情扣 0.5～1 分		
		幻灯片按钮、图形图像应用及处理	3	(1) 未插入动作按扭，扣 2 分；插入不正确，酌情扣 0.5～1 分；动作按扭格式设置不正确，酌情扣 0.5～1 分 (2) 未插入图片文件，扣 1 分；插入图片不正确，扣 0.5 分；图片文件格式设置不正确，扣 0.5 分		
		幻灯片放映设置	2	(1) 放映类型设置不正确，扣 0.5 分 (2) 放映选项设置不正确，扣 0.5 分 (3) 换片方式设置不正确，扣 1 分		

续表

<table>
<tr><th>序号</th><th>考核内容</th><th>考核要点</th><th>配分</th><th>考核标准</th><th>扣分</th><th>得分</th></tr>
<tr><td></td><td></td><td>幻灯片打印设置</td><td></td><td>(1) 打印范围设置不正确，扣 0.5 分
(2) 打印颜色设置不正确，扣 0.5 分
(3) 打印方式设置不正确，扣 0.5 分；选项设置不正确，扣 0.5 分</td><td></td><td></td></tr>
<tr><td></td><td></td><td>幻灯片动画设置</td><td>2</td><td>(1) 自定义动画效果选择不正确，扣 0.5 分
(2) 效果选项设置不正确，酌情扣 0.5～1 分
(3) 鼠标效果设置不正确，扣 0.5 分</td><td></td><td></td></tr>
<tr><td>2</td><td>时间定额</td><td>20 分钟</td><td></td><td>超出要求时间 5 分钟内（含）扣 1 分，超出要求时间 5 分钟以上停止操作</td><td></td><td></td></tr>
<tr><td colspan="3">合计</td><td>15</td><td></td><td></td><td></td></tr>
</table>

实训模块 7 网络登录和信息浏览——仿真试题评分记录表

<table>
<tr><th>序号</th><th>考核内容</th><th>考核要点</th><th>配分</th><th>考核标准</th><th>扣分</th><th>得分</th></tr>
<tr><td rowspan="2">1</td><td rowspan="2">实际操作</td><td>文件上传与下载</td><td>2.5</td><td>(1) 要求设置项，每错一项，扣 0.5 分
(2) 结果保存不正确，扣 0.5 分</td><td></td><td></td></tr>
<tr><td>浏览器使用</td><td>2.5</td><td>(1) 要求设置项，每错一项，扣 0.5 分
(2) 结果保存不正确，扣 0.5 分</td><td></td><td></td></tr>
<tr><td>2</td><td>时间定额</td><td>8 分钟</td><td></td><td>超出要求时间 5 分钟内（含）扣 1 分，超出要求时间 5 分钟以上停止操作</td><td></td><td></td></tr>
<tr><td colspan="3">合计</td><td>5</td><td></td><td></td><td></td></tr>
</table>

实训模块 8 多媒体信息处理——仿真试题评分记录表

<table>
<tr><th>序号</th><th>考核内容</th><th>考核要点</th><th>配分</th><th>考核标准</th><th>扣分</th><th>得分</th></tr>
<tr><td>1</td><td>实际操作</td><td>视频文件输入及常规编辑处理</td><td>5</td><td>(1) 图片文件和音频文件导入不正确，扣 1 分
(2) 时间线裁剪不正确，扣 1 分
(3) 视频效果设置不正确，扣 1 分
(4) 片头或片尾设置不正确，扣 1 分
(5) 视频文件保存不正确，扣 1 分</td><td></td><td></td></tr>
<tr><td>2</td><td>时间定额</td><td>7 分钟</td><td></td><td>超出要求时间 5 分钟内（含）扣 1 分，超出要求时间 5 分钟以上停止操作</td><td></td><td></td></tr>
<tr><td colspan="3">合计</td><td>5</td><td></td><td></td><td></td></tr>
</table>

总成绩表

序号	试题名称	配分	得分	备注
1	计算机安装、连接、调试	10		
2	文件管理	5		
3	文字录入	20		
4	通用文档处理	20		
5	电子表格处理	20		
6	演示文稿处理	15		
7	网络登录和信息浏览	5		
8	多媒体信息处理	5		
合　　计		100		

附录B 学员信息反馈表

所学职业等级：____________ 学员姓名：__________ 联系电话：____________

1.您认为通过对本手册的学习是否能达到预定的学习目标？				
□ 完全达到	□ 达到	□ 基本达到	□ 没有达到	
2.本手册的学习内容通过自学是否能掌握？				
□ 掌握很好	□ 掌握	□ 基本掌握	□ 未掌握	
3.本手册的作业布置是否合适？				
□ 非常合适	□ 合适	□ 基本合适	□ 不合适	
4.通过对本手册的学习，您是否能独立完成作业？				
□ 能独立完成	□ 基本独立完成	□ 不能独立完成		
5.本手册的重点、难点是否能掌握？				
□ 掌握很好	□ 掌握	□ 基本掌握	□ 未掌握	
6.您是否愿意向其他人推荐本手册？				
□ 非常愿意	□ 愿意	□ 无所谓	□ 不愿意	
7.本手册的内容对解决您今后的工作是否有帮助？				
□ 非常有帮助	□ 有帮助	□ 有点帮助	□ 无帮助	
如何帮助的？				
8.总体而言，您对本手册				
□ 很满意	□ 满意	□ 较满意	□ 无所谓	□ 不满意
您对本手册的内容还有哪些意见或建议？				

职业技能鉴定考前模拟测评报告单

科目：计算机操作员四级理论知识　　姓名：

欢迎您参加考前模拟测评

您的得分：

知识点	分值
职业道德基本知识	3分
有关法律法规	2分
计算机的概念、分类及应用	2分
计算机中的信息表示	2分
计算机系统组成	3分
微型计算机系统组成	2分
计算机网络基础	4分
多媒体技术简介	3分
信息安全技术	3分
信息系统概述	2分
信息的标准化	2分

职业技能鉴定考前模拟测评报告单

✿ 科目： 计算机操作员四级理论知识　　　　姓名：

项目	得分
图形图像处理常识	2分
书刊排版知识	2分
关于计算机英语	3分
电源系统连接与检测	4分
外部设备的连接与应用	2分
操作系统的安装	1分
设备综合应用	2分
应用程序综合操作	1分
文件操作	3．5分
文件的高级管理	4分
英文基本录入	8分
汉字录入	2分
文档内容的高级编辑	6分
内容查找与替换	1分

职业技能鉴定考前模拟测评报告单

科目：计算机操作员四级理论知识 姓名：

项目	分值
文档格式化处理	1分
信函和邮件的合并	1分
表格和对象的高级处理	1分
数据的输入与编辑处理	1分
数据的查找与替换	1分
表格高级格式化处理	1分
对象基本处理	1分
综合计算处理与高级统计分析	1分
幻灯片模板制作与版式设计	1分
幻灯片效果处理	1分
幻灯片图像处理	1分
幻灯片放映设置	1分
幻灯片打印与动画设置	1分
文件上传与FTP工具CuteFTP	4分